新型纺织服装材料与技术丛书

数实融合：男性内衣功能需求与人本化创新设计方法

程 哲 吴忻舟 著

中国纺织出版社有限公司

内 容 提 要

本书深入探讨以数实融合来提升现代男性内衣舒适性的方法。全书分为六章来分析男性内衣的多样性及其与人体的关系，为其创新设计提供理论支持和实践指导。

本书首先探讨男性内衣的种类、功能与人体特征之间的关系，以及技术和材料对舒适性的影响。其次，分类并探讨不同文化背景下用户的期望，为设计需求提供依据。再次，基于三维人体模型的细分探讨其对男性内衣结构的影响。又次，通过对材料多性能参数化分析评估其适用性。最后，介绍二维结构的优化与数字建模实践，构建"人体—内衣"数字系统并探讨以人为本的设计理念。

本书可供纺织服装院校师生、相关行业从业者及企业工作人员使用。

图书在版编目（CIP）数据

数实融合：男性内衣功能需求与人本化创新设计方法／程哲，吴忻舟著. --北京：中国纺织出版社有限公司，2025.8. --（新型纺织服装材料与技术丛书）.

ISBN 978-7-5229-2925-5

Ⅰ . TS941.713

中国国家版本馆 CIP 数据核字第 2025ZB2431 号

责任编辑：苗 苗　责任校对：高 涵　责任印制：王艳丽

中国纺织出版社有限公司出版发行

地址：北京市朝阳区百子湾东里 A407 号楼　邮政编码：100124

销售电话：010—67004422　传真：010—87155801

http://www.c-textilep.com

中国纺织出版社天猫旗舰店

官方微博 http://weibo.com/2119887771

三河市宏盛印务有限公司印刷　各地新华书店经销

2025 年 8 月第 1 版第 1 次印刷

开本：787×1092　1/16　印张：12.25　插页：1

字数：260 千字　定价：78.00 元

前言
Preface

　　内衣的起源可追溯至数千年前，最初主要是为了满足遮盖与保暖的基本需求，但随着时间的推移，它逐渐承载了更多的文化和社会价值。早期的内衣设计较为简单，强调功能性，而现代社会则对内衣的美学和个性化要求日益提高，尤其在男性内衣领域，消费者对美观性、舒适性和个性化的需求显著增加。随着全球内衣市场的快速发展，男性内衣的消费需求特别在年轻男性群体中持续增长。本书将深入探讨男性内衣的设计理念、市场趋势以及消费者偏好，旨在为相关研究者和从业者提供宝贵的参考与启示。研究内容主旨是对当前市场状况的分析、对设计创新的探讨以及对未来发展方向的展望，以期推动男性内衣设计的进一步提升和发展。本书主要包括以下几个方面。

1. 文化背景与现代男性内衣发展

　　现代男性内衣不仅关注基本的遮盖和保暖，更注重塑型和个性化，展现男性的魅力与阳刚之气。其结构设计对舒适性和功能性有重要影响，尤其是前囊袋和裆部的设计，需要增强支撑以适应男性生理特点。此外，材料选择和工艺设计也直接影响穿着体验。虽然欧美在男性内衣结构设计方面已有深入研究，但中国的相关理论和实践探索仍显薄弱，现主要集中于局部优化，缺乏系统性研究。尽管市场上涌现出多种男性内衣品牌，但产品的设计与功能性未能全面满足消费者需求，亟须创新与发展。本书强调男性内衣设计的重要性，呼吁在结构、材料和功能上的科学研究，以提升产品舒适性和市场竞争力，推动男性内衣行业的健康发展。通过对历史演变和市场趋势的梳理，为后续研究提供理论基础和实践指导。

2. 现代男性对内衣的个性化需求

　　通过对现代男性内衣的设计与消费者偏好研究，特别关注了内衣的艺术性特征、功能性需求及其对男性健康的影响。发现男性消费者对内衣的舒适性、个性化定制和功能性有着越来越高的要求，特别是在高等教育环境中，他们在内衣选择上展现出更为理性的消费行为。生物医学视角的分析揭示，不合适的内衣可能导致男性健康问题，因此，设计材料合适和具备工效学特征的内衣显得尤为重要。通过对男性消费者的问卷调查，研究分析了不同年龄段男性对内衣款式、紧身度及品牌的偏好，发现年轻群体更倾向选择紧身内衣和功能性设计的内衣，而中老年人则更关注舒适性和耐用性。此外，市场上对男性内衣设计的关注度逐渐增加，特别是在结构设计、材料创新方面，强调了内衣的舒适性与功能性。

3. 基于三维人体的个性化分类体系

本书重点研究基于数字技术的三维人体测量在内衣设计中的应用，探讨人体形态与内衣结构之间的密切关系。通过使用三维扫描仪对志愿者进行详细的人体测量，获得的测量数据揭示了如腰臀比例、腿型特征及裆部结构等生理特征如何影响内衣的舒适性和功能性。研究还提出了一种结合人体形态特征与内衣设计的新理论框架，强调内衣设计需考虑个体差异，以提高产品的贴合度和舒适感。此外，研究探索了功能性内衣的塑型与提拉效果，指出合理的内衣设计不仅提升穿着者的舒适感，还能增强其自信心，为内衣市场定位和产品开发提供新的方向。通过对传统测量方法的分析和新测量方法的提出，旨在填补现有内衣设计中的知识空白，推动内衣行业的创新与发展。

4. 基于生理、心理因素的现代男性内衣性能研究

围绕现代男性内衣的生理与心理舒适性展开，强调了内衣设计在满足穿着者生理需求和心理感受方面的重要性。首先，探讨了内衣对人体施加的压力及其对生理舒适性的影响，提出了主观与客观相结合的评价方法。通过对不同材料和结构的分析，研究发现针织材料的弹性、透气性和吸湿性等性能对穿着者的舒适感至关重要。其次，特别关注亚洲男性的体型特征，分析了不同功能类型内衣的压力分布情况，指出在设计中应考虑个体体型差异所带来的舒适性变化。再次，心理因素如穿着者的自信心、对身体形象的认知以及社会文化背景也被纳入考量，强调了内衣设计风格、颜色和品牌认同感对穿着体验的潜在影响。最后，通过多阶段的实验方法，建立了新材料与内衣压力的客观评价标准体系，旨在为内衣制造商提供

科学依据，优化产品设计，提升顾客满意度。

5. 现代男性内衣二维结构设计新方法

随着社会对男性内衣功能性的需求日益提高，传统设计方法已无法满足这些需求，因此，笔者基于人体工学、运动学和材料科学等多学科理论，结合现代计算机辅助设计（CAD）技术，提出了一种更科学、系统的设计思路，探讨了一种针对男性内衣的二维结构设计新方法，以应对现代消费者对内衣舒适性、支撑性和审美性的多样化需求。本书定义了男性内衣设计的关键参数，包括新腰围、全裆长、新大腿围等，并通过对不同消费者需求的分析，明确了对舒适性、支撑性和审美性的具体要求。在结构设计与优化过程中，本书强调了对内裤前后片、裆片及腰带的综合考虑，通过优化设计提高内衣的贴合度和支撑效果。本书还分析了传统裤装与内衣结构的相似性，提出内衣设计可以借鉴裤装的结构图，并在此基础上进行相应的调整，以满足内衣的贴合需求。最后分析得出，内裤的裆部设计是影响穿着舒适性和功能性的关键参数，通过对比不同设计方案，明确了内裤结构的优化方向。

6. 基于数实融合方法的现代男性内衣设计

随着人体扫描和虚拟仿真技术的广泛应用，传统的二维设计模式正在向三维技术转变。本书分析了虚拟技术在内衣设计中的应用现状，指出了现有研究中存在的缺陷，如虚拟模型与真实人体的差距以及对面料特性模拟的不足。为了提高服装的舒适性和贴合性，本书提出了一种新的技术方法，旨在利用数字复制品来实现与实际样品相同的效果。研究流程包括建立基础数据库、生成数字复制品，并通过与真实原型的比较来验证其准确性。本书提到的关键研究包括人体模型的构建、虚拟面料的性能模拟以及虚拟与真实试穿结果的比较。通过使用多种软件工具创建了可变形的人体模型，并对内衣的结构和材料特性进行深入分析。同时，研究也强调了材料性能对设计效果的影响，提出了通过精确的压力测试来评估内衣的舒适性。此外，本书还探讨了如何通过数据分析和长期研究来优化设计过程，确保虚拟测试结果与真实试穿效果的一致性。

我们希望本书能够为相关领域的学者、专家和从业者提供有价值的见解，共同推动男性内衣行业的创新与发展。

本书受教育部人文社会科学研究青年基金项目《多维视域下运动功能服装的人本化创新设计范式构建与实践优化》（24YJC760018）、

湖北省教育厅哲学社会科学研究项目《基于信息技术的服饰仿真设计与理实融合研究》（21Q104）、《数字经济背景下的服装功效仿真与评测机制研究》（22Q089）、《身心协调视阈下的高温环境着装人体热生理反应模型与健康防护策略》（24Q177）及武汉纺织大学著作出版资助。

在此，感谢所有为本书的研究与写作提供支持（Victor E. Kuzmichev）和帮助的专家、学者（龙晨薇、刘钰、张傲雪、游敏）。由于时间仓促、笔者水平有限，书中难免有不足和疏忽之处，恳请各位专家和广大读者批评指正。

程 哲

2024 年 11 月 22 日

目录
Contents

第一章

绪论

内衣作为日常服装中的必需品，经历了漫长的发展历程，最终形成了今天的多种样式。内衣不仅改变了人们的生活方式，还使劳动变得更加便捷和高效。内衣结构的设计既体现美感，又具备功能性，对人体的穿着效果和舒适感产生决定性影响。

在早期欧洲文献中，内衣通常被称为"内衬衣""内裤"或"贴身衣物"。18 世纪初期，正值欧洲工业革命前夕，男性内衣多以"腰布"形式存在。欧洲、亚洲和非洲的男性内衣种类繁多，没有固定的样式结构，与当今大规模生产的日常内衣大相径庭。直到 19 世纪，拳击长裤（Long Johns）开始流行，逐渐形成了现代内衣的雏形。进入 20 世纪后，男性内衣的种类不断增加，设计理念也开始融入男性内衣的开发中。

如今，随着生活水平的提高和健康意识的增强，内衣的舒适性和个性化需求已超越传统要求，男性内衣的消费市场日益扩大。目前市场上涌现各种风格和性能的男性内衣，生产商遍布全球，这显示出男性内衣在中国服装产业中良好的发展潜力与前景。此外，当代男性内衣的设计正朝着舒适、时尚及个性化的方向发展，科学技术也促进了内衣结构设计的合理发展。与女性内衣不同，男性内衣主要以三角裤和平角裤为主。

现代男性内衣的概念已不再仅局限于遮盖和保暖，而是逐步向塑型与个性化设计理念发展，展现男性魅力与阳刚之气。男性内衣设计越来越注重男性身体的运动特征，如国际上流行的具有提拉效果的平角裤，更适合运动需求。如今，越来越多男性开始关注内衣的美感及穿着后的体态美，因此，男性内衣在设计中融入了塑型和提拉效果，以满足男性的审美和生理需求。然而，中国市场上的男性内衣很少能够全面满足这些特征要求，很多产品仅部分实现塑型功能，却忽视了舒适性。因此，在中国和国际市场男性内衣的发展趋势下，研究新型舒适性合理设计的男性内衣势在必行。

第一节　研究现状

男性内衣外观设计的研究在欧美起步较早，且研究相对深入。然而，关于男性内衣结构设计的书籍和现有科技文献仍显不足。在过去十年中，中国学术期刊上关于男性内衣研究的文章数量不多，有些文章仅涉及局部结构的改进。目前，关于男性内衣的理论研究仍然薄弱，已有的理论研究主要集中在局部优化上。

此外，对于男性内衣结构的综合性和系统性研究相对缺乏。大多数绘图方法依赖经验，尺寸多从成品中测量，缺乏科学理论的支持。总体而言，现有数据主要基于经验，研究和分析相对简单。现有的板型制作方面的书籍大多通过经验积累而成，国内大部分纺织服装院校尚未开设关于内衣或紧身衣结构设计的课程，基础理论薄弱，内衣行业仍主要依靠自我探索和经验设计，这与近年来内衣行业的发展状况不相符。

在市场上，男性内衣的地位逐渐增强，但问题和缺陷也逐渐显露。男性内衣的研究与其他服装不同，尽管已有成熟的科学成果，但仍主要依赖经验设计，缺乏合理的科学实验。因此，大多数产品在穿着舒适性方面表现不佳，这导致当前市场上男性内衣分类的发展受阻。

服装领域存在多种设计和模拟软件，各有优劣。尽管它们在图案绘制和 2D 到 3D 转换方面表现良好，但在模拟人体真实性、尺寸细节变化、软组织的压力等方面仍显不足。

压缩内衣设计是一项基于系统方法的多学科研究，直接影响人体的舒适感和健康。在设计和模拟实验过程中，综合考虑了人体结构的真实数据、服装材料（面料）的性能、穿着的舒适性以及生理性能等因素。

一、文化背景与现代男性内衣发展

（一）男性内衣的种类

1. 男性内衣的基本分类

腰布（Loincloth）作为一种古老的服饰，已有七千年的历史，其使用可以追溯到人类文明的早期阶段［图 1-1（a）］。它在不同文化中发挥了重要的作用，不仅是遮蔽身体的基本服装，也是文化身份和社会地位的象征。

在中世纪，宽松衬裤（Braies）成为凯尔特人和日耳曼部落的常见服饰［图 1-1（b）］。这种裤子通常由麻或羊毛制成，设计宽松，适合各种活动。随着时间的推移，宽松衬裤逐渐被欧洲其他地区的人们所接受，并在中世纪的服装中继续流行。

进入 19 世纪，特别是在美国，出现了一种名为"连体内衣"的新型服装［图 1-1（c）］。这种长款一体式内衣最初是在纽约尤蒂卡创制的，旨在提供更好的保暖效果和舒适性。连体内衣的设计不仅实用，还体现了当时对舒适与功能的追求。

长款拳击裤（Long Johns）的历史同样引人注目［图 1-1（d）］。这种内衣在 17 世纪首次引入英国，它最初是为男性设计的，旨在提供额外的温暖。然而，直到 18 世纪，它才逐渐演变为睡衣，并开始在家庭生活中普遍使用，成为冬季保暖的必备单品。

1934 年，Kneibler A. 首次推出了具有 Y 形前裆的内衣设计［图 1-1（e）］，这一创新标志着内衣设计的重要进步。Kneibler 的设计不仅改善了穿着者的舒适度，还引入了一种新的贴身无腿内衣，配有重叠的 Y 形前裆开口。这种设计在功能性和美观性之间找到了平衡，为后来的内衣发展奠定了基础。

总的来说，从古代的腰布到现代的内衣，服饰的演变反映了人类在审美、功能和文化认同方面的不断变化。每一种服饰都承载着特定的历史意义和社会背景，使我们能够更好地理解人类文明的发展历程。

当代男性内衣款式逐渐变得丰富多样，已成为男性服装市场中创新速度最快的部分之一。男性内衣的种类涵盖不同功能和应用场景（如日常、运动、塑型等）。消费者需求包括市场责任、品牌、内衣的独特性，以及根据自身身体形态进行个性化定制的可能性，即穿着舒适性已成为首要考虑因素。

内衣还可以作为额外保暖层来保暖，并保护外衣免受汗水影响。对于男性而言，尤其是下身内衣，能够作为基础层提供对下身部位结构的支撑。

（a）腰布　　　　　　　　　　　　　　　（b）宽松衬裤

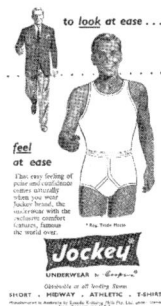

（c）连体内衣　　　　　（d）长款拳击裤　　　　　（e）Jockey Y 形内裤

图 1-1　男性内衣的发展

这个充满活力的内衣市场正在以广泛的类别增长，包括十多个项目（图 1-2）：

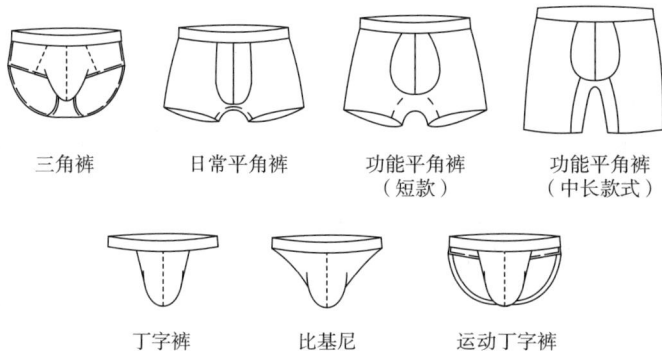

三角裤　　　日常平角裤　　功能平角裤　　功能平角裤
　　　　　　　　　　　　　　（短款）　　　（中长款式）

丁字裤　　　　比基尼　　　运动丁字裤

图 1-2　男性内衣的主要类型

（1）三角裤（Briefs）：紧身且基础款，像一个"三角形"，没有裤腿。

（2）平角裤（Boxer-Briefs）：类似于平角短裤（Boxer-Shorts）的结构，但腿部稍长或更长。

（3）日常平角裤（Boxer-Shorts，或称 Trunks，如日常基础内衣、游泳裤或浴裤）：宽松或直接，中长款或短款，通常前面有开口，材料很少有弹性（多为棉质），没有功能性设计。

（4）功能平角裤（Boxers，有长短款式）：通常非常紧身，几乎都具备功能性设计。

（5）丁字裤（Thong，或称 G-string）：前面类似于三角裤，但背部材料减少到最低限度，部分或大部分臀部裸露。

（6）比基尼（Bikinis）：泳装三角裤。

（7）运动丁字裤/护裆（Jockstraps）：也称为支撑带或运动护具，在骑行、接触性运动或其他剧烈身体活动中支撑男性生殖器。

2. 男性内衣的基本设计

当今男性内衣的设计发展，可分为简单的几个过渡阶段：视觉上的冲击、材料性能的提升及款式功能上的变更。

（1）视觉冲击与装饰设计：在视觉审美方面，设计师们早在 20 世纪 70 年代就开始关注内衣的视觉冲击力，特别是强调腰带的标志性印花设计。此后，装饰性印花和手绘图案逐渐融入内衣设计，使内衣不再局限于单一的纯色，而成为一种时尚而富有设计感的单品。这种转变使内衣更加适合不同的消费者群体，从儿童到青年，再到成年人，皆能找到符合其审美取向的款式。通过色彩与图案的多样化设计，内衣不仅具备实用功能，还成为一种个性化的表达方式。

（2）材料与款式的演变：受到运动服饰的影响，男性内衣的款式和材料也经历了显著的改进。传统的宽松纯棉低弹内衣［图 1-3（a）]逐渐被弹性修身内衣［图 1-3（b）]所取代。这种转变不仅源于其独特的结构功能线带来的视觉效果，更在于其良好的贴身效果，令消费者在穿着时感到舒适与自信。修身内衣能够更好地与人体曲线贴合，提供更好的支撑和塑型效果，这是传统宽松内衣无法实现的。随着消费者对舒适性和功能性的需求不断增加，现代男性内衣在设计上更加注重与运动和日常活动的结合。

（a）基础日常款　　　　　　　　　　　（b）运动款

图 1-3　不同款式的男性内衣

图 1-4 展示了按腰线位置分类的内衣类型，图 1-4（b）按腰线高度区分为高腰、中腰和低腰。通常，中腰低于自然腰线 4~10 cm，低腰低于自然腰线 10~20 cm。图 1-4（c）内衣长度与内缝和侧缝长度比较——短款平角裤的内缝为 0~3 cm，中款平角裤为6~8 cm，长款平角裤超过 8 cm（比中款平角裤腿部更长且更紧身），侧缝长度受腰线位置影响，通常根据内侧缝长度区分内衣。图 1-4（d）为不同外侧缝长度的三角裤。

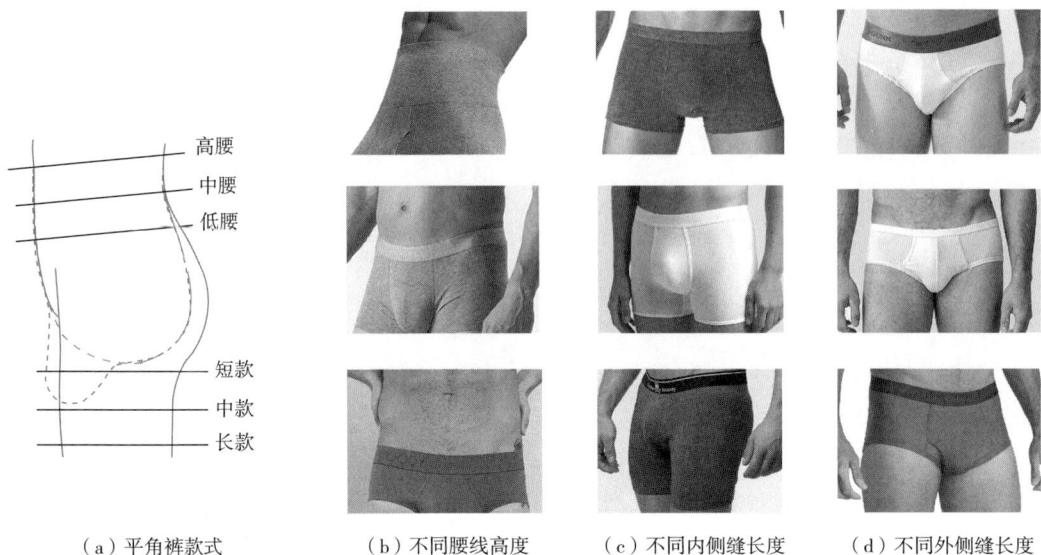

高腰
中腰
低腰

短款
中款
长款

（a）平角裤款式　　　（b）不同腰线高度　　　（c）不同内侧缝长度　　　（d）不同外侧缝长度

图1-4　不同长度款式的紧身内衣

（3）功能性与舒适性：当前，男性内衣在裆部设计上逐渐流行起采用独立裆片和与臀部拼接的设计，通常低于臀部曲线。这种设计不仅增加了裆部空间，也减少了内侧缝处多片拼接的接缝，使裆底部更加完整且不易损坏。同时，通过在臀部加入结构线，目的是为生殖器和臀部提供更好的支撑和塑型效果，类似于女性塑型服装。

男性紧身功能内衣的设计不仅依赖结构设计，还充分利用了针织材料的特殊性能。压缩功能在运动内衣中尤为常见，因为运动过程中生殖器与大腿内侧之间存在明显摩擦，因此，内衣需调整和增强裆部与生殖器部分的支撑，以实现有效隔离，确保运动时的舒适性和保护效果。

男性内衣的设计从基础的功能性逐渐向注重视觉效果、材料性能和舒适性转变。这一演变不仅反映了消费者日益多样化的需求，也推动了整个内衣行业的创新与发展。随着科技的进步和设计理念的更新，未来男性内衣将更加注重个性化和专业化，满足不同场合和活动的需求。

（二）日常紧身与压缩款式内衣

1. 日常紧身款式内衣

日常款式的紧身内衣通常采用基础的内衣板型，其结构包括裆片（由左、右两片组成或一片）、前片（左、右两片）和后片（一片或两片），前、后片之间设有侧缝线。这种简单且高效的基本结构使设计和制作过程更便捷，生产量也相当可观。因此，设计师在此类内衣的结构制图与制作过程中积累了丰富的经验。然而，这种基础内衣的舒适性和功能性表现相对较弱，通常价格不高、购买方便、样式丰富，消费者对其要求相对较低，更多关注价格和材质的性价比。

近年来，紧身压缩（塑型效果）内衣逐渐受到消费者的青睐。这种内衣在设计理念上兼顾了舒适性、结构稳定性和贴身性，尤其重视前囊袋的设计。传统的嵌入式设计已逐步转变为"蛋形"囊袋设计，以增强与生殖器的贴合度，从而提升动态和静态情况下的舒适性。在裆部和后臀的设计上，传统内衣通常将前囊袋底部与前后片缝合成内缝，工艺相对简单，但在穿着舒适性和贴合度上存在不足，且容易损坏。因此，针对这些问题的改进显得尤为重要。

在男性内衣的设计中，不同款式的结构反映了功能性与舒适性之间的平衡。虽然当前男性内衣的基本款式在设计上趋于简单和实用，然而其存在的结构性缺陷和舒适性不足，已无法适应现代消费者日益增长的需求。图1-5展示了日常款基本结构的平角裤与三角裤，下文对它们进行详细分析。

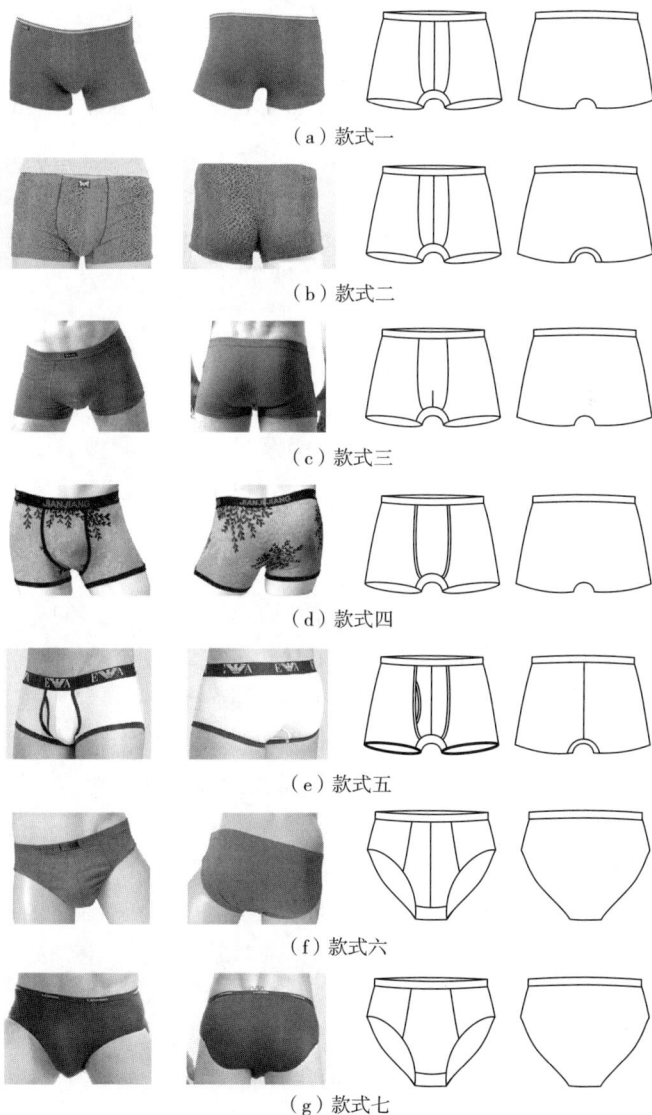

（a）款式一

（b）款式二

（c）款式三

（d）款式四

（e）款式五

（f）款式六

（g）款式七

图1-5　日常款式紧身内衣

图 1-5（a）中款式的前部由左、右前裆片及左、右前片组成，前、后片在侧部设有接缝（有时可能没有），前裆片与前、后片在裆底部的接缝处相交，形成了内侧缝线。该内侧缝线位于大腿内侧的正中或偏前位置。这种结构的内衣设计简单、生产效率高，工艺成熟，通常以纯色为主，售价较为亲民。然而，这一设计的不足之处在于：款式单一，合体性较差，裆底部的接缝处容易出现破损，而后片的臀底部及裤口也容易变形，影响穿着体验。

图 1-5（b）中款式与图 1-5（a）类似，前部同样由左、右前裆片及左、右前片构成，前、后片在侧部有接缝。前裆片与前、后片相接于裆底部的底裆片上。底裆片的设计使前部延伸至大腿前内侧，后部则至臀沟内侧。由于为基本型内衣，底裆片的前、后长度通常较短（4~8 cm）。相较于图 1-5（a），这种设计通过增加单独的裆底片，减少了底部接缝处破损的概率。然而，它同样存在合体性较差、后片臀底部及裤口易变形的缺陷。

图 1-5（c）中款式，前部由一片前裆片及左、右前片组成，前裆片没有中缝，而是在底端进行了收省处理。前、后片在侧部有接缝（可能没有），前裆片与前、后片在裆底部相交（或与独立的底裆片相交）。这一设计与图 1-5（a）（b）中内衣比较相似，只是在前裆片的结构处理上进行了变化，通过去除前中缝，加强了前裆片的整体性，提高了结构稳定性。然而，前裆部较紧，合体性仍然较差，后片的臀底部也容易变形。

图 1-5（d）中款式的前部同样由一片前裆片及左、右前片构成，前裆片的设计与图 1-5（c）相似，前、后片在侧部有接缝，前裆片与前、后片在裆底部相交（或与独立的底裆片相交）。该款式的独特之处在于，前裆片的左、右接缝部分及裤脚采用压嵌条工艺。这一设计不仅增强了内衣的结构稳定性，还降低了脚口变形的可能性，同时增强了视觉效果。然而，其合体性依旧较差，后片的臀底部容易变形。

图 1-5（e）中款式在前部设计上有所创新，左、右前裆片的内部左侧及外部右侧设有弧形开口，无侧缝，左、右片的后中侧部有接缝，前裆片与左、右片在裆底部相交于独立的底裆片。前裆片的左、右接缝部分及裤脚同样采用压嵌条工艺。相比于图 1-5（d），图 1-5（e）中的前裆片增加了开口设计，便于日常使用。然而，这种设计的不足之处是开口处容易变形，且后片臀底部的接缝较多，易于破损。

图 1-5（f）（g）展示了日常三角裤的常见款式。前部由左、右前裆片或一片裆片及一片后片组成，通常前、后片在侧部没有接缝，前裆片与前、后片在裆底部交接。图 1-5（f）的款式结构简单，易于生产，但合体性较差，后片臀底部易变形。图 1-5（g）的一片式前裆设计则在穿着时感到较紧，影响舒适度。

日常基本款式的男性内衣，其前裆片长度通常由前腰带处延伸至裆底部，长度一般大于 25 cm，通常设有侧缝线或后中缝结构线。这类内衣的主要特点是造型简洁、售价便宜、工艺简单，且具备基本的适体性，覆盖面广。然而，由于款式单一、色彩单调、设计简单，它们在合体性上常常存在不足，消费者在购买和穿着时可能会感到过大或过紧。此外，随着穿着时间的增加，这类内衣易出现破损、吊裆和变形等问题。因此，传统男性针织内衣难以满足当代消费者对内衣品质、个性化及设计感的高需求。

2. 压缩款式内衣

目前，国际市场上流行的紧身提拉型男性内衣受到广泛青睐。早在16世纪，提拉塑型（push-up）效果便已应用于女性紧身胸衣，用以修饰女性的胸部特征。如今，男性对美的欣赏也在发生变化，这一功能理念在男性内衣市场上逐渐受到欢迎。独特的结构设计使蛋形囊袋能够有效提拉生殖器的软组织，从而增强舒适性与支持性，可以说这是男性内衣市场的重要发展趋势。

压缩款式内衣（compression pressure underwear）是在基本款式的基础上进行优化与调整的一类内衣，具备结构设计感、合体舒适性、结构稳定性及材料压力的特性。其前裆片结构沿用了传统的较长设计，但在宽度和边缘上进行了创新，旨在满足现代消费者对内衣的多样化需求。在设计上，压缩款式内衣引入了贯穿式结构设计，不仅增加了分割线，还增强了视觉效果，允许使用多种材料或色彩进行拼接，从而提升内衣的美观性和贴合性。这种设计不仅满足了消费者对个性化内衣的渴望，也未对整体结构制图进行过大修改，因此近年来越来越受到欢迎。

早期的提拉款式内衣的整体设计与日常基础平角裤相似，通常采用前裆片（囊袋片）与前、后片缝合的工艺，这种款式与制作工艺相对简单，但在穿着舒适性和合体性上仍存在不足。近年来，国外市场上流行的新压缩提拉款式内衣的新裆部设计常将裆底制成独立的一片，后部缝合与臀围线下部呈拱形，或将内侧缝转移至大腿前部，靠近大腿前中。同时，臀围上下的结构分割线设计，不仅增加了裆底部的空间，还减少了裆底的接缝数量，使底部更加完整且不易损坏。此外，臀部的分割线设计改变了结构与松量，从而增加对臀部软组织的支持与提拉。

以哥伦比亚品牌Mundo Unico的压缩提拉款式内衣为例（图1-6），其正面设计采用圆形或蛋形（jock cup）前裆片，面积小，造型挺括，能够有效托举生殖器并与大腿分离，具备修正和提拉的美观性及运动功能。底裆片采用独立的较大面积设计，前部与前裆片底部及侧片在大腿前中缝处缝合，而后部则缝合于后臀下，呈拱形。因为裆底无接缝线，而是一整片，所以这种设计在穿着时显著提升了舒适感。

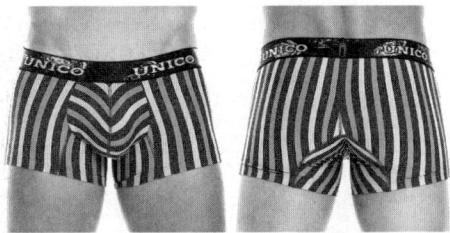

图1-6　Mundo Unico品牌压缩提拉款式内衣

压缩提拉款式内衣的功能性不仅依赖结构上的改造，更可通过使用弹性材料的特殊性能来实现。这类提拉功能型内衣优化了基础型内衣的结构设计，缩小了前裆片的上部宽度及整体长度，提升了前裆片下部，从而增加了底裆片的尺寸。男性内衣在运动场合的应用尤为广泛，因为在运动时，裆部生殖器与大腿内侧的摩擦可能影响运动效果，类似于女性胸部在运动时的影响。同时，出汗及不透气也会影响卫生和舒适性。因此，调整和增强内衣前裆部分的承托性至关重要。紧致的提拉型内衣能够有效分隔生殖器与大腿内侧，提升卫生性。

由此，囊袋内衣应运而生，成为运动型内衣的代表之一。例如，来自中国台湾的 KING STYLE 运动型囊袋内衣和美国的 Andrew Christian 囊袋内衣，其立体的囊袋托设计能够完全托住前部生殖器，避免与大腿内侧摩擦或贴合，且阴囊与阴茎得到有效隔离，提高了通风透气性。这种创新设计不仅提升了穿着的舒适性，同时也满足了消费者对功能性和美观性的双重需求。

图 1-7 展示了目前市场中的一些典型压缩款式平角裤。

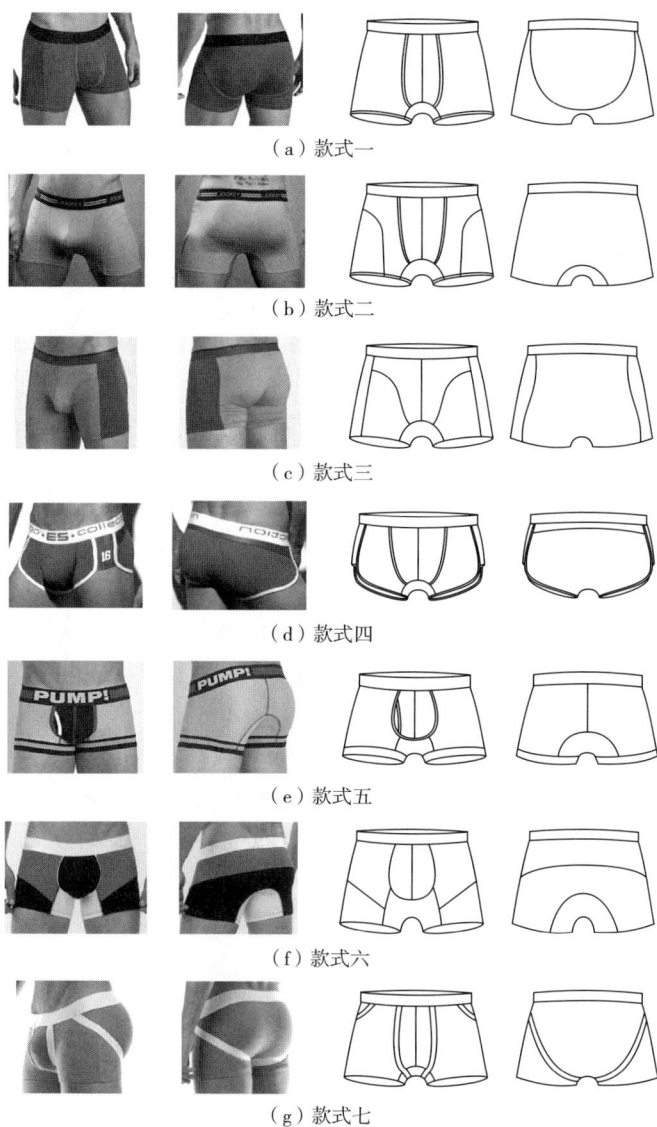

（a）款式一

（b）款式二

（c）款式三

（d）款式四

（e）款式五

（f）款式六

（g）款式七

图 1-7　压缩款式内衣

图 1-7 （a）中款式的前部由左、右前裆片及左、右前片组成，设有侧缝线，前裆片与前、后片在裆底部的接缝处相交，形成内缝线，内缝线位于大腿内侧正中或偏前。设计上采用 "W" 字型分割，前裆片通过嵌条工艺装饰。"W" 字的分割使两种不同方向及不同松量的材料连接在一起，并紧贴人体臀部与大腿根部的连接处，有效防止吊裆现象的产生。尽管如此，其设计上仅改变了后部的样式，而前裆部款式依旧与基本款一致，且 "W" 字线的设计若不当，可能导致穿着不适。

图 1-7 （b）中款式的前部同样由左、右前裆片及左、右前片构成，且设有侧缝线。前裆片与前、后片在裆底部的底裆片相接，后底裆片的后部呈弧形设计，侧部由侧缝线向大腿前部正中处进行弧线分割。前片的对称内弧线分割中穿插使用了网眼弹性材料，增强了内侧的透气性，并有效应对了因人体运动而产生的挤压与拉扯。

图 1-7 （c）中款式的前部由左、右前裆片及左、右前片构成，前裆片的上部延伸至腰带侧部，呈现出 "T" 字型。侧缝线为两条分割，前部直线靠近大腿前中，后部曲线至臀部侧面。此设计在视觉上更具层次感，提升了穿着的舒适性。

图 1-7 （d）中款式，前部由左、右前裆片及左、右前片组成，侧部为矩形的侧片。前裆片与前、后片在裆底部相交接。这种提拉内衣的设计通过在侧部分割出单独的矩形侧片，减少了前、后片的设计尺寸（松量），利用材料的弹性为前部生殖器及臀部脂肪提供良好的支撑。同时，侧部的独特设计也能够对内衣的围度进行一定的延伸调整，减少因穿着而产生的横向拉扯变形，避免脚口的变形，具有较好的视觉效果。

图 1-7 （e）中款式的前部由左、右前裆片（侧部有开口）及左、右侧片组成，前裆片与前、后片相交于底裆片，底裆片后部延伸至臀位线处，脚口及边缘采用嵌条工艺，提高了贴合性。

图 1-7 （f）中款式前部由左、右前裆片（侧部有开口）及左、右侧片构成，前裆片同样与前、后片相交接于底裆片，底裆片的后部延伸至臀部下方，臀围线上有分割至大腿前部。横向的分割线设计显著提高了内衣前部、侧部及后部的贴合性。

图 1-7 （g）中款式的前部由左、右前裆片，左、右前片及后片组成，前裆片与前、后片在裆底相交。左、右两侧各有一根松紧带，从腰带前部延伸至前裆片侧缝，再经过裆底与臀沟处延伸至腰带的侧前方。内衣中的松紧带设计增强了对前部生殖器与臀部的同时提拉作用，具有显著的塑型效果。

压缩款式内衣通过结构的创新与材料的优化，逐步发展成为现代男性内衣市场中的重要组成部分。设计师们也不断尝试更新分割结构线的设计方式，结合新材料或多种材料的拼接，为新兴品牌和厂商提供了发展契机，进而推出大量个性化产品，以吸引年轻消费者的关注。虽然这些新兴内衣在穿着舒适度上可能逊色于一些知名品牌，但其新颖的设计理念标志着男性内衣市场的崛起。随着消费者对内衣品质、功能及个性化需求的不断提高，压缩款式内衣正迎合这一趋势，展现出广阔的市场前景。

二、男性内衣研究概述

男性的解剖结构尤为复杂，不仅局限于生殖器，下腹部和臀部同样重要。为了避免在剧烈运动中产生不适，男性生殖器需要特别的支撑和保护。然而，一些宽松类型的男性内衣在保护效果上往往显得无力，可能在执行特定动作时导致不适。例如，当大腿向腹部移动时，可能会引发大腿与睾丸之间的直接撞击和摩擦，带来不适感。男性内衣常存在多个缺陷，包括阴囊接触或黏附于大腿内侧的情况。囊袋的结构设计若不当，可能导致在坐着、跑步或蹲下等多种运动中产生摩擦、擦伤和不适感。缺乏对生殖器的有效支撑会限制自由运动，并导致生殖器无法保持自然的静置位置，这进一步使空气和湿气的渗透性不足，可能引发不适。

（一）男性内衣的外观设计

在内衣设计中，除了材料的选择外，结构和宽松度的设计同样至关重要。由于男性生殖器的生理特性，内衣的结构设计在很大程度上决定了产品的舒适性和功能性。因此，除了改善前部结构外，内缝和侧缝的转移也成为提升穿着舒适性的关键因素。

尽管男性内衣的一些独特设计理念在过去已得到改进，但尚未形成完整和科学的绘制步骤。例如，M. Rumery 于 1936 年设计了一种独立的前裆囊袋，旨在有效分隔男性生殖器与大腿，从而提供支撑并提高舒适性。然而，该设计依然仅是类似于三角口袋的简单囊袋形式。F. Chatfield 在 1938 年提出了"U 型"囊袋设计，并在囊袋上部（靠近腰带）设置了一个开口，这一设计与现代的"Y 型"男性内衣相似，并配有独立的菱形底裆片。C. Casey 在 1965 年设计了"提拉"内衣，其前囊袋下部采用可开合的"A 型"设计，顶部扣件可悬挂在前腰带上，以调节提拉的紧度。J. S. Atlee 于 1970 年设计了一种内衣，通过提供囊袋功能，尽量减少穿着不适和不便。H. G. Dietz 在 1979 年借鉴女性文胸杯的结构，为男性内衣的囊袋设计增加了双向肩带，以支撑和保护男性生殖器。W. Brocks 在 1995 年设计了"现代"内衣，所有的边缘和缝合处均配有弹性条（面板），以防止变形。R. S. Cutlip 等人在 2011 年设计了一种前视呈"梨形"的囊袋，其下端延伸至会阴部，以覆盖阴囊和会阴，增加了舒适性和可穿着性。

（二）男性内衣的科学研究

在科学研究方面，A. Winifred[1] 于 1990 年在 *Metric Pattern Cutting for Menswear* 一书中阐述了男性内衣的板型，但样本数量单一，具体绘制方法过于简单，且板型制作方法为点对点绘制。A. Haggar[2] 于 2004 年出版的 *Pattern Cutting for Lingerie, Beachwear and Leisurewear* 一书中同样没有包含男性内衣的板型设计。

在亚洲，自 1940 年起，日本的内衣研究和产品显著发展，为内衣企业提供了有效的技术平台。中泽俞[3] 于 1996 年完成的 *The Human Body and Clothing*：*Structure of The Human Body*，*Elements of The Beauty*，*Pattern Block* 中，对服装与人体之间的关系进行了详细分析，为理论支持和结构设计提供了重要参考。

自 2004 年至 2013 年，印建荣和常建亮出版了四本关于男女内衣的书籍[4-6]，涉及内衣板型的分级、布局和生产过程，简单说明了近十种男性内衣的板型制作方法。然而，部分步骤模糊，所使用的结构数据多来自成品内衣，人体数据也显得过于陈旧，无法满足科学设计的需求。这对初学者的学习造成了困难。成月华在 2007 年出版的

《服装结构制图》一书，综合了男性内衣的结构设计与简单独特的设计方法[7]。这部书适合初学者学习，但由于数据不准确且经验性强，难以确保内衣符合人体需求。邓鹏举在2009年出版的《内衣设计》也包含了一个男性内衣板型[8]，其方法虽然不同于印建荣的，但仍未能避免数据模糊的问题。随后，柴丽芳在2013年出版的《内衣结构设计与纸样》中[9]，采用了类似于A. Winifred的点对点绘制方法，以直线为主形成板型。

自2005年起，薛福平等人通过研究基于男性内衣的基本板型[10]，优化了裆部和臀部的细节设计。根据对男性内衣结构相关研究的调查，大多数内衣结构的局部优化并未涉及新板型制作方法的创新与设计。到2013年，庄立新对男性下肢进行了研究[11]，分析了男性内衣的不同结构与形状特征，为内衣的结构设计提供了一些参考。至今，涉及男性内衣结构设计的中国研究者相对较少，研究内容零散，大部分书籍可追溯至十年前，难以满足当今设计、生产和教学的需求。

（三）男性内衣的市场研究

在中国，男性内衣的市场从20世纪70年代到80年代开始进入发展阶段，但在大型商场中尚无品牌销售。20世纪90年代中外服装行业的贸易交流促进了男性内衣市场的发展，国际品牌的引入丰富了内衣的颜色、装饰性图案和款式，随后内衣品牌开始出现。2000年后，功能性、保暖内衣和健康内衣逐渐流行，产品开始细分，不同地区的流行款式各有特色，男性内衣广告也开始增多。

根据2009年的消费调查，中国男性内衣的消费支出显示，每年500~800元支出的人数占比达到39%，每年800~1500元支出的人数占比为19.3%，而每年超过1500元支出的人数占比达到11.6%。这表明人们的生活条件正在改善，优质、多样化的产品在市场上具有广阔的发展空间。自2010年以来，男性内衣的个性化与舒适性开始受到重视，时尚与品牌化成为核心竞争理念，销售渠道也从传统店铺转向多元化的网络、电视、专卖店和超市等。

根据《2015—2020年中国内衣行业市场需求预测与投资战略规划分析报告》，中国的内衣行业逐渐成熟。目前，中国有3000多家内衣企业，其中女性内衣产品占据60%的市场份额，年销售量达到3亿件，并且每年仍以20%~30%的增长率增长。

在国际市场中，内衣行业发展迅速，过去十年全球范围内对内衣的消费需求不断增长。2014年，中国内衣市场（包括女性内衣和男性内衣）的年消费额超过200亿美元，年增长率接近20%，而男性内衣市场仅占女性内衣市场的六分之一。目前，中国男性内衣设计创新仍处于初级阶段，品牌化、个性化和科学设计等方面发展不足。行业普遍存在简单的生产、加工和销售模式，生产能力也远低于女性内衣的水平，市场发展潜力巨大。

此外，根据《2020年第七次全国人口普查》的数据，男性人口约占51.24%，约7.23亿人，其中15~34岁的男性人口约占16%，约2.26亿人；而女性人口约占48.76%，约6.88亿人。这一数据表明，男性市场的潜在重要性不容忽视。

尽管市场上仍有一些公司模仿国外的内衣设计，但其具有良好的设计感和结构优势，且价格低廉，销售情况依然较好。这对传统内衣行业的设计发出了警示，今日的男性消费者已不再对内衣漠不关心，他们对内衣的舒适性、功能性和时尚性的要求日益提高。

一、内衣与人体

（一）下肢与贴身裤装的关系

身体的整体骨骼结构通过各种关节连接，同时，各关节的运动范围受到骨骼形态和运动方向的限制，这是人体的基本特征之一。随着骨骼、肌肉和软组织的生长，以及其他生理变化，身体特定部位会出现形态的变形，这被称为身体的第二特征。此外，由于身体形状的各种曲率，皮肤会在特定位置会产生不均匀的扩张，以适应这些变形（例如，臀部在蹲下和站立时皮肤的变化），这被称为身体的第三个特征。这些变形最终会影响紧身内衣的设计。因此，结合这三个身体特征来测量各个部分的变形方向和体积，寻求适应这些变化的内衣形式、结构和材料，成为内衣设计的关键任务。

多年来，内衣在日常生活中的重要性及人体下半身的复杂性，促使研究者不断探讨如何使内衣结构设计更加标准化，以更好地契合各种男性体型。这一领域始终是服装研究者关注的焦点。随着人们穿着需求的逐步转变，从最初的美观向舒适过渡，内衣的专业研究也从简单逐渐扩展到更为复杂的领域。

男性内衣及裤装的结构研究主要集中在人体下半身的形态特点，包括大腿、腰部和臀部等部分。这些下肢部位不仅对支撑身体起着重要作用，也影响广泛的运动能力。对内衣结构的研究，可以从短裤的原型结构入手，结合男性内衣的特征，分析下身的结构特征及其影响因素的变化。

在裤子结构设计中，人体下身特征与穿着的舒适性密切相关。如果设计不合理，将直接影响穿着者的运动表现。因此，理解和分析下身功能区的分布显得尤为重要。图 1-8 展示了下身的功能区划分，包括贴合区、活动区、自由区和设计区。

具体而言，贴合区涵盖了从腰部水平线、髂嵴到上臀部的区域，这部分设计需确保与身体紧密贴合，以提供必要的支撑和舒适性。活动区则包括从前腹部、转子部分、臀部到裆部水平线的区域，这一部分要求内衣具备良好的弹性和透气性，以

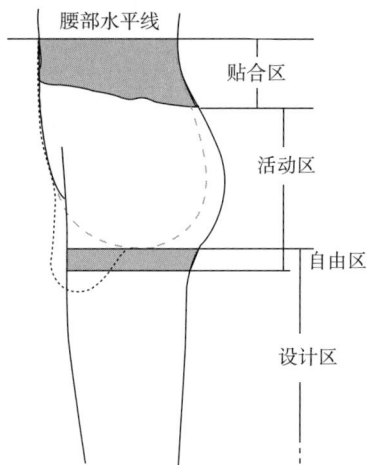

图 1-8　人体下身形态与分区

支持活动时的灵活性和舒适性。自由区则是指臀沟及裆部以下的区域，这一部分的设计需考虑到活动的自如性，确保穿着者在日常活动中的舒适体验。

通过对这些功能区的深入研究，设计师能够更有效地开发出符合人体工程学的内衣，满足男性消费者在舒适性和功能性上的需求。这不仅提升了内衣的穿着体验，也为未来的内衣设计提供了科学依据与创新方向。

腰、臀、腿共同组成了人体的下半部分（图1-9），与上半身的运动相呼应。对男性内衣而言，腰、臀至大腿之间的衔接最为密切复杂。他们之间有着不同的围度差与不同的形态特征，腰臀部整体呈椭圆结构、大腿根部则呈圆柱状。从人体重心线上可以看出，腰部围度前后的分配量较均衡，臀围后比前部大。这是由于人体背部曲势使腰部前凸，臀部后翘。

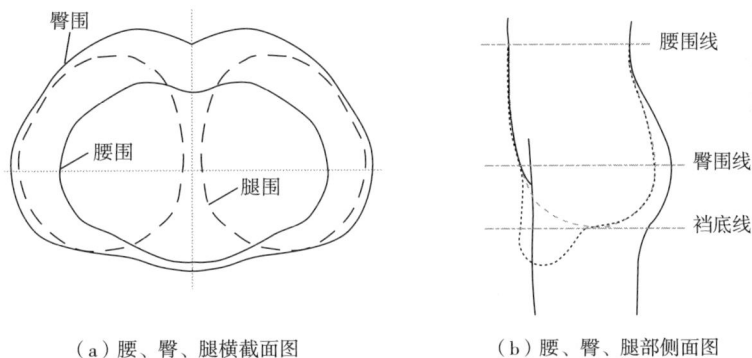

（a）腰、臀、腿横截面图　　　　（b）腰、臀、腿部侧面图

图1-9　男人体腰、臀、腿图

1. 腰部的特征

腰部是人体躯干围度中最细的部分，通常被视为人体的基准水平切面，起到分隔躯干上下部分的作用。书中提到的腰围（waist girth，缩写为WG），即自然腰围，是人体腰部最细处的围度，整体截面呈近似椭圆形。然而，由于不同款式的服装设计存在腰围位置的差异（如高腰或低腰设计），在某些特殊服装中，设计师需要考虑实际的腰围线位置及其围度尺寸。这种考虑尤其体现在低腰裤、低腰内衣及高腰裙等款式中。

在男性内衣设计中，内衣腰围通常低于自然腰围。通常选择脐下4 cm左右（腹部，髂前上棘处）作为中腰围（middle-waist girth，缩写为Mid-WG），脐下8 cm的小腹位置作为低腰围（low-waist girth，缩写为Low-WG）。这种精确的测量方法确保了内衣在穿着时的舒适性和适体性。

2. 臀部的特性

臀部是人体中宽度和厚度最大的部分，呈现丰满且圆润的形态，整体后凸。臀部的形态是内衣设计中需要重点关注的部分，因为其在运动过程中变化最为显著。随着腿部的活动（如行走、下蹲），臀部皮肤的伸展能力也随之增加。此外，臀部的皮下脂肪层较厚，尤其集中在臀部下方的臀沟处。随着年龄增长或体重增加，脂肪的沉积和体型变化可能导致臀部的下垂，直接影响到裤装的贴合度。因此，提臀式内衣应运而生，旨在提供必要的支撑和提升效果。

3. 腹部的特性

腹部作为腰围与臀围之间的部分，是男性体型美感的重要体现（如腹肌和人鱼线）。普通标准体型的腹部围度通常介于腰围与臀围之间，属于中低腰围取值区域。腹部也是最容易发生形态变化的部分，其脂肪层的厚度是影响围度的重要因素。脂肪的分布模式与臀部相似，主要集中在自然腰围线下，并向下逐渐减少。因此，美体塑腰内衣的设计应考虑到腹部的特殊性。由于腹部没有骨骼直接支持，只有软组织构成，内衣结构设计时的松量取值不必完全依赖腹部围度，而应以内衣腰围和臀部的测量数据为主，依靠材料的弹性来满足舒适性需求（特殊肥胖体型除外）。

4. 大腿与腿部的特性

腿部的粗细直接影响内衣裤口围度的数值。腿部的脂肪层主要分布于大腿内侧至后部臀沟处，而肌肉群是决定大腿围度的主要因素。裆部区域（股底）则是连接躯干与下肢的关键部位。与裤装结构设计中的裆部放松量不同，内衣设计需确保裆部与人体裆底点（crotch point，缩写为 CR）紧密贴合，这一设计直接关系到内衣的穿着舒适性。

（二）男性下身的细分类与人体特征测量研究

1. 体型的分类

在体型分类方面，中国的 Y 型、A 型、B 型和 C 型与胸围、腰围的差异密切相关；日本则有六种类型：Y 型、YA 型、A 型、AB 型、B 型和 BE 型。欧洲（如法国、德国等）的尺码系统则更为复杂，通常使用 38、40 至 62 型的标准。虽然世界上大多数国家都有各自的标准尺码，但由于地理、经济和文化的差异，尺码间存在显著的差异。

以腰围、臀围和胸围为主要尺寸的比较，不同程度之间的差异能够很好地反映体型特征。尤其是在法国和德国，尺码间的差异显著。例如，德国 40 型的臀围（100 cm）与法国 42 型相同，而德国 40 型的腰围（76 cm）对应于法国 44 型的腰围（76.2 cm）。虽然胸围相同，但由于传统的内衣分类基于腰围和身高的值，往往无法准确描述特定部位的细节，如生殖器和臀部的隆起。调查显示，即使在传统尺码标签上显示体型正确，也可能导致穿着不合身的情况。

内衣尺码通常标记为 S、M 等，或以 170/88A 等标准表示。然而，男性内衣的尺码设计依然基于传统的测量方式（如腰围、体重或身高），缺乏反映男性身体形态的重要测量值。不同地区的内衣类别虽有所不同，但板型绘制的一般方法相似。尺码表在品牌和风格之间可能存在差异，反映出各地的文化传统。

此外，内衣识别和男性身体分类的类似方法无法解释服装特征和不同风格。具有不同身体测量值和独特生理特征的消费者应该使用一个尺码表。内衣在购买前无法试穿以控制合身性和舒适性。消费者需要更多关于内衣具体特征和结构的信息，以确保穿着舒适。

2. 男性内衣设计区域相关研究

近年来在男性内衣及裤子设计领域的研究不断深入，体现了科学测量与人体工程学在服装设计中的重要性。自 1995 年以来，男性内衣及裤子设计领域的研究逐渐深入，特别是在身体测量与服装板型之间的关系上。苏石民等学者[12] 详细探讨了身体与裤子在裆部和臀部弯曲趋势之间的对应性，采用服装剪裁方法分析裤子的变形与基本测量之间的关系，为裤子优化研究奠定了定量基础。这些研究揭示了裤子在设计时如何更好地与人体结构相匹配，从而提升穿着的舒适性和功能性。张文斌[13] 在其著作《服装基础制板》中阐释了功能性和可变性结构裤子的设计方法，强调了臀围与腰围之间的差异以及裆部区域的计算。这一理论为后续的裤子设计提供了重要的框架，使设计师能够在考虑美观的同时，更加注重服装的实用性和适应性。

日本的研究在这一领域起步较早。1981 年，Koike 通过石膏法和 Moore 轮廓法分析了下肢运动引起的皮肤变形，为理解运动对服装适应性的影响提供了基础数据。1996年，Nakazawa 从人体解剖学的角度研究设计裤子时运动引起的变形，强调了人体结构与服装设计之间的密切关系。2000 年，日本人类工效学研究会出版的《新衣物与人体》一书中，定性分析了皮肤变形与关节运动的关系，指出身体关节的运动会导致皮肤在水平方向和垂直方向的变形，这些变形值为服装形状和宽松度的设计提供了指导。

研究表明，人体皮肤在运动过程中可以延展 20%~200%。Y. Sumiko 在 1976 年分析了各种运动变化对服装的具体要求，并指出在运动时，皮肤表面的伸展率是决定服装宽松度和结构变化的重要因素。田中道一在 1980 年的研究中也强调了将人体关节数据作为考虑不同宽松度和运动下服装结构变化的重要参考。1983 年，日本学者 D. Tanaka[14] 指出，不同年龄段的身体皮肤在相同拉伸应力下的变形特征存在显著差异，这为设计适合不同人群的服装提供了重要依据。

在具体的动态皮肤变化研究中，王伟平[15] 对裤子的结构进行了深入研究，测量了下身动态皮肤变化。王燕珍与吴廷雅等人[16,17] 在 2013—2016 年间测试了跑步时身体下部皮肤在水平和垂直方向上的变形率，分别为 ±7.00% 和 −60.00%~40.00%，并研究了跑步时腰（腹部）和臀部的变形率范围为 −48.00%~36.00%。他们还分析了在 90° 抬腿和蹲下时，皮肤张力的变化，记录到的水平和垂直变形率范围为 −15.08%~24.22% 和 −20.54%~26.48%。通过这些皮肤拉伸实验，研究发现下肢各区域的皮肤变形具有显著差异。在步行或跑步活动中，变化最大的区域主要集中在大腿和膝盖；而在蹲下时，最大变化则发生在前膝和臀部，腹部和前大腿（腹股沟）则有收缩现象。这一发现为裤子设计提供了重要的实践依据，使设计师能够更好地应对运动时皮肤的动态变化。

2006 年，邹平等人[18] 分析了人体下身的臀部、裆宽和体高，并将宽松值考虑在裤子的结构设计中，进一步推动了裤子设计的科学化。杨念[19] 则探讨了男性身体的腰部、臀部和裆围等尺寸，提出了将松量纳入男性紧身短裤设计的必要性。2008 年，张翠华等人[20] 将一些新的下身的垂直测量尺寸纳入裤子结构设计，研究了人体下身的局部尺寸（如裆长和裆宽等），这为裤子设计的准确性提供了新的视角。此外，Petrova A. 等人[21] 测量了 24 名被试者的 12 个下身部位，并将其定义为三种体型组（直线型、中等型、曲线型），根据臀围与腰围的比率进行分类。这种分类方法为裤子的个性化设计提供了理论支持。张铁蕊等人[22,23]则从21个人体中选择了6个测量值，获得模糊模型，以计算宽松度，进一步优化了男性内衣的后臀部设计，使其更好地贴合臀部。

在近年来的男性内衣设计研究中，许多学者针对人体测量数据和结构优化进行了深入探讨，以提升内衣的舒适性与功能性。胡秀娟等人[24]（2010年）对50名运动员在不同姿势下的身体测量进行了研究，具体测量了腰围、臀围和档长。这项研究为无缝骑行运动服的结构设计提供了重要的理论依据，帮助创建更加贴合运动需求的服装。何银地、张艳红等人[25,26]（2013年）则进一步分析了档宽、臀围、后臀倾斜度及短裤档部的设计方法，提出了改善内衣档部结构的有效策略，以满足不同体型消费者的需求，为内衣的舒适性和功能性提供了新的思路。

在身体测量方面，陈明艳等人[27]（2010年）基于腰围、臀围、体高及臀围减腰围的测量数据，分析了16个关键尺寸。这种数据驱动的分析为内衣设计提供了科学基础，确保产品能更好地适应人体曲线。Song H. K. 等人[28]（2011年）利用腰围、臀围、大腿围、腰到档长和内缝长度的数据，优化了行业裤子的板型，进一步提高了穿着的舒适性和美观性。王成泽等人[29]（2012年）的研究聚焦于人体侧面新测量值，优化了原有内衣的整体结构，使其在穿着时更加贴合人体形态。此外，苏兆伟等人[30]（2013年）通过分析身高、腰到臀部的距离和档宽的数据，结合市场上现有男性内衣的结构进行了优化，特别是在前囊袋设计方面，力求在舒适性和功能性之间找到最佳平衡，使其在运动和日常穿着中更加实用。

到2011年，男性内衣及裤子设计领域的研究取得了一系列进展，尤其是在身体测量与板型设计的结合上。路盼等人[31]对121个人体进行了测量，记录了13个关键尺寸，包括腰围、臀围、腹围、体高以及腰到臀部的距离。校正了档宽、臀角、体高和档长，基于这些数据，在腰围和臀围的不同松量下，制作了多条裤子，并进行了穿着感觉测试，使其在保证贴身效果的同时，提升穿着者的舒适感。这项研究为裤子设计提供了实证基础，揭示了不同松量对穿着舒适性的影响。高磊等人[32]的研究则聚焦于男性下身的22个测量值，包括腰围、腹围、臀围和大腿围。他利用这些围度和高度参数，调整基于原板型的男性内衣设计，进一步推动了内衣的功能性与适配性。

自2019年以来，程宁波、郭淑华等人[33,34]开始关注人体结构设计的尺寸，专注于中国中部男性的下身特征，研究了臀围和档宽的关系，并对裤子结构进行了优化，同时进行了合身性比较。这些研究不仅帮助了解特定人群的身体特征，也为裤子设计提供了更具针对性的改进方向。徐凯忆等人[35]（2022年）通过美国 TC² 三维人体扫描仪获取202名在校女大学生的人体点云数据，测量各特征部位的围度、宽度和厚度等相关形态参数，然后进行体型分类，对基于照片的青年女体个性化裤装样板自动生成提供了一定的技术支撑。李坤等人[36]则通过理论分析和实验相结合，对比分析出上档倾角舒适度变化规律，从而获得最优后上档倾角的舒适性设计。吴冬雪等人[37]（2024年）使用坐宽参数代替臀围宽度参数，在下肢多种运动状态下选取臀围变化后的最大值作为不束缚人体的裤装臀围最小值，模型解决了下肢运动状态对裤装臀围的影响，可为裤装臀围制板提供理论依据。

近年来的研究表明，男性和女性裤子设计中人体测量数据的应用愈发重要。通过系统的测量与分析，研究人员能够有效地优化裤子的结构与板型，提升穿着的舒适性和功能性。

二、男性弹性内衣的舒适性研究

（一）弹性内衣服饰的舒适性评测方法

服装的舒适性已成为现代消费者需求的主要特征之一，当代男性内衣的合身性和舒适性受到越来越多的关注，因为人体在穿着内衣时不可避免地会受到压力。在此过程中，材料的变形不断积累，导致弹性材料的舒适性减弱，无法为人体提供足够的舒适压力。如果材料能够适应这种变形并恢复，将会让人感到舒适；相反，材料会带来一些压力，使人感到不适。因此，针织内衣的拉伸性能在内衣的功能性和舒适性中起着至关重要的作用。

近年来，塑形男性内衣的创新主要来自两个方面：功能性和外观性，结合人体工程学和美学的发展。此外，塑形内衣在医疗应用中成为热门研究点，主要用于产后塑身、健康护理等领域。亚洲和欧洲的专家和学者研究了动态/静态压力舒适性与紧身衣物（内衣、紧身衣物、长筒袜等）之间的关系。通常，在紧身衣物设计中使用负松量，其值必须与材料的伸长性和内衣功能一致。而典型的男性内衣基于简单的结构设计（紧身不够），对人体产生的压力很小（不易测量）。因此，研究压缩内衣显得尤为重要。

服装的主观评价方法是作为研究服装压力舒适性的重要手段之一。服装压力舒适性是穿着者的心理和生理的综合反映，以人的主观直觉作为标准来对服装穿着感觉进行测量和鉴别。不同的被实验者在穿着同样服装时，其心理、生理反应是不同的，需要以一种舒适度标尺来定义被实验者的不同反应，是一种统一的参照标准，可以是一组数字或词语。这种标尺可以用来判断和评价人们所穿服装的感知过程。本书采用了简洁的区间标尺："舒适—不舒适"对内衣材料压力舒适性进行主观评价。但这种方法无法排除主观任意性，而且精确性欠佳，故通常与客观压力评价配合使用。客观评价是在对压力进行测量以获得客观压力值的基础上进行的，因此，测量的准确性将直接影响到评价结果。服装压力舒适性的客观测试评价法，主要利用服装压力仪器进行的测定，它是服装压力舒适性客观评定的依据和基础，有直接测量法和间接测量法之分。直接测量法：在人体着装状态下，将测量用压力传感器固定于人体，直接测量出服装压的大小，包括流体式、气囊式、电阻式等。间接测量法通过测量皮肤的变形，被测部位的曲率、服装材料的变形，根据理论公式计算得出压力值大小。客观评价法的优点是：不受人为主观的影响，正确性和可靠性较高。但由于此方法过于机械化，而完全忽略了人的主观评价因素。

由于服装压力舒适性反映了被实验者的心理、生理反应，因此，通过主观评价法与客观测试法的特点可知，单独用一种评价法来进行压力舒适性的研究是不全面的。

只有将主客观评价法结合起来，才是最有效的方法，即对服装压力舒适性的评价要经过主观评价和客观测试两个环节，且二者相互检验。这种主客观相结合的方法，能够使主客观两种方法优劣互补，且考虑全面。

（二）弹性内衣服饰的舒适性相关研究

到目前为止，大多数研究人员使用传感器进行直接测量来测试紧身内衣（裤子或衣物），如图 1-10 所示的气囊式压力测试仪 AMI3037（日本）、FlexiForce A201 薄膜传感器与无线 ELF 系统（美国）。

AMI3037 是一款专为服装行业设计的气囊式压力测试仪。该仪器利用气囊技术在服装与皮肤之间的接触面上测量压力分布。其结构由多个气囊组成，能够在不同的服装部位实施精确的压力测试。AMI 能够实时收集压力数据，并通过软件进行分析，以形成详细的压力分布图。AMI 能够提供高分辨率的压力数据，精确到毫米级，确保测量结果的可靠性。该仪器可以实时监测压力变化，使设计师和研究人员能够即时调整服装设计，优化舒适性。操作界面友好，用户可以快速上手，减少学习曲线。适用于多种类型的服装，包括功能性服装和时尚服装，能够满足不同市场需求。

FlexiForce A201 薄膜传感器是一种薄膜压力传感器，具有极高的灵敏度和广泛的应用范围。结合其配套的无线 ELF 系统，该传感器可以无缝连接，并以无线方式传输数据。用户可以在不同的服装部位放置多个传感器，以获取全面的压力分布信息。FlexiForce A201 薄膜传感器非常薄，能够轻松嵌入各种服装设计中，且不会显著影响服装的外观或舒适性。结合无线 ELF 系统，数据传输无需物理连接，提供更大的操作自由度，尤其在动态测试中表现优异。支持多个传感器同时使用，能够在服装的多个接触点进行压力测试，提供全面的压力分布分析。配备专业的数据分析软件，可以对收集到的数据进行深入分析，生成报告，帮助设计师优化产品。

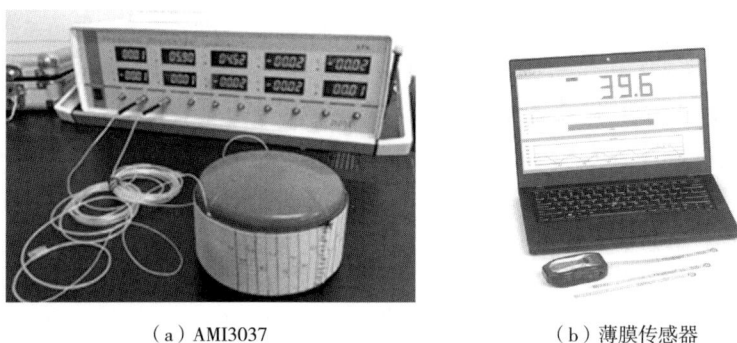

（a）AMI3037　　　　　　　　　　　　（b）薄膜传感器

图 1-10　压力测试仪

气囊式压力测试仪 AMI 和 FlexiForce 在服装压力舒适性测试中各具优势。AMI 以其高精度和实时监测能力为特点，适用于严谨的实验室环境；而 FlexiForce 则以灵活性和无线数据传输的便利性，更适用于动态测试和现场。两者的结合使用能够为服装设计和开发提供全面、可靠的数据支持，提高服装舒适性测量的准确性。

1. 国外相关舒适性研究

服装压力舒适性研究的历史可以追溯到 16 世纪，当时女性紧身胸衣的流行导致了胸部和腹部的严重变形，使女性身体产生了畸形变化。随着时代的发展，人们对舒适性和健康的关注逐渐增加。18 世纪末，E. M. Crowther[38] 的研究发现，长期穿着紧身牛仔裤不仅会导致身体变形，还可能危害健康。20 世纪 30 年代，人造纤维技术的进步彻底改变了内衣的材料，尤其是弹性松紧带和人造丝的使用，使内衣在保持身体形状的同时，避免了对身体的伤害。

1972 年，M. J. Denton[39] 的研究探讨了静态姿态下的压力舒适性与紧身衣物之间的关系。他发现最大平均压力为 2.68 kPa，并指出个体差异和身体不同部位的压力感受。当衣物压力为 5.88 kPa~9.80 kPa 时，许多人会感到不适，这一范围接近毛细血管的血压水平。舒适的衣物压力范围被确定为 1.19 kPa~3.19 kPa，这些数据如今已被广泛接受并应用于服装设计中。自 20 世纪 80 年代以来，J. Klöti 等学者[40] 开始关注服装压力对人体的积极影响，如通过压力疗法治疗肥厚性烧伤疤痕、预防静脉扩张和减少血栓、充血及血液循环障碍的风险。他们测量了压力衣所产生的皮肤压力，结果显示，柔软部位的压力范围为 1.99 kPa~4.39 kPa，而骨突部位的压力则为 6.27 kPa~11.99 kPa。这些研究不仅丰富了压力舒适性理论，还为临床管理和治疗实践提供了重要依据。

20 世纪初，科学与文化的进步使传统的紧身内衣逐渐被弹性材料和系带设计所取代。到 2011 年，随着人们对服装舒适性需求的普遍提高，压力舒适性成为许多学者研究的重点。A. Vuruskan 等人[41] 在 2016 年使用 AMI 气囊传感器测量了不同尺寸的四个人体在站立和骑行姿势下穿着九件自行车服装的压力变化，发现大多数压力集中在腰带部位，并且在骑行姿势下，弯腿时的压力略有增加。压力舒适性作为内衣日常功能舒适性的重要因素，这方面的研究直到最近才被认真对待。

在日本，O. Shizue 和 T. Horino 等人[42,43] 在 1968 年开始进行静态和动态状态下的压力测量。他们测量了人体 12 个位置的压力值，其中腹部的压力范围为 3.53 kPa~6.37 kPa，腰部为 3.18 kPa~4.81 kPa。这些研究还通过圆柱体模拟测量，发现压力减小可能与身体的压缩变形行为有关，并指出机织材料相比针织材料应给予更大的松量以提高舒适感。1982 年，T. Harada[44] 研究了皮肤拉伸与材料延展之间的关系，指出影响材料对身体施加压力的关键变量是覆盖部分的半径。曲率越小，施加的压力越大，这意味着脚踝和手腕等小半径部分需要更少的材料缩减以达到相同的界面压力。

1993 年，H. Makabe 等人[45] 研究了各种胸罩和紧身裤在动态和静态下的主观与客观压力舒适性，发现前腰线、大腿底部和前大腿三个区域最容易产生不适，其压力范围为 4.00 kPa~5.33 kPa，而腰部的平均压力为 2.46 kPa。A. Inamura 等人[46] 在穿着紧身裤后发现心脏输出量随着压力增加呈线性下降趋势，特别是在仰卧和坐姿状态下，心脏输出量显著减少。此外，基于紧身裤底部在腹股沟处提供的最大压力这些结果对紧身裤的形状和材料进行了重新设计，从而降低其对人体的压力和心脏输出量。

在 1995 年，N. Ito 等人[47] 研究了材料的双向拉伸对紧身裤压力舒适性的影响，指出身体两侧的压力大于前后，臀部、侧面和大腿的舒适值分别为 0.8 kPa、1.3 kPa 和 0.9 kPa。Y. Nagayama 等人[48] 比较了紧身裤和普通裤子，测量了恢复阶段的血压、心电图和心率，发现显著增加的压力使心率、血流和神经系统产生了变化。到 1998 年，M. Nakahashi 等人[49] 研究了小腿施加压力对皮肤血流的影响，发现皮肤血流随着压力增加而趋于减少。D. Tanaka 等人[50] 研究了束腹带压力对皮肤血流变化的影响，发现当材料压力在 1.99 kPa~3.33 kPa 范围内时，皮肤血流增加。

2005~2013 年，M. Nakahashi 等人[51] 对不同材料、结构和尺寸的塑型服装进行了舒适性研究，分析了主观感受（如压力、舒适度和外形满意度）与生理反应（如心率、皮肤血流和皮肤温度）之间的关系。R. Yokoi 等人[52] 研究了在不同姿势下穿着不同尺寸裤子的心率、血流和皮肤温度，发现随着服装压力的增加，心率显著加快，而腿部血流减慢。T. Tamura、T. Kobayashi 和 M. Sato 等人[53,54] 对人体几个部位分别进行了压力测试，测量了女性下肢的压力值，发现臀部的平均压力为 2.40 kPa，大腿为 2.84 kPa，小腿为 3.09 kPa。紧身长筒袜的舒适压的平均值小于 4.50 kPa，总腿肚为 3.70 kPa，中腿肚为 2.80 kPa，脚踝为 2.10 kPa。此外，不同种类的服装，紧身裤的平均压力值（在下肢）为 1.08 kPa，紧身 T 恤（在躯干和肱二头肌）的平均值小于 2.26 kPa，但男性的平均压力值较高，胸围（胸部）、腰围和臀围的值分别为 4.95 kPa、4.99 kPa 和 4.98 kPa。

2. 国内相关舒适性研究

相较于国外，国内在服装舒适性研究方面起步较晚。2005~2010 年，王越平等人[55] 测量了 20 件女性胸罩、内衣和紧身袜的 96 个静态测试点，发现内衣腰带的压力范围为 1.73 kPa~5.93 kPa，而紧身袜在大腿和膝盖的压力范围为 1.65 kPa~3.93 kPa。研究表明，超过 70% 的受试者在 2.20 kPa~3.00 kPa 时感到压力舒适。金子敏等人[56] 测量了男性身体的 33 个点，数值范围为 0.32 kPa~1.46 kPa，穿着无缝内衣的平均压力值为 0.98 kPa（材料为 65% 棉和 35% 聚酰胺纤维），显示出国内在舒适性研究方面的初步探索。

自 2011 年以来，研究逐渐增多。杨培等人[57] 对 25 名女性的腹部和臀部的 9 个点进行了研究，发现秋冬连裤袜的穿着压力分布在 0.04 kPa~0.17 kPa，紧身女裤的平均压力值为 0.4 kPa~2.5 kPa。研究还发现，在压力值为 0.90 kPa~1.27 kPa 时，臀部上提 0.59~0.65 cm，而在压力值为 0.98 kPa~1.15 kPa 时，腹部收紧 0.92~1.06 cm。

在 2013 年的相似测量研究中，腹部和臀部的压力值分别为 0.88 kPa~1.05 kPa 和 0.89 kPa~1.07 kPa，同时腹部减少 0.72~0.85 cm，臀部上提 0.69~0.83 cm。鲁露露和姚艳菊等人[58,59] 测得的腹部、臀部、大腿和小腿的压力范围值分别为 0.96 kPa~1.55 kPa、1.49 kPa~1.84 kPa、1.23 kPa~1.66 kPa 和 1.44 kPa~1.65 kPa，显示出不同部位的压力差异。此外，在结构优化后测试男性内衣的 16 个点的压力，平均值为 3.89 kPa（中腰）、2.58 kPa（臀部）、2.30 kPa（大腿）。针对男性内裤的压力测试中，腰部为 2.20 kPa~3.70 kPa，臀部下方为 2.00 kPa~3.40 kPa，前裆为 2.40 kPa~3.30 kPa，裆下为 2.40 kPa~2.80 kPa，腿部为 2.60 kPa~3.40 kPa。这些研究为男性内衣的舒适性提供了重要的理论支持。

李杰等人[60] 实验测试和分析了紧身针织服装的压力分布，探讨了不同伸长率和宽裕量对服装压力的影响。实验结果显示，不同针织材料的紧身针织服装在压力分布上具有相似的规律，压力随着服装伸长率和宽裕量的增大而增加。何春燕、卢华山等人[61,62]测量了三种女性紧身瑜伽服上躯干的 6 个点的压力，平均值范围为 0.29 kPa~1.49 kPa。他们还研究了运动中期和后期的压力，发现中等压力服装能够缓解肌肉疲劳，而高压和低压服装则无法有效减轻肌肉疲劳，甚至可能加重疲劳。这些研究提供了一些可参考的数值，如肩部、上臂、前臂的压力分别为 2.57 kPa~3.41 kPa、2.33 kPa~3.03 kPa 和 2.19 kPa~2.89 kPa，大腿前部、侧部、背部的压力分别为 0.50 kPa~0.78 kPa、0.40 kPa~0.70 kPa、0.40 kPa~0.65 kPa，臀部为 0.78 kPa~1.29 kPa。

总的来说，国内外关于服装压力舒适性的研究逐渐深入，形成了一系列理论基础和实践指导。国外的研究起步较早，涉及历史上女性紧身衣物的影响，强调了服装对人体生理和心理的双重作用。早期研究者们就开始关注衣物压力与舒适性的关系，提出了舒适的压力范围（1.19 kPa~3.19 kPa），并发现不同的身体部位对压力的敏感性存在差异。随着技术的发展，研究者们通过压力疗法在医疗领域的应用，进一步探讨了压力对健康的积极影响。

在国内，相关研究起步较晚，但近年来逐渐增多。研究者通过对不同服装类型的压力测量，揭示了不同材料和设计对穿着舒适度的影响。例如，研究显示紧身衣物的压力范围为 0.4 kPa~2.5 kPa，强调了压力的分布与身体形态的关系。这些研究为服装设计提供了实证支持，推动了舒适性在服装开发中的重要性。

然而，目前的研究也存在一些不足之处。首先，现有的研究多集中于静态状态下的压力测量，而对动态运动状态下的压力舒适性关注不足，这可能导致设计无法满足实际穿着需求。其次，个体差异在研究中尚未得到充分考虑，许多研究使用的样本量较小，缺乏对不同体型和性别的代表性分析。此外，对压力的主观感受与客观测量之间的关联性尚未得到深入探讨，导致在舒适性评价时可能存在偏差。

进一步的研究应着重于以下几个方面的改善：一是扩大样本范围，涵盖不同年龄、性别和体型的群体，以便更全面地理解压力舒适性；二是增加动态测试，尤其是在运动状态下的压力变化，以更好地反映实际穿着的舒适性；三是结合生理监测技术，深入探讨压力对生理反应的影响，提升舒适性评估的科学性。通过这些改进，服装设计能够更加精准地满足消费者的需求，提升穿着体验。

三、男性弹性内衣的基本设计方法

（一）传统男性内衣的设计方法

随着对舒适性与功能性要求的提高，男性弹性内衣的设计方法逐渐受到关注。然而，目前一些教材中提到的男性内衣结构制图方法，存在诸多不足之处。这些方法通常只标注了尺寸值，而缺乏详细解释，主要依赖于成品测量的经验数据和固定值，尤其是在腰带围（新腰围）的计算上，往往仅依赖于简单的数学公式。这种方法未能充分考虑到"人体—内衣"系统中形状、材料、结构及用户需求的复杂协调关系。

在国际上，虽然一些设计师，如俄罗斯的设计师，借鉴了 Muller 和 Son、Winifred Aldrich 等人的设计方法，但这些方法并未能充分满足现代内衣设计的需求。相较之下，国内在男性内衣的研究方面起步较晚，相关文献相对稀少，尤其是在过去十年中，关于男性内衣结构与材料压力的研究成果有限。现有的研究多集中在单一局部结构的改良设计或压力测试，缺乏系统性和全面性。

国内针对男性内衣的现有可查研究资料较少，近十年来，在国内学术刊物上发表的有关男性内衣结构与材料压力研究的文献并不多见，且仅仅为单一局部结构改良设计或压力测试，少有只针对男性内衣裤而进行的全面而系统的系列研究论著。而且对于男性内衣和材料的研究也还是不够，这些单一的实验结果只作为提供检验测试数据的真实性与合理性范围参考。理想的内衣压力是在人体所能承受的压力范围内，适当的压力会减少肌肉振动和不必要的能量损失，并增强肌肉的收缩力，同时又兼备良好的服装款型。一般情况下，紧身弹性服装在设计时使用负值松量，且松量的取值必须符合材料的可拉伸度和内衣的功能。

在亚洲地区，男性内衣的设计方法多基于产品测量的经验数据和固定值。如图 1-11（a）所示，在印建荣的《内衣结构设计教程》一书中，男性内衣结构分为一个左片和一个右片，以及前袋。绘图方法基于垂直侧缝指导线，向左和右；小的为后中心曲线；前裆中心上升 1.5 cm，侧缝为直线。如图 1-11（b）所示，在印建荣的《内衣纸样设计原理与实例》一书中，绘图方法是基于前袋中心的垂直线为参考线，向左绘制。后裆宽度类似于裤子，前裆底部弯曲 5 cm 向左。如图 1-11（c）所示，来自《内衣结构设计教程》一书，基于"结构图二"变化的无缝类型，没有后中心线，内缝后为后中心线右侧的小曲线，因此大腿底部长度比"结构图二"短。如图 1-11（d）所示，来自《内衣纸样设计原理与实例》一书，此结构与"结构图一"相似，不同于内缝（裆前和后）部分和后曲线长度。如图 1-11（e）所示，在柴丽芳的《内衣结构设计与纸样》一书中，绘图方法类似于短裤。而如图 1-11（f）所示，在俄罗斯杂志 АТЕЛЬЕ 中，是直接从短裤上设置前裆片。

三角裤结构图（两片式男性内衣，完成尺寸为 170/88）如图 1-12 所示。图 1-12（a）来自《内衣纸样设计原理与实例》一书，其结构分为一个前片和一个后片。绘图方法为基于垂直后中心线和前裆，没有腰带长度值，没有细节。如图 1-12（b）所示，绘图方法与上述相同，但前裆曲线较宽，没有细节与解释。图 1-12（c）为俄罗斯杂志 АТЕЛЬЕ 中的绘图，以及图 1-12（d）为 F. Çardak 的书中绘制三角裤的方法，且一些数值缺失，没有细节与解释。

在亚洲地区，男性内衣的设计方法多基于产品测量的经验数据和固定值。图 1-11 展示了一些现有的男性内衣结构图。这些结构图通常包括一个左片和一个右片，以及前袋的设计。以印建荣的《内衣结构设计教程》为例，绘图方法基于垂直侧缝的指导线，侧缝为直线，前袋中心上升 1.5 cm，后中心曲线则相对较小。这种设计方法虽然提供了一定的参考，但仍然缺乏对材料特性和人体工学的深入分析。在《内衣纸样设计原理与实例》中，绘图方法同样基于前袋中心的垂直线，缺乏腰带长度等关键参数的标注。其他设计如图 1-12 所示的三角裤结构，依然存在类似的问题，缺乏详细的参数和设计细节。这种情况限制了设计师在实际操作中的灵活性，可能导致产品最终无法满足消费者的需求。

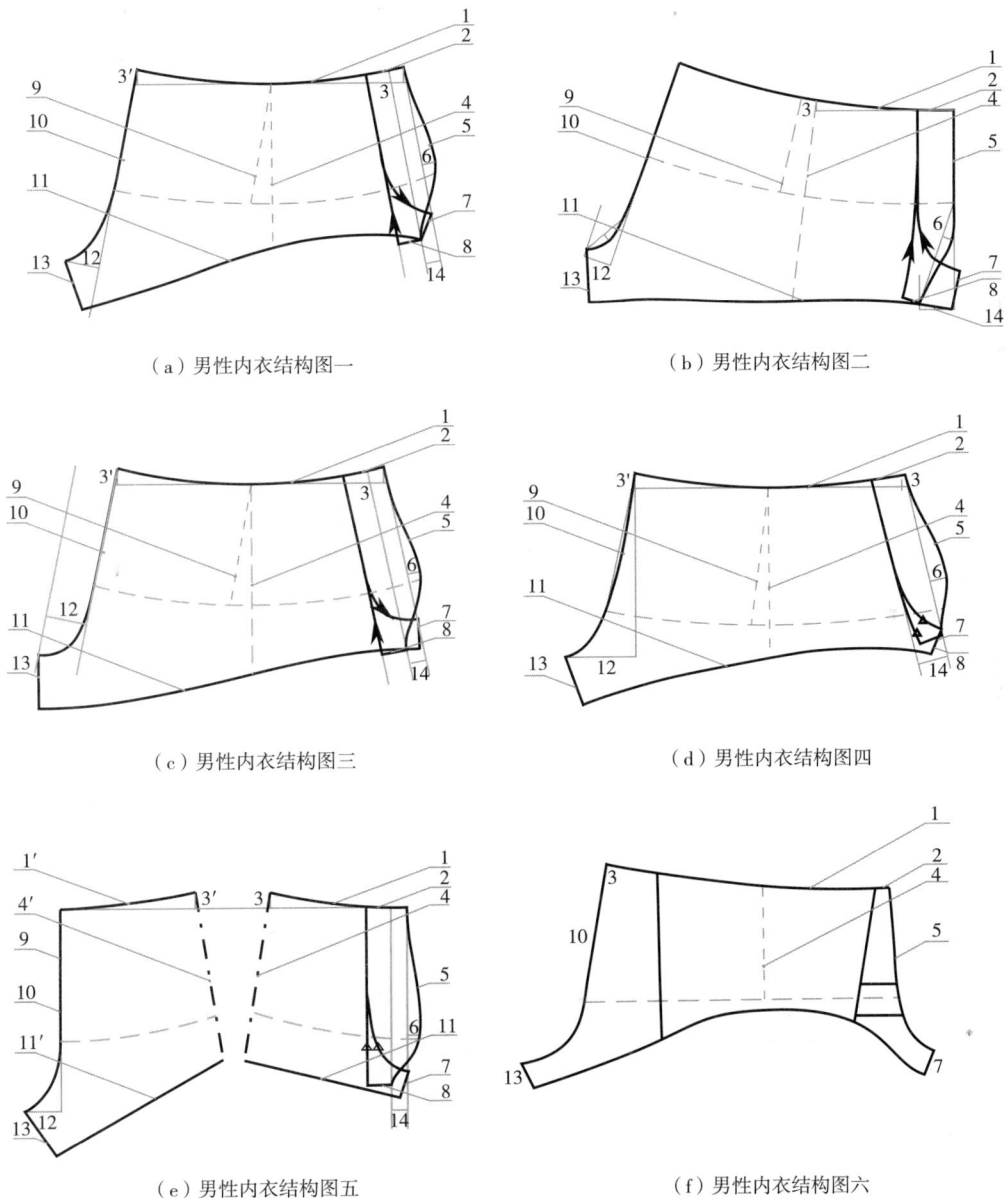

（a）男性内衣结构图一

（b）男性内衣结构图二

（c）男性内衣结构图三

（d）男性内衣结构图四

（e）男性内衣结构图五

（f）男性内衣结构图六

图 1-11　男性平角裤结构图案例

1，1′—腰带长度　2—前裆顶宽度　3，3′—腰带上升值　4，4′—侧长　5—袋中长　6—前裆上升值
7—内缝前部　8—前裆底宽度　9—腰带到臀部的值　10—背部中心长度　11，11′—裤口长度
12—后裆峰值　13—内缝后部　14—前裆顶和底部的距离

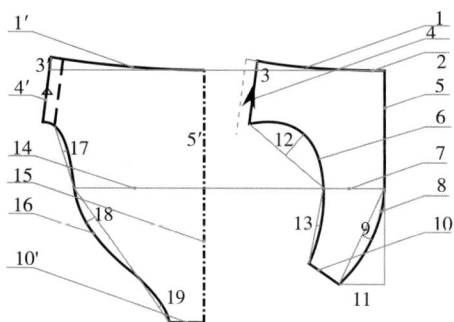

（a）男性内衣结构图七　　　　　　　　　　　　　（b）男性内衣结构图八

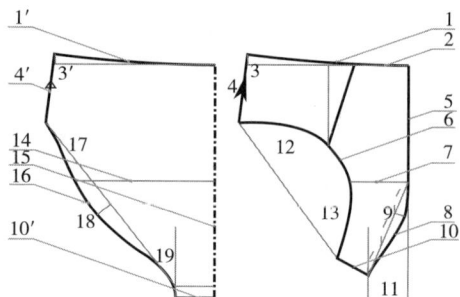

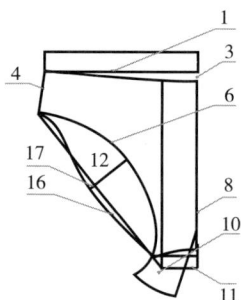

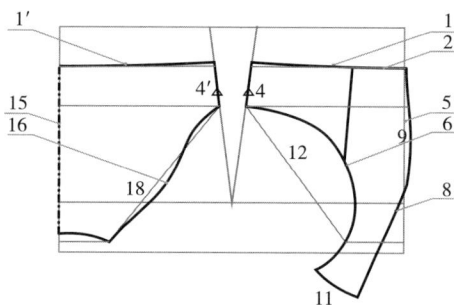

（c）男性内衣结构图九　　　　　　　　　　　　　（d）男性内衣结构图十

图1-12　男性三角裤结构图案例

1，1′—腰带长度　2—前裆顶宽度　3，3′—腰带平衡值　4，4′—边长　5，5′—腰带至臀线值　6—前裤口长度

7—臀前宽度　8—前裆中心长度　9—前裆凸起　10，10′—内缝前部　11—前裆底部宽度

12—从侧缝线和臀线开始的裤口上升值　13—从臀线和前裆底部开始的裤口上升　14—臀部后部宽度

15—后部中心长度　16—后部裤口长度　17—后部裤口上升　18—后部裤口中部上升　19—后部裤口底部内凹

（二）男性内衣设计方法的发展

目前关于男性内衣设计的理论基础主要源自对人体生理结构和运动学的理解。设计师需要基于人体的解剖学特征，考虑到不同部位的尺寸、形状及运动方式，以达到最佳的穿着效果。然而，现有研究存在以下几个方面的不足，为了提升男性弹性内衣的设计水平，需要在以下几个方面进行改善。

1. 缺乏系统性

大多数研究集中在单一结构或材料的改良，缺乏对整个内衣系统的综合性研究。这使设计师在设计时难以获得全面的视角，无法有效整合各个设计要素。因此，需要开展针对男性内衣的系统性研究，整合材料、结构与人体工学等多个方面的知识，以全面提升设计的科学性和实用性。

2. 个体差异考量不足

现有设计多基于固定的尺寸标准，未能充分考虑到个体之间的差异，如体型、习惯等。这导致了产品在实际穿着中的适应性不足。因此，需要引入个性化定制理念，考虑不同消费者的身材特征与需求，开发出更多样化的内衣款式，满足不同顾客的舒适性要求。

3. 动态测试缺乏

现有研究多集中于静态测试，未能充分反映在动态条件下（如运动、行走时）的压力变化与舒适性。这可能导致设计无法适应日常活动中的实际需求。因此，需要加强对动态条件下的测试，特别是运动状态下的压力分布与舒适性评价，通过反馈数据不断优化设计。

4. 材料科学研究不足

对于内衣所用材料的研究多集中在材料的基本特性上，缺乏对其在不同使用场景下表现的深入探讨，尤其是弹性与舒适性的结合。因此，需要促进设计与材料、工程等专业领域合作，共同探讨内衣（服装）设计中的新技术与新材料应用，推动内衣设计的创新。

通过这些措施，可以有效提升男性内衣的结构设计水平，满足现代消费者对舒适性、功能性和美观性的多重需求，从而推动现代男性内衣的进一步发展与升级。

第三节　男性内衣材料与力学测试

一、国内外男性内衣主要材料

作为服装的重要组成部分，内衣的护体功能是非常突出的。男性内衣与女性文胸一样，都有着各自的特殊性，具有较强的实用功能。男性内衣与男性人体裆部存在一定的空间关系，这种关系既有紧密的依托又有着宽松量，所以把握好这一部分的设计关系才是关键，只有结构合理才能穿着舒适，即结构的设计既要符合人体的静态要求，又要符合人体的动态要求。从生物医学的角度来看，紧身内衣结构与材料的不合理可能导致某些疾病的产生，特别是皮肤和泌尿生殖区域疾病。因此，在近些年的创新型内衣中，特殊处理的材料及纳米技术的应用，使内衣增加了许多治疗保健效果，也非常流行，如"HAOGANG"牌——在俄罗斯逐渐流行起来的中国品牌保健内衣。

通过对国内外销量较大的多个男性内衣品牌产品的成分进行汇总（表1-1），结果显示棉在材料使用上占据主导地位，其次为莫代尔和其他弹性材料。辅助成分中，氨纶的比例通常保持在5%～10%，以增强内衣的弹性和牢固性。

表 1-1　国内外男性内衣主要材料成分

国外品牌	产品常用材料主要成分/%	国内品牌	产品常用材料主要成分/%
Unico	93 棉/尼龙，7 氨纶； 46 棉，45 尼龙，9 氨纶	爱帝	47 棉，47 莫代尔，6 氨纶； 95 莫代尔，5 氨纶
2（x）ist	90~95 棉，5~10 氨纶； 96 莫代尔，4 氨纶	七匹狼	95 棉/黏胶纤维，5 氨纶
BOSS	95 棉，5 氨纶	猫人	95 棉/莫代尔，5 氨纶
PUMP!	94~96 棉，4~6 氨纶	三枪	95 棉，5 莫代尔； 93 黏胶纤维，7 氨纶
Diesel	94~97 棉，3~6 氨纶； 57 棉，38 尼龙，5 氨纶	宜而爽	100 棉； 95 黏胶纤维，5 氨纶
Jockey	90~95 莫代尔，5~10 氨纶； 48 棉，48 莫代尔，4 氨纶	健将	47 棉 46 黏胶纤维，7 氨纶； 93 黏胶纤维，7 氨纶； 100 棉
HOM	45 莫代尔，44 棉，11 氨纶； 95 棉，5 氨纶	浪莎	95 黏胶纤维，5 氨纶； 100 棉
Calvin Klein	49 棉，43 尼龙，8 氨纶； 82 涤纶，18 氨纶	南极人	95 棉，5 氨纶
Emporio Armani	49 棉，43 尼龙，8 氨纶； 95 棉，5 氨纶	爱慕	91 莫代尔；9 氨纶
C-IN2	94~100 棉，0~6 氨纶； 90~95 莫代尔/黏胶纤维，5~10 氨纶	红豆	95 黏胶纤维，5 氨纶； 95 棉，5 氨纶

　　纯棉材料的优点在于其优异的吸湿性，但放湿性相对较弱，这意味着它不易迅速干燥。如果皮肤长时间与湿透的棉质内衣接触，可能会导致红肿、瘙痒，甚至引发痱子、阴囊湿疹或皮炎等问题。因此，选择棉质内衣时，保持内衣干燥至关重要。对于容易出汗或经常驾车的男性，过高的棉质含量可能并不适宜。由于棉的弹性较弱，纯棉内衣的合体性也会受到影响，不当穿着甚至可能妨碍青少年生殖器官的正常发育。因此，推荐选择精梳棉或添加了 5%~10% 氨纶（如杜邦公司的"莱卡"）的棉质内衣，以提高弹性和合体性，确保穿着的舒适和支撑。

　　近年来，技术材料的应用使内衣能够更好地满足消费者对功能性底层衣物的需求，尤其是那些需要贴合性和舒适性较好的设计。现代内衣越来越多地采用氨纶纤维，这种材料提供了出色的伸展性，非常适合用来制作运动型服装。同时，新型织法的棉混纺材料也在不断涌现，设计旨在随着运动而伸展，紧贴肌肤的第二层，既保持舒适又不失灵活性。

针对舒适性的新解决方案还考虑到了某些对乳胶或橡胶过敏的消费者。例如，Hanes 推出了"舒适软"腰带设计，并在腰带与皮肤之间引入了一层棉织物，以减少摩擦和不适感。在紧身内衣中，材料的延展性和摩擦力对穿着体验的影响显著；当材料的延展性差时，身体会感受到更大的压迫感，而适当的弹性和柔韧性则能提升整体舒适度。此外，材料的厚度也对内衣的舒适性产生重要影响，越薄的材料通常越容易贴合皮肤，提供更佳的穿着体验。

二、弹性针织材料特性和内衣服装设计

材料特性和服装设计是有助于或阻碍服装舒适性的两个因素。针织材料具有一定的弹性，机织材料比针织材料更硬挺；由于交错结构，针织材料具有出色的柔韧性。一般来说，伸长率超过 15% 的材料称为弹力材料，伸长率低于 15% 的材料称为刚性材料，伸长率超过 30% 的材料称为高弹力材料，伸长率为 15%~30% 的材料称为舒适弹力材料。用这种材料制成的紧身服装对身体运动的阻力最小，特别是在肘部、膝盖、后背周围。针织材料比机织材料更具延展性，因此对于紧身服装来说，例如内衣，首选针织材料。

然而，关于高弹针织材料的结构特性和服装压力之间关系的研究有限。高弹针织材料通常用于压缩服装，因为压缩服装应非常贴合以对皮肤施加压力。高弹针织材料的压力水平取决于针织结构、纱线成分和针织类型；然而，关于高弹针织材料的尺寸、延展特性和服装压力之间的相关性研究甚少。

因此，可以开发出利用针织材料的弹性对身体施加确切所需压力的压缩产品。然而，在设计压缩产品时，应为特定身体部位选择、安排和采用适当的结构，因为即使在相同的材料中，不同的针织结构也能显示出不同的延展特性。

1977 年，D. S. Lyle 在 *Performance of textiles* 中指出弹性材料的舒适拉伸率为 25%~30%，而强力（超过舒适范围）拉伸率为 30%~50%。1986 年，M. L. Joseph 等在 *Introductory textile science* 中指出，常规穿着材料的拉伸率为 10%~25%，而高弹力的为 35%~50%。根据 K. L. Hatch[63] 的研究，量身定制服装的材料的适当伸长率范围为 15%~25%，贴身服装为 30%~40%。2012 年，T. G. Kim 等人[64] 通过研究多种紧身运动服，总结超过 70% 的人体上半身表面显示表面变化率低于 20%，材料的拉伸率在横向为 16.0%~58.2%，纵向为 23.1%~78.4%。2014—2018 年，王宏付、周惠和 Y. Gong 等众多学者[65,66] 总结了人体不同部位和不同服装类型的舒适服装压力范围，分析了现有与织物力学性能相关的服装压力理论公式的意义和应用范围。详细阐述了服装压力与织物力学性能关系的定性和定量研究，包括通过实测、回归分析和模拟等手段对两者相关性的研究进展。并对多种弹性材料的特性进行了测试和分析，研究了这些材料在某些运动动作中与人体皮肤变形的关系。最佳匹配的臀部材料拉伸率为 88%~144.4%，前紧部分为 81%~124.4%，后紧部分为 105%~144.4%，膝部前侧为 81%~124.4%，膝部后侧为 81%~144.4%。

三、弹性针织材料力学性能测试

（一）材料力学性能相关研究

材料的风格不仅仅是其外观的表现，更是穿着舒适性和美观性的综合体现。自 20 世纪 30 年代以来，关于材料力学性能的研究逐渐深入，形成了一系列理论基础和应用实践。早期的研究由 F. T. Peirce 等人[67] 展开，他们在 *The handle of cloth as a measurable quantity* 中首次提出材料的机械性能与手感之间的关系，并通过数据进行量化。这一开创性研究为后续材料性能的测量和评价奠定了基础。

随着研究的深入，J. W. Eischen 在此基础上开始探索材料的弯曲行为，并测量其材料特性。他采用简单的悬臂测试法来测量材料的抗弯刚度，并对典型的机织材料进行了建模。此后，材料的弯曲特性和抗弯刚度成为评价材料性能的重要指标。

进入 20 世纪 70 年代，S. Kawabata[68] 的研究进一步推动了材料力学性能的探讨。他在 1973 年发表的《薄型男性西装的手感评估及 KES 系统的出现》中，首次引入了 KES（Kawabata Evaluation System）系统，系统性地评估了材料的机械性能。Kawabata 的工作使材料的手感和舒适性能够被量化，为后续研究提供了可靠的评估工具。在 20 世纪 80 年代，N. Masako 等人[69] 也对材料的主要机械性能与西装外观之间的关系进行了研究。他们运用判别分析的方法，发现紧身裤穿着后的体型塑造效果与材料的柔软性直接相关，而裤子的柔韧性与剪切性能密切联系，刚度则与拉伸性能有关。这些发现为服装设计提供了重要的理论支持，强调了材料性能在服装造型和舒适性中的关键作用。

1993 年，J. Hu 和 R. B. Ramgulam 等人[70] 的研究进一步揭示了材料刚度与 Kawabata 客观测量参数之间的相关性。他们发现，材料的摩擦系数、压缩厚度曲线的线性、弯曲刚度和在 5.0 kPa 下的压缩功等指标与材料的整体性能密切相关。通过比较激光传感器测量材料表面粗糙度的方法与传统 Kawabata 接触方法，两者之间的良好相关性得以确认，为材料的表面特性测量提供了新的思路。

从 2014 年至今，国内外学者如陈丽华、张红媛和吴济宏等人[71-73] 积极开展了服装压力与材料力学性能的研究。他们对运动服常用的 23 种弹性针织物进行了测试，运用灰色关联分析方法建立了灰色近优模型，对其压力舒适性进行了模糊评价。研究结果显示，初始模量、拉伸伸长率和定伸长力等指标与服装压力显著相关。这些研究不仅为了解材料性能与穿着舒适性之间的关系提供了实证支持，也为服装设计和开发提供了重要的参考依据。

（二）材料力学性能 KES 测试仪器

当今，服装材料（针织材料）物理性能测试的主要代表仪器为日本 KATO TECH 公司的 KES（Kawabata Evaluation System-Fabric）测试系统，是由京都大学教授川端季雄设计的材料风格评价仪。实验中采用的测试仪器为：KES-FB1 Tensile and Shear Tester 自动拉伸剪切测试仪、KES-FB3 Automatic Compression Tester 自动压缩测试仪、KES-FB4 Automatic Surface Tester 自动表面性能测试仪。以全面地反映内衣针织材料特性为出发点，测试并采用曲线表征了针织材料在低应力、小变形条件下的拉伸、剪切、压缩的全过程。然而，由于 KES 设备的高成本、结果描述的复杂性、应用背景等原因，目前企业尚未广泛使用这些研究成果。

KES-FB1 测试仪用于测量材料、非织造布、纸张和薄膜材料的拉伸和剪切性能。它用于确定样品在轴向拉伸负载下的行为。拉伸定义为材料因拉伸而产生的长度变化。应变是材料延伸与拉伸前材料长度的比率。因此，针织材料的拉伸和剪切变化类似于人体穿着衣物时的张力和变形，随体型、服装结构和松量设计而变化。剪切刚度决定针织材料的硬度或柔软度。剪切变形取决于针织材料内部的摩擦和弹性力，因此剪切性能的值显著受针织材料结构和整理工艺的影响（图 1-13）。

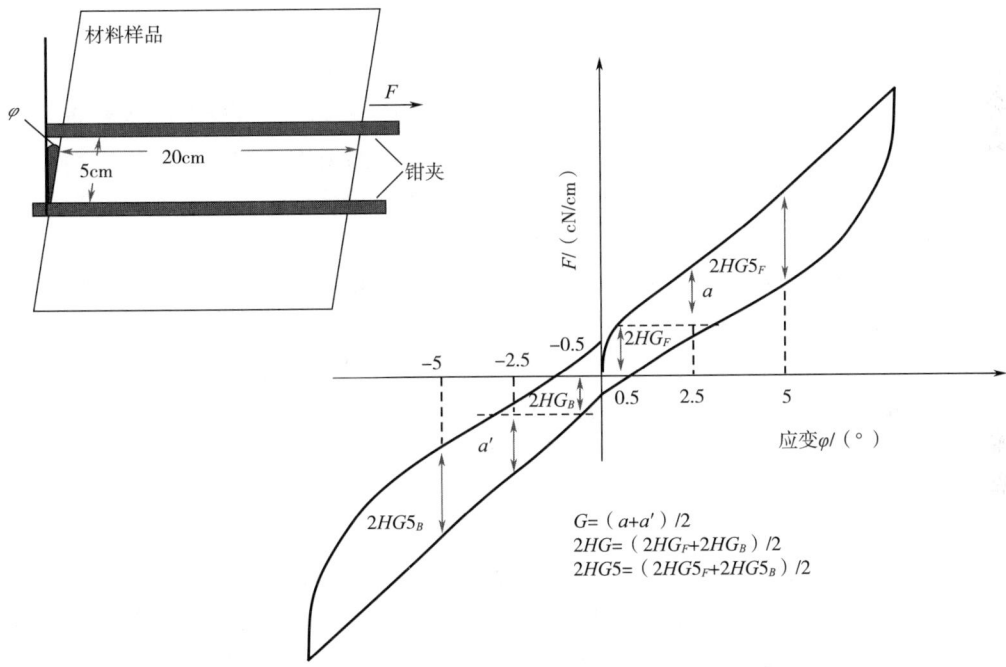

$$G=(a+a')/2$$
$$2HG=(2HG_F+2HG_B)/2$$
$$2HG5=(2HG5_F+2HG5_B)/2$$

（a）拉伸应变、拉伸和受拉面积曲线（F）、恢复曲线（F'）和三角形（oaB）

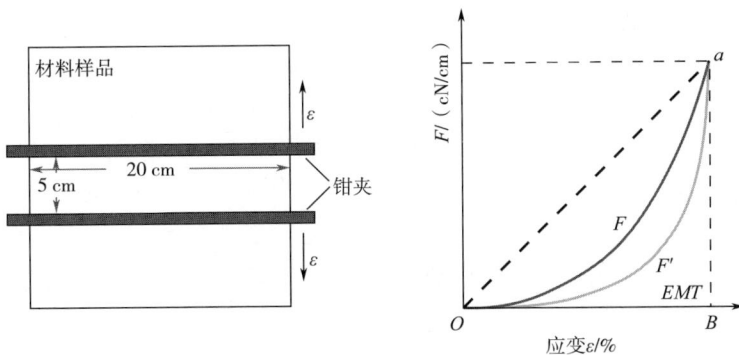

（b）剪切应变

图 1-13　KES-FB1~4 测算图

拉伸应变按照拉伸标准测量，试样尺寸为 20 cm×20 cm，夹样长度 5 cm。实验中最大拉伸载荷 98.1 N，拉伸速度 0.2 mm/s；剪切应变按照拉伸标准测量，试样尺寸为 20 cm×20 cm，最大剪切角±8°，张力 196.1 cN，速率为 0.478 (°) /s。例如，在拉伸率为 9%时，拉伸力为 25 cN/cm，剪切力在两方向都小于 0.75 cN/cm。所以针织材料在人体的拉伸剪切行为中，受到的拉伸张力是由于人体的动态变化、人体体型轮廓不同，以及结构设计中的松量取值变化。而且，对于拉伸力、剪切力的取值只用考虑针织材料的低荷载受力。

KES-FB3 测试仪用于测量压缩性和厚度。针织材料的压缩测试用于确定在选定负载下的针织材料厚度，并反映针织材料的饱满度。针织材料的厚度是其主要特性之一，提供关于其保暖性、重量和刚度的信息。压板的面积为 2 cm²（圆形）。按照拉伸标准测量，最高的检测灵敏度为 1 μm。压缩负载为最小 9.8 cN/cm²，最大压缩负载 49 cN /cm²，压缩速率为 0.02 mm/s。

KES-FB4 测试仪用于获得摩擦系数、摩擦系数波动和表面粗糙度。表面摩擦和粗糙度特征数据对于确定饱满度和柔软度、光滑度、清脆度有作用。压板的面积为 0.25 cm²。按照拉伸标准测量，测试面积为 20 mm×5 mm，摩擦测量力为 49 cN 竖向荷载，粗糙度测量力为 9.8 cN 压力，有效测定范围 20 mm，移动速率为 1 mm/s。

通过 KES 的测试对比，得到反映风格特征的物理学量，从而来评定风格的优劣。由于内衣与人体间的摩擦性与延伸性，它影响着内衣穿着的舒适度。针织材料的延伸性能较差和摩擦力大时，会对人体产生较大的压迫感；反之，则会较为舒适。但针织材料的回弹性与厚度柔软性也会对内衣舒适性能产生较大的影响。因此，有必要控制针织材料的耐磨性能，从根本上说，是为了管理针织材料在低负载下的拉伸剪切性能、压缩性能和表面性能。例如，针织材料张力线性（LT）和剪切刚度（G）值越小，针织材料越柔软；当针织材料拉伸弹性恢复（RT）越大时，针织材料的变形弹性越强。实际上，针织材料的舒适性也是直接影响消费者购买力的因素。

综观国内外关于针织材料力学性能的研究，国外的材料性能研究起步较早，特别是 20 世纪中叶以来，形成了系统的理论框架和实验方法，如 Kawabata 系统等。这些研究为材料的机械性能评估提供了标准化的工具。研究涉及材料科学、纺织工程、人体工程学等多个学科，形成了较为完整的研究体系。特别是在动态测试和压力舒适性方面，强调了针织材料性能与人体生理反应的关联。国内外学者通过大量实验数据支持理论研究，强调实证研究的重要性。许多研究成果不仅限于理论探讨，还积极应用于实际的紧身服装设计与开发中，以满足市场需求。随着科技的发展，新技术的应用逐渐成为研究的热点。例如，激光传感器和灰色关联分析等现代测量与分析方法的引入，为传统材料性能研究注入了新的活力。

尽管国内外在针织材料力学性能研究方面取得了诸多进展，但仍存在一些不足之处。虽然已有的研究涵盖了多种针织材料类型，但大多数集中于特定的材料和结构，缺乏对新型材料的系统研究。这限制了未来材料创新的探索。需要鼓励研究者对新型针织材料、复合材料及其在不同环境下的性能表现进行深入探讨，以适应不断变化的市场需求和技术进步。现有研究多以平均值为基础，未能充分考虑不同消费者在穿着体验上的个体差异等。这可能导致设计无法满足广泛消费者的需求。大部分研究主要集中在静态条件下的测试，而动态条件下的针织材料表现（如运动时的拉伸与压缩）却相对缺乏，这限制了对针织材料在日常穿着中的真实表现的理解。

一、计算机辅助服装设计

随着虚拟现实技术和计算机技术的不断进步，全球经济和社会逐渐向数字化转型，我国服装产业正处于结构调整和技术升级的重要阶段。服装数字化设计过程具有准确、高效和快捷三大优势。随着服装企业的快速发展，企业规模不断扩大，传统低效的设计方式已无法满足现代化服装生产的需求。因此，服装数字化与时尚的有效融合成为行业发展的必然趋势。目前，数字化技术已深入服装行业的整个产业链中，逐步成为供应、采购、消费和展示的重要载体，推动服装以数字化形态进行高效的信息流转，从而优化服装设计和研发的过程。

早期的绘图软件，包括 Adobe Photoshop、CorelDraw、Adobe Illustrator 和 Corel Painter 等，为服装设计的数字化奠定了基础。进入 20 世纪 80 年代，CAD（计算机辅助设计）软件如 AutoCAD、Gerber Accumark、Lectra、Investronica Solutions 和 PAD System 等，开始广泛应用于服装板型设计和其他工业设计领域。这些软件的引入进一步增强了计算机与工业生产技术的结合，服装 CAD 的采用使行业能够缩短产品开发周期，降低成本，提高盈利能力。研究表明，设计成本可减少 10%~30%，设计周期缩短 30%~60%，产品质量提高 2~5 倍，设备使用率提高 2~3 倍。这些优势使服装企业能够更快地适应市场需求，并将产品迅速推向市场。

近年来，三维设计系统的出现使二维与三维交互设计变得更加容易，客户能够直观地看到穿着效果，满足个性化需求。这在宣传和设计方面发挥了重要作用。然而，目前三维时装设计仍处于探索阶段，面临着如针织材料纹理、动态性能以及真实而灵活的三维表面建模等挑战。有效解决这些问题是三维设计实用化和商业化的关键所在。

（一）二维设计

紧身服装和内衣的设计逐渐成为服装行业中的重要领域。在这一背景下，CAD 技术的应用尤为关键。CAD 技术的普及提高了服装设计的效率和精度，尤其是在二维结构设计方面。尽管如此，国内外在这一领域的研究与应用仍存在差异。

在中国，CAD 技术的普及情况逐渐改善。根据 1999 年的统计，服装 CAD 的普及率从 1986 年的 1% 提高至 2%；到 2005 年，这一比例已经达到 30%。这一增长反映了中国服装行业对 CAD 技术的逐步接受与应用。随着 CAD 系统的推广，软件技术也取得了显著进展，尤其是在板型设计、放码和排料等领域。尽管如此，与西方发达国家相比，中国服装行业的 CAD 应用率仍然较低。现有的中国服装 CAD 系统功能相对单一，往往依赖于低价和功能本地化的优势与国际跨国公司竞争。这使中国在全球服装设计与生产领域的竞争力受限，尤其是在高端市场上。

目前，中外对智能服装 CAD 技术的研究仍处于探索和发展阶段。智能化、集成化和网络化的 CAD 系统在国外已经取得了显著的进展。例如，美国的 Gerber、法国的 Lectra、日本的 Toray 等，均在向更加智能化的方向发展。这些技术的应用不仅提升了服装企业的生产效率，也为设计师提供了更为强大的工具，能够有效地传达设计意图。

在全球范围内，服装生产经历了从 20 世纪 60 年代的机械化、70 年代的自动化，到 80 年代与 90 年代的计算机化。发展至今，在美国和日本等发达国家，服装 CAD 系统的普及率高达 80%。这些国家的服装企业在技术应用上具有明显的优势，能够通过高效的 CAD 系统提高设计和生产的灵活性。

在紧身服装与内衣的二维结构设计研究中，国内外存在一些显著的特点。

1. 技术发展阶段不同

国外在 CAD 技术的应用与发展起步较早，尤其在三维 CAD 系统的开发与应用上，已经形成了较为成熟的理论与实践体系。而中国的研究多集中于二维 CAD 技术，尽管近年来有所进展，但整体水平仍有待提升。

2. 研究内容的广泛性

国外学者对紧身服装和内衣设计的研究内容相对广泛，涵盖了材料力学、人体工学、舒适性分析等多个方面。相比之下，国内的研究多集中于 CAD 技术的应用，缺乏对设计理论与实践的全面探讨。现有的设计研究往往基于平均体型进行，而未能充分考虑个体差异。这使设计出的紧身服装和内衣在实际穿着中可能无法满足不同消费者的需求。

3. 应用场景的多样性

在国外，智能服装 CAD 系统的应用场景多样化，涉及高级定制、运动服装、时尚内衣等多个领域，体现了市场需求的多元化。而国内的应用则相对局限，更多集中在传统服装的生产与设计中。

4. 研究方法的差异

国外研究者往往采用多学科交叉的方法，结合材料科学、计算机科学与服装设计等领域的知识，推动创新与发展。而国内的研究则多依赖于传统的设计方法，缺乏与现代科技结合的深入探索。难以准确模拟服装在运动过程中的表现。这限制了设计师在设计阶段对服装功能性的全面考虑。

近年来，二维服装 CAD 技术取得了显著进展，然而，服装设计本质上是一个创造性的三维产品设计过程。传统的二维服装 CAD 技术无法提供服装的三维表现，因而无法满足现代服装设计的需求。因此，三维服装 CAD 技术的发展已成为当今全球关注的焦点。

(二) 三维虚拟技术

随着"中国制造2025"和"互联网+"战略的实施，未来服装制造业将朝着智能化和数字化方向发展。消费者对服装的需求日益多样化，并趋向个性化。三维设计系统的出现，使设计师能够将二维板型从CAD软件导入，并将其包裹到虚拟模型上，从而可视化虚拟服装并模拟材料的垂挂和贴合。这类CAD软件包括Vidya（Assyst-Bullmer）、CLO 3D、Marvelous Designer（CLO Virtual Fashion）、Style 3D（浙江凌迪）、Vstitcher（Browzwear）、Accumark Vstitcher（Gerber）、Haute Couture 3D（PAD系统）、Modaris 3D Fit（Lectra）、E-Fit Simulator（Tukatech）和3D Runway（Optitex）等。

在三维服装CAD系统的开发中，关键问题包括三维人体测量与绘图技术、二维图形向三维的转换技术，以及三维虚拟仿真技术。如何快速有效地构建三维人体和服装模型是研究的基础。人体测量学在服装设计和生产中占据着重要地位，获取准确、全面的人体测量数据是复杂的挑战。应用三维人体测量技术可以显著提高设计的准确性，推动服装设计的数字化进程。

例如，Vidya能够根据市场需求、特定尺码表及身体扫描数据创建定制的虚拟人体模型。它可以从二维板型（Assyst Cad软件）中可视化三维服装设计，并在虚拟人体模型上模拟材料的垂挂效果，影响接缝、纽扣、衬里和折痕的三维设计。此外，设计师可以根据个人偏好添加颜色和纹理。该软件附带的标准库中包含多种材料，并可根据客观材料测量系统（如KES和FAST）输入的特性进行扩展。

早在1987年，D. Terzopoulos等人[74]首次在机械布料模拟中应用依赖于拉格朗日运动方程和弹性表面能量的模拟系统。随后，S. Krzywinski和B. K. Hinds等人[75]研究了紧身服装在二维向三维系统过渡中的问题，这涉及力与材料伸长之间的关系。2000~2006年，T. Vassilev等人[76]开发了一种虚拟人体的方法，该方法可以快速模拟人们穿衣。H. Rödel和T. Igarashi等人[77]使用三维技术和Kawabata仪器评估了不同材料的物理特性和虚拟穿着后的压力舒适性，为材料性能选择提供参考。

在中国，从2003年开始，C. Wang等人[78]提出了一种服装设计系统，允许用户通过二维板型绘制在人体模型周围设计三维服装。随后，W. S. Lee和王洪泊等人[79,80]开发了实现人体建模和三维试穿的模拟软件，可以从多角度观察各种服装风格的效果，并为材料的垂挂模拟和碰撞检测奠定了虚拟试穿的基础。穆淑华和周凯等人[81,82]分析并总结了虚拟时装设计的特点和优势，通过CLO 3D虚拟建模并虚拟试衣，压力测试图和真人试穿验证文胸纸样合理性，研究发现通过三维虚拟建模测体优化的文胸能够满足实验对象胸型，合体性良好。

近年来，三维服装虚拟技术及其应用在学术界和商业研究中逐渐成为热门话题。虚拟制造被视为21世纪制造行业的主要模式，是数字设计和制造技术的重要标志。设计阶段的成本虽然仅占总成本的5%，却决定了产品70%的最终成本，因此制造公司需要重新审视设计的重要性。服装CAD的发展已达到相当成熟的阶段，而虚拟设计则成为数字时代不可或缺的关键技术之一。

随着测量技术和三维设计的发展，设计师能够获得虚拟三维模型，模拟缝制服装并在人体模型上进行穿着测试。设计师可以根据穿着效果调整不同部位的松紧度，从而提升服装的贴合度和舒适性。

目前，CLO 3D 技术已广泛应用于各大品牌、院校和线上商城等领域。服装设计师、板师和样衣师的角色逐渐深度融合，CLO 3D 服装虚拟设计平台以其全面、系统、精准和便捷的功能，成为行业内最常用的工具之一。该平台拥有丰富的素材库、虚拟缝纫工艺和材料库，用户界面简洁直观，便于通过计算机快速查看服装设计的 2D 与 3D 同步效果。这一功能使用户能够实时查阅服装的款式、板片、颜色和纹理图案，并通过动态研发过程实时检测与分析服装的造型和适合性，从而进行设计修改。这不仅节省了成本，还显著提高了设计效率。制板师能够在软件中直接验证样板，从而提高工作效率，降低对专业制板技术和高级制板师的依赖，显著减少生产、工艺、人力和时间成本，加速产品上市进程。

（三）三维人体测量技术

随着科技的不断发展，非接触式三维激光人体扫描技术在多个领域得到了广泛应用，包括服装设计、医疗、人体工程学和虚拟现实等。该技术能够快速、准确地获取人体的三维形状数据，为后续的分析和设计提供了基础。

在国际上，非接触式三维激光扫描技术的研究始于 20 世纪 90 年代，随着激光技术和计算机技术的进步，该领域的研究逐渐成熟。许多国家的研究机构和企业相继推出了各类三维激光扫描仪。例如，德国的 Human Solutions 公司推出的 Vitus Smart XXL 3D 人体扫描仪，专注于大规模人体数据采集。该仪器能够高效捕捉大范围人体模型，特别适用于服装行业和人体测量研究。美国的 MIT 和 Stanford 等高校也开展了相关的研究，利用激光扫描技术进行人体建模和运动分析。这些研究不仅推动了激光扫描技术的发展，也促进了与其他领域的交叉合作，如生物医学和运动科学。

在中国，非接触式三维激光扫描技术起步较晚，但近年来发展迅速。多所高校和科研机构开始关注这一领域，主要集中在人体测量、个性化定制和运动分析等方向。部分企业如渭南领智三维科技有限公司、广州亿图数字科技有限公司等已推出相关产品，应用于服装设计和健康监测。

国内的研究主要集中在激光扫描仪的精确度、数据处理算法及其在特定行业的应用上。例如，研究者们探索了如何通过激光扫描技术提升服装的合身性和舒适性，推动个性化定制的发展。然而，相较于国际先进水平，国内在技术成熟度和应用广度上仍有差距。

新一代激光扫描仪在数据采集的精度和速度上有了显著提升，能够在短时间内生成高分辨率的三维模型。数据处理算法的不断优化，使扫描数据的后处理更加高效，能够迅速生成可用的三维模型，降低了人工干预的需求。

1. 接触式人体测量

传统的人体测量方法采用直接接触的方式，使用测量工具对人体进行测量。这种方法简单、直观且成本低廉，因此在服装行业中得到了广泛应用。最常见的设备是马丁（Martin）测量工具，该工具由多个部件组成，能够测量身体的不同部位。然而，尽管接触式测量方法具有一定的优势，但其在精确度和效率上的不足，尤其在个性化服装开发中尤为明显。

2. 非接触式人体测量

鉴于传统测量方法的局限性，许多国家开始探索更为先进的人体测量技术。这些新技术包括以下这些。

立体视觉法：通过一组相机同时拍摄人体，利用光学扫描技术捕捉身体表面的形状、横截面和曲线，从而生成三维人体模型。然而，该方法在处理凹面和光线不足的区域时，准确性受到限制。

激光方法：使用多个激光仪器从不同角度对站在测量箱中的人体进行测量。设备接收从人体表面反射的激光束，以计算身体的坐标，从而获得全面的身体表面数据，德国的 Vitus Smart 即是采用这一技术的代表。

Moire 法：一种轮廓映射技术，通过将光栅置于被测物体附近，并观察其在物体上投射的阴影，以获取物体的形状信息。

白光法：利用白光将正弦波投射到身体表面，因人体的形状不规则而产生的光栅变形，生成的图像则代表了身体的形状，TC_2 和 Telmat 等在这一领域取得了重要进展。

Human Solutions 公司的 Anthroscan 是用于可视化、处理和评估 3D 扫描数据的软件，通常由 Vitus Smart XXL 3D 人体扫描仪提供。该仪器可以在短时间内完成整个扫描过程，通常只需几秒即可获取完整的三维数据，大大提高了工作效率。Anthroscan 交互式测量代替了人类测量的实际工具，这些工具考虑了几乎所有所需的人体测量和数据；它们没有限制和规则，因为它们必须在身体测量中观察，每个身体维度都有一个单独的四位数字代码/编号。Vitus Smart XXL 不仅提供三维模型，还可以生成多种分析报告，帮助设计师和工程师更好地理解和应用数据。

二、内衣数字技术的发展

三维虚拟试衣技术已成为内衣设计的重要工具，通过虚拟模型模拟内衣在不同体型上的穿着效果。消费者越来越倾向于个性化定制内衣，虚拟试衣技术能够根据用户的身体测量数据生成定制化的内衣设计，提升舒适性和贴合性。例如，V-Stitcher 和 CLO 3D 等软件能够实现个性化设计，提供实时的试穿反馈，帮助设计师快速调整样式和尺寸。

内衣设计中对材料的选择至关重要。通过三维虚拟技术，可以模拟不同材料的物理特性，如弹性、透气性和贴合性。研究者通过 Kawabata 和其他材料测试仪器结合三维模型，评估材料在动态穿着时的表现，从而优化设计。

另外，交互式设计平台的出现，使设计师与消费者之间的互动更加紧密。许多品牌开始开发自己的三维设计平台，如 Victoria's Secret 和 Savage X Fenty 等，通过这些平台，消费者可以参与内衣设计的过程。消费者可直接在平台上对设计进行反馈，结合设计师的专业知识，快速迭代出符合市场需求的产品。一些品牌还通过社交媒体与消费者互动，鼓励他们分享试穿体验或设计建议，这为内衣设计提供了宝贵的用户数据。消费者可以使用 AR 技术在手机或平板上"试穿"内衣，观察不同款式和颜色是否与自己的体型相匹配。这不仅提升了购物体验，也降低了退货率。品牌利用 VR 技术在展会上展示新系列，消费者可以通过 VR 设备体验内衣的设计细节与穿着效果，提高了品牌的吸引力。

内衣设计与三维虚拟技术的结合将向以下方向发展。例如，更加智能化的设计系统增强的个性化体验。随着人工智能与机器学习技术的进步，未来的内衣设计系统将能够自主学习并优化设计方案。系统能够根据用户的偏好和市场趋势，自动生成设计建议，从而提高设计效率。个性化将继续是内衣设计的重要趋势，未来的设计平台将进一步细化用户数据，提供更精准的个性化推荐。通过与消费者的深度互动，使每一件内衣都能满足个体需求。

未来，内衣设计与科技、时尚、健康等多个领域的跨界合作将成为趋势。不同领域共同研发新技术与新材料，推动内衣设计向更高的水平迈进。三维虚拟技术在内衣设计领域的应用正在不断深化，相关研究与成果为行业的发展提供了新的动力。随着技术的进步和市场需求的变化，内衣设计将迎来更加智能化、个性化和可持续的发展阶段。

第五节　本章小结

本书围绕男性内衣的历史、结构设计、市场需求及其发展趋势进行深入探讨。内衣作为日常服装的重要组成部分，其设计不仅关乎美观，更影响穿着者的舒适性与服装功能性。早期的内衣设计以实用为主，随着社会的发展，内衣的功能性与审美性逐渐融合，形成了现代多样化的内衣市场。

在历史演变中，男性内衣的分类经历了从简单的腰布到现代复杂的设计，涵盖了多种款式，如三角裤、平角裤、丁字裤等，满足了不同场合的需求。同时，随着消费者对舒适性和个性化的重视，男性内衣的设计理念也在不断演化，强调科学性与个性化。

现代男性内衣不仅要满足基本的遮盖和保暖功能，更向塑型与提升效果发展，以展现男性魅力。现今的内衣设计逐渐朝着舒适、时尚及功能性的方向发展，结构设计科学性显著增强，体现了科技进步对内衣行业的推动作用。

现代男性内衣的研究与发展方向主要集中在以下几个方面。

一、舒适性与功能性的提升

随着消费者对穿着体验的重视，内衣的舒适性成为设计的重要指标。现代内衣设计者越来越关注材料的选择与结构的合理性，以确保在不同活动状态下的舒适感。研究表明，采用高弹性、透气性好的针织材料能够有效提升穿着的舒适性。此外，针对男性生理特点，内衣的裆部设计也在不断优化，以减少摩擦，提供更好的支撑。

二、科学结构设计

现代男性内衣的结构设计正逐步向科学化、系统化发展。传统的设计多依赖经验，而现代设计则结合人体工程学与材料科学，通过数据分析与模拟技术，形成更为合理的设计方案。未来的研究应加强对人体解剖结构的深入理解，以便开发出更加符合人体运动特征的内衣款式，提升服装功能性和穿着舒适性。

三、个性化与定制化

随着消费者的多样化需求，个性化与定制化成为男性内衣市场的新趋势。设计师们在关注功能性的同时，也需注重个性化的表达。例如，根据不同的体型、活动需求和个人喜好，提供多样化的设计选择。消费者可以通过定制服务选择合适的款式、针织材料与颜色，使内衣不仅是基础衣物，更成为一种个性化的时尚表达。

四、可持续发展

在全球环境问题日益突出的背景下，内衣行业也开始关注可持续发展。未来的研究方向将包括可再生材料的开发与应用，以及生产过程中的环保技术。这不仅有助于减少环境污染，也响应了消费者对环保产品日益增长的需求。

五、市场研究与消费者行为分析

深入的市场研究和消费者行为分析是推动男性内衣设计与开发的重要因素。了解不同市场的需求、趋势和消费者偏好，可以有效指导产品的设计与推广策略。通过大数据分析，品牌可以精准把握市场动态，提升产品的市场竞争力。

六、新技术的应用

随着科技的不断进步，许多新技术如智能材料、三维仿真等开始应用于内衣设计中。未来，数实融合将成为一个重要的发展方向，使内衣设计更加灵活、个性化，甚至可以实现即时生产，满足消费者的快速需求，以提供最佳的穿着体验。

综上所述，现代男性内衣的研究与发展方向正朝着多元化、科学化与个性化的方向迈进。随着消费者需求的变化和科技的进步，男性内衣行业面临着前所未有的机遇与挑战。设计师和制造商应紧跟市场动态，持续创新，以满足日益增长的市场需求和消费者期望。通过科学设计与个性化定制，未来的男性内衣将不仅是功能性服装，更是时尚与生活方式的重要体现。

第二章

现代男性对内衣的个性化需求

一、全球男性内衣市场的增长趋势

在过去十年中，全球消费者对内衣的需求不断增长。到 2020 年，中国内衣市场的零售额达到了 4900 亿元。其中，男性内衣占市场的六分之一，男性内衣的发展规模迅速增长，2020 年达到了 2083 亿元。根据中国的全国人口普查，16 岁以上的男性约有 6 亿人，而中国男性内衣的主要采购者是年轻人，这为市场提供了巨大的潜力。

（一）绿色发展与内衣的舒适性需求

如今，全球每年产生大量废旧纺织品。从某种角度来看，延长其生命周期和接受度显得尤为重要，这直接影响到其服务寿命，并降低短期内被丢弃的可能性。这对纺织品的绿色发展和循环发展有着直接影响。而随着公众个人卫生意识、健康意识的增强、生活水平的改善，内衣的舒适性需求和个性化定制已超越传统要求。

（二）消费者行为与内衣设计的挑战

与外衣不同，内衣具有私密性，不合适的内衣无法退换。而且，普通内衣价格不高，如果不合适，消费者往往无法忍受不舒适的内衣，导致这些私密内衣常常被闲置或直接丢弃，无法捐赠或再加工。然而，这并不是结束，消费者仍会不断尝试购买新产品，直到满意为止。未达到使用生命周期的新产品被浪费，这无疑增加了资源的浪费和回收的负担。因此，为避免频繁出现这种情况，开发舒适且功能强大的内衣以延长使用寿命，比制造那些表面上"环保"但不被接受的无用产品更为重要。

男性消费者对纺织品的功能性和实用性也非常关注，消费者的期望和购买行为发生了很大变化。在高等教育环境中，男性的内衣消费变得更加理性。男性有时长时间坐着，有时长时间静态站立，他们对私密内衣有了特殊的工效学需求。

（三）特殊环境下的男性内衣需求

根据教育部的统计数据，2021 年高等教育人群数量为 2.91 亿学生和 1844 万全职教师，其中男性群体至少占 2 亿，以年轻人为主。在这一群体中，他们至少对可持续发展问题有一定的认知和关注，在中国高等教育中，大多数问题通常伴随与可持续发展相关的理念。因此，关注高等教育环境中男性群体对内衣的需求，并研究这些需求，将有助于目标市场分析以及有效的营销和研究策略的制定。

从生物医学的视角分析，不当的材料和工效学设计会给这一群体带来严重的健康问题。它不仅会导致下背部的不适，还可能引发血管疾病，甚至影响男性私密部位、腹股沟和臀部的健康。例如，长时间坐着时，阴囊会感到热、潮湿和压迫，这严重影响睾丸的温度或生育能力；长时间站立时，生殖器的支撑问题可能导致不适的下垂感或静脉曲张等。因此，这一男性群体对内衣的需求更明显，如更新的形状、更好的坐立功能、吸湿快干功能等。

二、男性内衣设计的新趋势

（一）男性内衣的设计特征

由于男性内衣设计的特殊性和私密性，目前关于这一领域的知识仍显不足。同时，市场需求、产品种类的不断扩展以及消费者对舒适性要求的提高，促使企业和研究人员必须关注以下两种近期出现的趋势。

（1）男性内衣的设计参数发生了显著变化，尤其是弹性材料的出现，使面料变得更轻便和更具塑型性。现代男性内衣的体积减小，人体工学性能的提升也促使企业和研究人员寻找新的内衣设计方法，以便通过男性内衣为男性人体下半身塑造出更好的形态。

（2）在艺术设计方面，Calvin Klein 是第一位关注内衣美学功能的设计师，他在腰带上印上了自己的品牌标志。这一举动影响了腰带的位置，从而使内衣的腰带得以显露［亚历山大·麦昆（Alexander McQueen）也是这一趋势的代表］。在不同消费群体（如儿童、青少年等）中，特殊装饰技法正逐渐受到欢迎，如装饰主题图案和插片，以突出身体的不同部位。

（二）体育运动对内衣设计的影响

体育运动的流行对内衣设计产生了深远的影响，表现为内部曲线动感线条及强调手法的变化。健身热潮和健康身体的崇尚也改变了内衣的结构，使其轮廓与分割线的设计趋向于更加灵活与动感。

男性内衣的主要功能不仅限于对生殖器的支撑，还包括它们所需的前裆带空间设计，以及舒适度要求。内衣的提臀塑型效果（最初出现在女性的束身衣、胸罩和紧身牛仔裤中）现已流行于男性内衣，能够对男性软组织提供自然的托举效果，在视觉上突出男性裆部与臀部的视觉效果。

（三）材料创新与市场需求

新型创新针织材料以及无缝产品的生产技术，能够在低负荷下调整身体的形状，从而提高了男性内衣的舒适性。这些材料的延展率可达 20%～80%，平均延展率为 25%。在一些内衣模型中，存在不同区域组合多种材料的现象。

男性内衣市场已经向全球开放，消费者可以选择各种风格的产品。然而，关于男性消费者需求和偏好的研究仍然较少，特别是对高校男性群体功能性内衣的分析。许多男性内衣的设计是经验性的，并未考虑工效学的科学研究成果。这导致男性消费者对产品的反馈不佳，造成难以销售的商品库存积压，严重浪费纺织资源。这对企业、消费者乃至人类环境均产生了负面影响。因此，有必要针对男性的消费习惯、需求和期望进行专门的调查。基于此，企业可以开发出符合消费者需求的新产品，避免因消费者的不满或不认可而浪费大量资源。

（四）目标群体的调查与数据收集

由于跨文化下样本群体分类较多，单一的调查不足以全覆盖庞大的男性消费者群体。因此，主要针对受过高等教育的男性消费者对内衣的工效学设计需求，这一群体能够较为有针对性地、客观地描述具体问题，能够较为精确地调查他们在购买和穿着体验方面的反馈。另外，由于这一群体的特殊性，他们需要在长时间站立和坐着时可以提供良好支撑和舒适感的内衣。

在研究初期，已收集了超过 1000 件男性内衣的图像与产品样本，涵盖了诸如 2xist、Jockey、C－IN2、Andrew Christian、diëtz、Unico、Calvin Klein、Hugo Boss、Emporio Armani、猫人、健将、爱帝、七匹狼、南极人等多个知名品牌。在这些收集到的样本中，部分制造商在其产品中引入了提拉功能（或称为塑型）。具体而言，约有三分之一的产品是基于内衣面料的特性来实现对男性前裆部的提拉效果，而另外三分之二的产品则是通过采用新颖的款式结构设计来达到这一功能。

第二节　内衣的款式结构设计

日常基础款男性内衣的基本风格和结构可分为几个部分：前裆片（前袋，通常为左、右两片或整体一片，双层），前片（位于前裆片两侧），后片（通常为左、右两片或整体一片），或只有前裆片和一整片（包含前后片，无侧缝与后中缝）。这种内衣具有简单的结构特征，尺码相对宽松（通常为普通体型的基本常规尺码），产量较大。但这种结构的内衣只是贴合或包裹男性身体，其舒适性和功能性较弱。尽管如此，由于这类内衣价格亲民，市场上款式繁多，购买方便，非常适合预算有限的消费者。因此对舒适性和其他功能的要求不高，更注重材料的选择。图 2-1 中列出了日常基本结构的内衣。

这一类的内衣前裆部设计大部分采用基础结构，只是在前裆部的宽度上进行设计。在侧面或背部的结构线进行一些设计，增强视觉效果，或增加了面料和颜色的多样搭配。一些新兴品牌和制造商把握住了多样化的市场机遇，推出了众多个性化的产品，以吸引年轻消费者，但在舒适性上可能不及一些知名品牌。

如图 2-1（a）（b）（c）所示，是当代时尚类型的内衣款式。前裆的"蛋形"设计能够使男性生殖器上提并与大腿分离，同时具备正确的穿着效果、美学价值、运动功能及健康益处。其中，图2-1（a）中的内衣由左右两部分组成前裆片，有侧缝（或没有侧缝），没有单独的裆部，内缝由前后部分连接。这类内衣的缺点为款式单一，不太合身，裆底部接缝较多（内接缝，然后是裆部和臀部下接缝，前裆接缝），容易断裂，大腿底部容易变形。图2-1（b）中的内衣有一个单独的裆部设计。图2-1（c）中的内衣有前裆部，但是一片式设计，没有完整的中心缝线，只在下方有一个省道设计。图2-1（d）的内衣前裆部无中心缝线，周边压嵌套工艺处理，结构稳定，前裆部侧边不易变形。图2-1（e）的内衣前裆部为多层设计，具有中心缝线和一个侧面开口。另外，图2-1（f）展示了两款无腿内衣（三角裤）前裆部由左、右两部分组成（或一片），没有单独的底裆片。

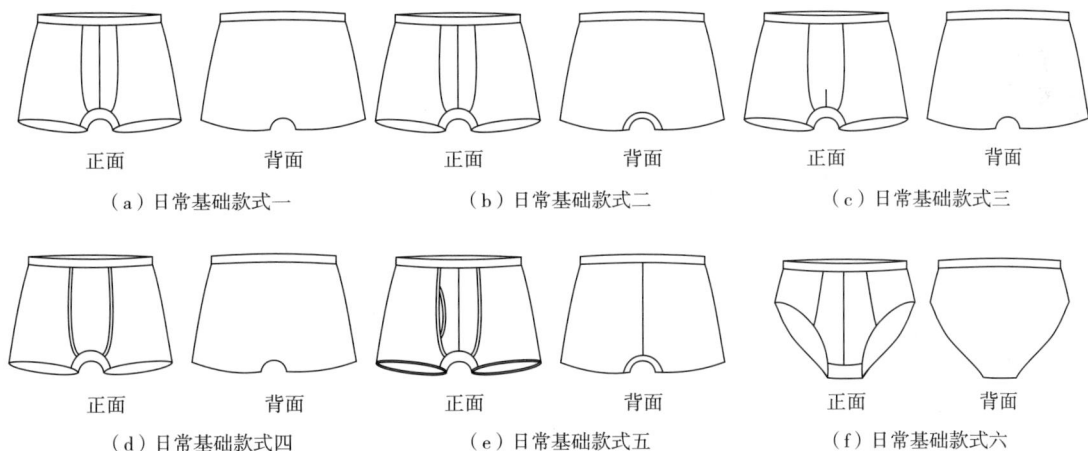

（a）日常基础款式一　　　　　（b）日常基础款式二　　　　　（c）日常基础款式三

（d）日常基础款式四　　　　　（e）日常基础款式五　　　　　（f）日常基础款式六

图2-1　日常基础内衣款式

图2-2中大多数内侧缝线的设计通常位于两腿内侧位置。然而，通常底裆部设计为一个独立的裆片，底裆片的缝线与边缘位于臀部后下方和大腿前部。这种独立裆片的设计与女性内衣的裆部设计相同，其目的是贴合身体，减少在密集区域产生不必要的结构线。

图2-2（a）中的内衣结构线穿过后臀部，如U字，这种缝线靠近臀下部，具有提升功能。图2-2（b）中的内衣前裆片插入了侧开口，并且有单独的裆底片与臀部后中缝，大腿根部用松紧带拼合，使裤口紧贴大腿不易变形。图2-2（c）中的内衣用一条分割线将侧、背部分为上下两部分。图2-2（d）的内衣曲线将大腿前侧分割为两片，靠近腹股沟的窄片面料拼接，通常采用网眼弹力面料，提高贴合性、运动性与透气性。图2-2（e）中的内衣采用了前部T型设计，以及两侧分割设计，通常也采用不同性能的面料拼接设计。

图2-3展示了现代国外压缩功能内衣中常见的结构线位置。它可以分为以下几部分：前插片，包括左右两部分，其主要变量为宽度、长度和底部高度，内缝可以位于大腿内侧，这种设计在身体活动特性方面提供了更好的人体工程学适应性。后

片可以分为三种类型，第一种类型是穿过腰带下部并与前腹股沟区域相连，将前后部分连接起来；第二种类型为围绕臀部的 U 形结构线设计；第三种类型为采用底部拱形设计，与底裆片连接，以托起臀部。而裤腿的长度［图 2-3（d）］取决于设计款式，可以延伸至大腿的三分之一处。因此，在内衣的结构设计方面存在多种合理的选择方案。

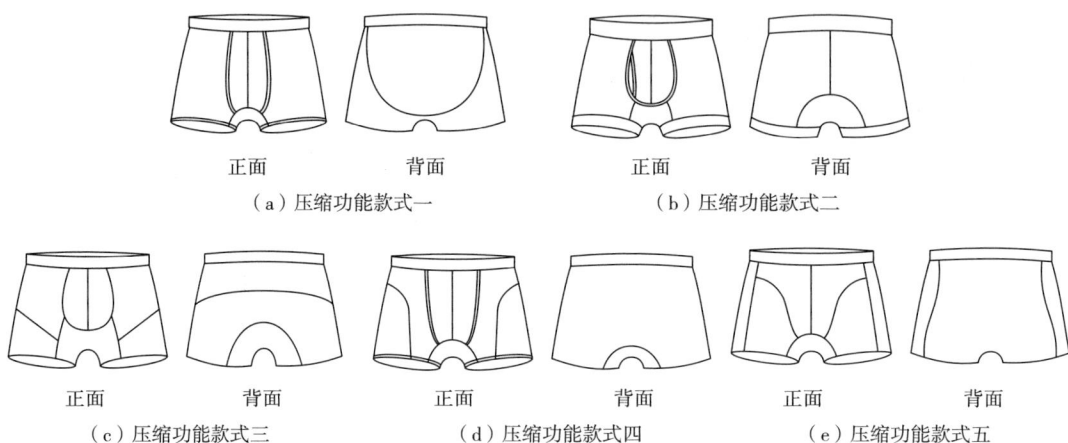

正面　　　　背面　　　　　　　正面　　　　背面
（a）压缩功能款式一　　　　　　（b）压缩功能款式二

正面　　背面　　　　正面　　　背面　　　　正面　　　背面
（c）压缩功能款式三　　　（d）压缩功能款式四　　　（e）压缩功能款式五

图 2-2　压缩内衣款式

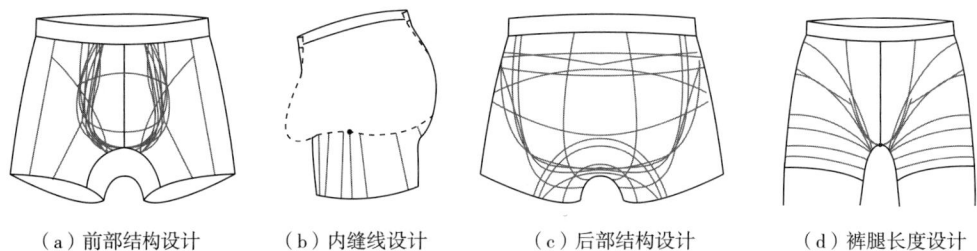

（a）前部结构设计　　（b）内缝线设计　　（c）后部结构设计　　（d）裤腿长度设计

图 2-3　男性内衣的结构线设计

第三节　跨文化背景下男性内衣设计需求调查

当前，针对男性内衣穿着体验反馈的深入分析仍显匮乏。鉴于此，开展一项专注于男性内衣消费习惯、需求及期望（无论是国内还是国际层面）的调查显得尤为重要。然而，鲜有关于男性消费者购买行为的研究，且其中极少数研究关注到对其穿着感受反馈的分析。

问卷内容的设计基于功能需求评估以及舒适性评估。在本次调查中，采用了多种方法，包括文献调研、深度访谈、网络问卷发放以及实体问卷收集。基于以往的文献和市场研究，此次旨在收集必要的消费者信息（如年龄、尺码、拥有内衣的类型和数量、偏好的品牌）、购买习惯（购买频率、主要偏好——类型、材质、颜色、功能等）以及穿着期望（主要关注点、穿着频率、穿着舒适度等）。

此次还对高等院校的男性目标群体进行了抽样调查。目标群体分为学生和教师两组，每组包括足够数量的参与者进行统计分析。该群体主要为本科生、研究生和博士生以及本专业课程的年轻教职工，他们每天花费超过 6 小时的时间学习、研究或教学，长时间坐着或站着。

该问卷针对来自俄罗斯、中国、法国和孟加拉国的男性群体进行了调查，主要面向的是这四个国家的中青年人群。共有 783 名年龄在 18~57 岁的男性接受了调查。被调查对象中，包括 674 名中国人、74 名法国人、30 名俄罗斯人和 5 名孟加拉国人。通过预调查，初始问卷得以改进，并在最终问卷中增加了一些专业信息。所有参与研究的对象均获得了知情同意。所有数据均为匿名，不记录个人姓名和地址。在发出问卷之前，参与者已通过口头或在线方式被告知调查目的和研究结果的公布。所有研究数据都经过分析和处理，不公布任何个人信息。

本次调查共选择了 12 个变量，主要分为心理（偏好）变量、行为（购买）变量和生理（感受）变量三大类，具体如下：

（1）心理偏好变量：内衣类型偏好（X_1）、功能性结构线条设计偏好（X_2）、腰高款式设计偏好（X_3）、松紧度偏好（X_4）；

（2）行为（购买）变量：购买内衣类型（X_5）、购买尺码（X_6）、购买关注点（X_7）、购买频率（X_8）、购买品牌（X_9）；

（3）生理感受变量：穿着不适感（X_{10}）、着装习惯（X_{11}）、着装功能性需求（X_{12}）。

采用 KMO 和 Bartlett 检验方法分析数据。其中 Kaiser-Meyer-Olkin（KMO）统计量为 0.89，大于 0.7，因此因子分析非常适用。Bartlett 球形度检验的结果显示，因子分析的适用性得到了验证（$p=0.00$），如表 2-1 所示。

表 2-1　KMO 和 Bartlett 检验

Kaiser-Meyer-Olkin 抽样充分性测量		0.89
Bartlett 球形检验	近似卡方	900.59
	df	66
	sig.	0.00

通过 SPSS 分析的"总方差解释"，根据相关系数矩阵的计算得到了特征值、方差率和累积贡献率。从方差贡献率来看，前七个因子可以解释 83.24% 的方差，其中前三个成分的方差率分别为 42.29%、10.99% 和 8.47%（表 2-2）。

表 2-2　总方差解释 1

序号	初始特征值			提取平方载荷和		
	总计	方差百分比/%	累计百分比/%	总计	方差百分比/%	累计百分比/%
1	5.08	42.29	42.29	5.08	42.29	42.29
2	1.32	10.99	53.28	1.32	10.99	53.28
3	1.02	8.47	61.75	1.02	8.47	61.75
4	0.76	6.31	68.05	0.76	6.31	68.05
5	0.67	5.61	73.67	0.67	5.61	73.67
6	0.59	4.87	78.54	0.59	4.87	78.54
7	0.57	4.71	83.24	0.57	4.71	83.24
8	0.51	4.27	87.51			
9	0.46	3.81	91.32			
10	0.42	3.46	94.78	提取方法：主成分分析		
11	0.36	3.03	97.81			
12	0.26	2.19	100.00			

因此，可以选择这七个因子来很好地描述男性消费者的消费模式（表 2-3）。采用主成分因子法计算这七个因子的变量载荷，并进行了最大方差正交旋转。从因子载荷矩阵中可以看出，第一主成分因子在变量 X_5、X_1 和 X_4 上的载荷更为显著，将其命名为内衣类型（风格）因子。第二主成分因子在变量 X_{12} 和 X_2 上的载荷较大，将其命名为内衣功能因子。第三主成分因子为购买（频率和品牌）因子，对应变量为 X_8 和 X_9。第四主成分因子为内衣穿着（腰高）因子，对应变量为 X_{11} 和 X_3。第五主成分因子为内衣尺寸因子，对应变量为 X_6。第六主成分因子为内衣关注点因子，对应变量为 X_7。第七主成分因子为内衣（不适）感受因子，对应变量为 X_{10}。

表 2-3　总方差解释 2[*]

序号	成分						
	1	2	3	4	5	6	7
X_1	0.84	0.14	0.13	0.26	0.09	0.05	0.07
X_2	0.31	0.79	0.08	0.01	0.19	0.16	0.07
X_3	0.43	0.08	0.28	0.58	0.26	−0.07	0.17
X_4	0.59	0.13	0.13	0.18	0.36	0.31	0.20
X_5	0.87	0.14	0.09	0.12	0.11	0.05	0.17
X_6	0.22	0.08	0.18	0.19	0.90	0.02	0.09
X_7	0.11	0.22	0.23	0.09	0.02	0.91	0.03
X_8	0.09	0.07	0.91	0.01	0.14	0.13	0.06

序号	成分						
	1	2	3	4	5	6	7
$X9$	0.22	0.24	0.67	0.32	0.09	0.20	0.15
$X10$	0.25	0.12	0.14	0.20	0.11	0.04	0.92
$X11$	0.24	0.22	0.07	0.83	0.14	0.16	0.16
$X12$	0.03	0.84	0.14	0.24	−0.05	0.11	0.07

注 提取方法：主成分分析。

旋转方法：采用 Kaiser 正则化的方差最大法。

* 表示旋转在 6 次迭代中收敛。

因此，可以得知，消费者的消费模式主要由七个因子构成，按排序分别是内衣类型（风格）偏好（及购买）、功能需求（及偏好）、购买（频率和品牌）、穿着（腰带位置）、尺码、关注点、（不适）感受。接下来，将按照这一顺序，依据他们的心理、生理和购买行为偏好，依次展开后续讨论。

一、 男性受访者问卷调查结果与综合分析

总体来看，调查对象年龄（<20 岁，20~55 岁，以及>55 岁）与内衣的信息（S、M、L、XL 和 XXL）如图 2-4 所示。大多数内衣的尺码集中在 L 和 XL，其中 L 和 XL 尺码更为流行。

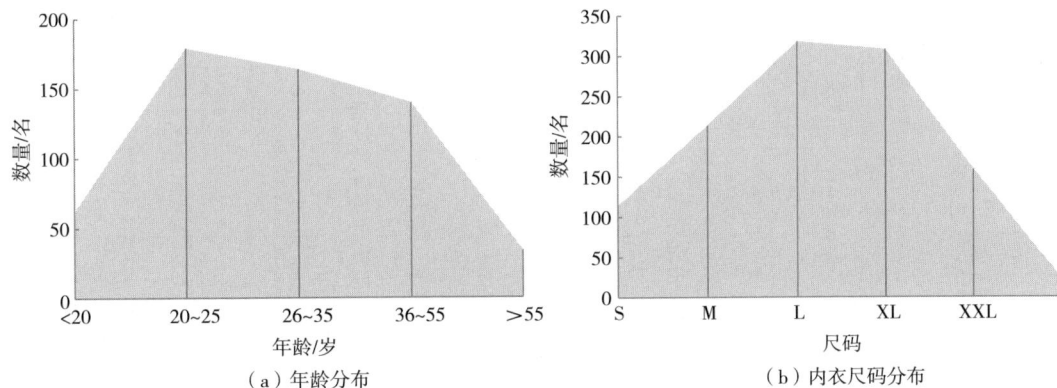

（a）年龄分布　　（b）内衣尺码分布

图 2-4　调查对象信息

（一）生理偏好

关于偏好变量（$X_1 \sim X_4$），内衣类型（X_1）和紧身度（X_4）是第一主成分因子，功能（结构线）设计（X_2）是第二主成分因子，而款式（腰高）设计（X_3）则是第四

主成分因子。

1. 内衣类型的偏好

根据内衣类型/风格偏好（及购买）因素的第一主成分因子来看，最受四个地域的受访者欢迎的内衣类型是，日常平角裤（25.5%）、功能平角裤（中长款式）（17.0%）、功能平角裤（短款）（15.9%）、三角裤（15.1%）、丁字裤（9.5%）、运动丁字裤（4.7%）和比基尼（3.0%）。值得注意的是，还有9.3%的男性选择不穿内衣或穿着其他款式。

2. 内衣松紧度的偏好

不同年龄群体对内衣产品的第一主成分因子为松紧度偏好，调查结果显示了内衣款式偏好排名情况（表2-4）。其中，紧身内衣得分最高，其次是非常紧身、合身（常规贴体）和宽松款内衣。为了分析受访者的年龄范围对调查结果的影响，将年龄范围划分为四个区间，所选各年龄群体对内衣紧度的偏好平均如下：

（1）25岁以下及25~35岁的群体同样喜欢紧身功能平角裤；

（2）36~55岁的群体更喜欢合身（常规贴体）的日常平角裤；

（3）55岁以上的群体大多喜欢宽松的三角裤。

随着年龄的增长，身体形态会发生变化，人们在选择内衣的功能特性和款式时的行为和偏好也随之改变。中老年人更注重内衣的舒适性、便捷性和耐用性，更倾向于选择宽松型或常规型的内衣。

表2-4　内衣款式偏好分布

款式（Types）	年龄分组占比/%				总计/%
	<25	25~35	36~55	>55	
三角裤（Briefs）	18.5	20.7	18.4	30.4	16.7
日常平角裤（Trunks）	21.4	26.4	23.0	16.1	28.1
功能平角裤（Boxers）	19.4	20.2	19.5	17.9	17.5
平角裤（宽松）〔Boxers（loose-fitting）〕	21.0	24.4	24.1	23.2	18.7
运动丁字裤（Jockstraps）	14.5	7.3	9.2	14.3	5.2
比基尼（Bikinis）	11.7	10.3	13.8	8.9	3.3
丁字裤（Thongs）	14.9	17.1	14.9	5.4	10.4
非常紧身（Very close-fitting）	12.6	19.8	5.3	16.1	26.7
紧身（Close-fitting）	33.3	36.7	26.3	11.3	38.5
合身（Regular）	32.2	25.1	34.6	24.2	24.6
宽松（Loose-fitting）	21.8	18.4	33.8	48.4	11.1

3. 内衣功能（结构线）设计的偏好

内衣功能偏好是第二主成分因子，就当前内衣的结构设计而言，受访者中分别有

52.2%和54.1%的人偏爱臀部和前裆部（生殖器）具有"提拉"效果的设计。"提拉"是指对软组织的塑型效果。在结构线偏好方面没有明显的倾向性（图2-5），值得注意的是，超过36.0%的受访者更喜欢经典的"少缝线"结构，24.7%的受访者不知道哪种设计更好，而只有少数受访者（13.3%）喜欢有许多结构缝线的内衣。可以确定，在无缝内衣和少缝内衣之间，有25.7%的受访者明确了自己的偏好。无缝内衣在欧洲是最受欢迎的消费品类之一。

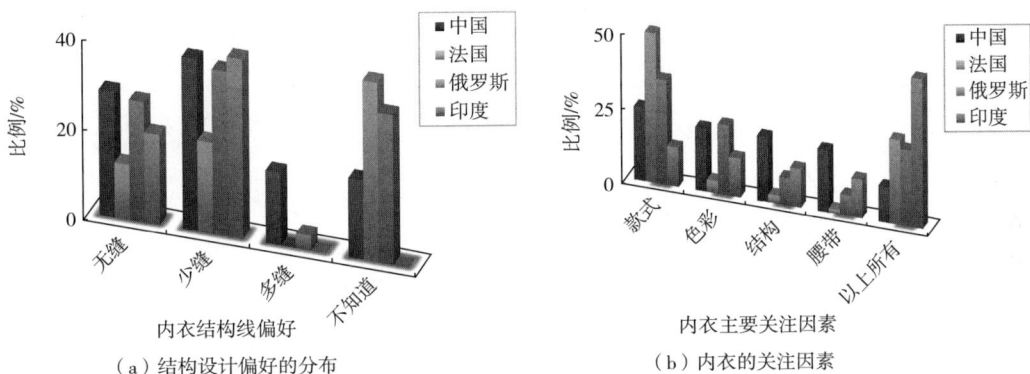

（a）结构设计偏好的分布　　　（b）内衣的关注因素

图2-5　内衣功能（结构线）与关注偏好

4. 内衣腰带位置的偏好

此偏好为第四因子，大多数受访者（53.4%）更倾向于选择腰带位置在自然腰线下5~7 cm处的款式，这是较为流行的内衣腰带位置。其次，选择腰带位置在自然腰线下8~12 cm处的受访者也不在少数。而选择腰带位置在自然腰围下4 cm以内的受访者仅占17.1%。此外，仅有4.8%的人接受腰带位置在自然腰线下13 cm以上的内衣，如丁字裤和运动丁字裤。

（二）购买行为

在所有购买行为变量（X_5~X_9）中，第一主成分因子是购买内衣的类型（X_5），第三主成分因子是购买频率（X_8）和品牌（X_9），而第五和第六主成分因子分别是购买尺码（X_6）和关注点（X_7）。

1. 购买内衣的类型

从内衣类型来看，受访者购买类型数量排名如下：功能平角裤（短款）（22.0%）、三角裤（20.7%）、功能平角裤（中长款式）（19.0%）、日常平角裤（13.6%）、泳裤（9.6%）、丁字裤（6.5%）、运动丁字裤（4.6%）和比基尼（3.9%）。就内衣数量而言，大多数受试者拥有8~12件内衣，少数人只拥有4件内衣。

2. 购买情况及品牌偏好概况

总体而言，56.3%的受访者在购买内衣前后会存在一些疑问，但超过85.0%的受访者在购买前没有问题，72.5%的受访者不会寻求帮助。大多数受访者会在半年内

（28.7%）或不定期（37.8%）购买新内衣。他们没有相对固定的购买周期或购买计划，通常是遇到合适的就会引发购买行为，而购买频率较高（每月购买）的消费者占少数。

另外，30.6%的受访者不清楚自己的内衣尺码，25.6%的受访者不清楚穿上内衣后的外观效果，24.7%的受访者不清楚哪种内衣设计更适合自己，而19.1%受访者在购买内衣时受到其他因素干扰，如价格、品牌、功能等。

在日常生活中，人们并不会刻意改变自己的个人偏好和穿着方式。就个人内衣喜爱偏好而言，超过70%的受访者曾因偏好而改变过自己的购买行为。大多数人的改变是自己的喜好（36.6%）发生变化，这影响了他们购买内衣的风格/类型。其次的原因是自己的身材以及收入变化等，如身材变好（22.5%）或变差（14.9%），以及收入增多或降低（25.9%）。

图2-6展示了受访者偏好选择与购买的内衣品牌分布（大多数中国品牌单独列在右侧）。由于Zara、C&A等国际品牌拥有大量的全球店铺，且其大众风格产品的可接受价格较高，因此其受欢迎程度接近Calvin Klein和Hugo Boss等更为知名的国际品牌。至于中国品牌，受访者偏好的差异受到高认可度品牌、新款式、更新速度、结构设计以及面料特性的影响。关于低认可度品牌的共性，除了价格因素外，还包括结构简单、材质单一等问题。

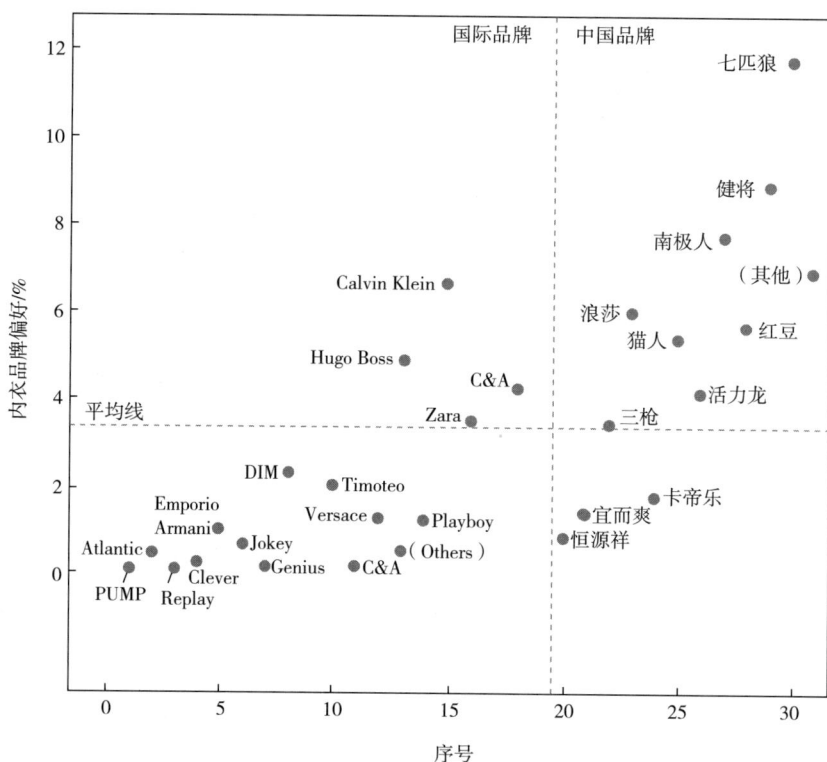

图2-6　内衣品牌偏好分布

3. 内衣尺码

受访者内衣尺码偏好可见表2-5。从表中可以观察到，大多数内衣尺码集中在 M、L 和 XL，较受欢迎的内衣尺码是 L 和 XL。并且发现，随着年龄的增长，偏爱（或更合适）的尺码变得更大。35 岁以下的男性更偏爱较小的尺码 M 和 L，而 55 岁以上的男性则需要更大的尺码（XXL）。值得注意的是，有 6 位受访者忽略了内衣尺码的问题，他们对尺码问题未关注。

表2-5　年龄组分布和偏好尺码

年龄组/岁	年龄组分布/%	内衣尺码分布/%					
		S	M	L	XL	XXL	不清楚
<25	41.6	12.1	25.0	23.8	22.1	15.0	2.1
25~35	28.3	11.1	23.1	24.9	22.2	15.1	3.6
36~55	24.2	14.3	19.9	22.4	24.5	17.1	1.9
>55	5.9	11.8	17.7	23.5	17.7	23.5	5.9

4. 个人关注因素

在购买内衣时，类型、颜色和结构设计是最关键的指标。对于类型，之前已经提到过。在颜色方面（图2-7），受访者更喜欢黑色（15.0%）、灰色（13.3%）和深蓝色（12.6%）。由于来自四个地域的受访者在不同的情感类别上受到了不同的影响，因此他们在内衣颜色的偏好上存在显著差异。而在材质方面，一半的受访者更喜欢 100% 棉（30.2%）和棉与其他纤维混纺（19.8%）。在亚洲市场上，棉与氨纶（偏好率为 18.8%）的内衣是最常见的，氨纶以 2% 以上的比例添加，不仅能保留棉的主要特征，但可以显著改善其弹性。

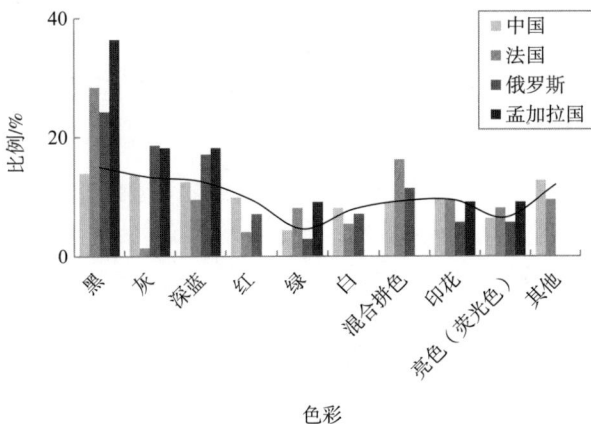

图2-7　内衣色彩偏好

（三）内衣的生理感受（穿着感受）

在生理（穿着感）感受（$X_{10} \sim X_{12}$）的变量中，内衣的功能需求（X_{12}）和穿着的（方式）习惯（X_{11}）分别是第二和第四主成分因子，穿着（不适感）感受（X_{10}）是第七主成分因子。

1. 内衣功能需求

通过调查发现人们对内衣的舒适度要求更高（34.2%）。其次，是对前裆部（生殖器区域）提拉设计（23.4%）的需求，或对臀部（14.9%）提拉设计的需求，而对前后两部分都具备功能设计需求的也不在少数（17.0%）。

2. 内衣穿着方式

当受访者选择日常穿着的内衣时，他们会考虑裤子的类型（长裤），如紧身内衣搭配紧身牛仔裤，或宽松内衣搭配宽松长裤。有44.4%的受访者在选择裤子和内衣时，会考虑将它们组合搭配。24.4%的受访者并不一定会考虑内衣和裤子两种款式的搭配，但他们会考虑内衣的视觉效果感受。31.3%的受访者从不考虑内衣和裤子的款式是否能组合搭配，并在更换不同裤子时，不会注意其与内衣的组合搭配。

而在关于内衣与裤子搭配穿着的习惯调查中，仅有三分之一的受访者倾向于让内衣腰带外露，而绝大多数受访者（68.0%）则更喜欢将内衣腰带置于裤子腰带之下。

根据内衣穿着时间来看，超过一半的受访者表示他们会全天（55.6%），或仅在白天（24.2%）穿着内衣。还有少数受访者（8.8%）偏好裸睡，这一部分人群主要为60.0%的孟加拉国受试者。

3. 内衣不适感的位置

关于内衣不适感的第七主成分因子的调查结果，主要受到结构设计因素影响，关键部位的结构缺陷导致了实际穿着感受降低。因此，有必要对结构设计进行优化。一半受访者也表示，不适感主要来源于前裆部（28.5%）和底裆部（21.8%）。17.3%和10.3%的受访者分别认为不适感是由针织材料和腰带引起的。另外，22.1%的受访者认为不适感是在穿着过程中产生的，如内衣尺寸不符合自身尺码（过紧或过松）、结构设计不合理等原因。

在99.9%的置信水平（0.001），且在双侧检验的0.01水平上具有显著性（$n > 700$），可以通过 SPSS 22.0 查看表2-6中内衣紧度与不适感部位与原因之间的相关系数。

表2-6　双变量分析（皮尔逊相关系数 r）

部位		非常紧身	紧身	合体	宽松	非常宽松
前裆处	r	0.02	0.18	0.23	0.11	0.03
	p	0.79	0.01	0.00	0.12	0.66
底裆处	r	0.11	0.01	0.21	0.09	0.12
	p	0.11	0.92	0.00	0.23	0.09
腰带处	r	0.25	0.11	0.16	0.04	0.21
	p	0.00	0.12	0.02	0.57	0.01

根据受访者的反馈，内衣的结构设计未遵循人体工程学原理的较多，且材料性能的不足会在底裆和前裆处带来不适感。由整体合身类型的内衣引起的不适感最为强烈，其相关系数较高，且在99.9%置信水平上非常显著。但对于非常紧身和非常宽松的内衣类型，不适感主要集中在腰带处。内衣从合体到非常紧身状态，受访者对于前裆处的接受度逐渐提高，但他们仍然觉得日常基础款内衣的底裆处存在不够贴合、有褶皱等结构问题。

二、跨文化下设计需求分析

受访者群体由674名中国人、74名法国人、30名俄罗斯人和5名孟加拉国人组成。其中，674名中国受访者对问卷进行了五级评价（1分为"非常不喜欢"，2分为"不喜欢"，3分为"一般"，4分为"喜欢"，5分为"非常喜欢"）。所有中国受访者的问卷项目均通过SPSS进行了"可信度统计"分析，有效样本数 $n=204$，Cronbach's Alpha系数 α 为0.94。

（一）生理偏好

1. 内衣类型偏好

通过统计，有四分之一的中国受访者、超过一半的俄罗斯和孟加拉国受访者偏爱平角内衣，但一半以上的法国受访者更加偏爱带有结构设计的宽松平角内衣。

使用SPSS 22.0对不同年龄段的两种内衣类型（日常平角裤与短款功能平角裤）进行了"交叉表统计"（表2-7、表2-8）。总体来看，每个年龄段中喜欢平角内裤的受访者占比均为一半左右，40.0%的受访者喜欢平角内裤，三分之一的人持一般态度。20~55岁年龄段受访者的偏好比例较为稳定，但随着年龄增长，36~55岁及>55岁年龄段的受访者更偏爱宽松内裤。来自这四个国家的受访者大多拥有三角内裤、紧身平角内裤和宽松平角内裤，而大多数俄罗斯和法国受访者也更偏爱平角内裤和宽松内裤。三角内裤在四个国家的拥有率较高但偏好度较低。

表2-7 内衣款式偏好与拥有比例比较

内衣款式	中国		法国		俄罗斯		孟加拉国	
	偏好/%	拥有/%	偏好/%	拥有/%	偏好/%	拥有/%	偏好/%	拥有/%
三角裤	15.8	20.1	8.1	24.7	5.7	20.3	16.7	18.2
日常平角裤	25.3	22.2	5.4	16.0	71.4	37.5	50.0	27.3
功能平角裤（紧身）	12.4	17.6	78.4	29.2	11.4	12.5	16.7	18.2
功能平角裤（宽松）	17.9	13.5	6.8	12.8	8.6	18.8	—	9.1
比基尼	3.2	4.4	—	2.3	—	—	—	—
运动丁字裤	5.0	5.5	1.3	—	—	—	—	18.2
丁字裤	10.3	8.0	—	—	—	—	—	—

内衣款式	中国		法国		俄罗斯		孟加拉国	
	偏好/%	拥有/%	偏好/%	拥有/%	偏好/%	拥有/%	偏好/%	拥有/%
其他	7.1	8.7	—	—	—	10.9	—	—
不穿	3.0	—	—	—	2.9	—	16.6	—

表2-8 中国受访者对功能平角裤（短款）与日常平角裤偏好的交叉表

年龄组/岁	内衣款式	非常不喜欢/%	不喜欢/%	一般/%	喜欢/%	非常喜欢/%
<20	功能平角裤（短款）	20.0	0.0	0.0	60.0	20.0
	日常平角裤	20.0	40.0	20.0	20.0	0.0
20~25	功能平角裤（短款）	1.6	14.5	25.8	50.0	8.1
	日常平角裤	1.6	6.5	32.3	43.5	16.1
26~35	功能平角裤（短款）	0.0	12.1	27.6	50.0	10.3
	日常平角裤	6.9	10.3	29.3	43.2	10.3
36~55	功能平角裤（短款）	0.0	5.3	29.3	53.3	12.1
	日常平角裤	1.3	6.7	41.4	37.3	13.3
>55	功能平角裤（短款）	0.0	0.0	0.0	75.0	25.0
	日常平角裤	0.0	25.0	0.0	50.0	25.0

2. 内衣松紧度偏好

综合来看，大多数受访者偏爱常规款式的紧身内衣（表2-9）。三分之一的中国受访者偏爱非常紧身的内衣，且35岁以下人群中的这一比例高达80.0%。超过三分之一的中国、俄罗斯和孟加拉国受访者偏爱几乎没有结构接缝的内衣。然而，超过一半的法国受访者和超过三分之一的俄罗斯受访者不知道自己更喜欢哪种结构设计。

表2-9 受访者对结构特征偏好的比例

特征		中国/%	法国/%	俄罗斯/%	孟加拉国/%
宽松度	非常紧身	31.2	8.1	0.0	0.0
	紧身	34.5	52.7	56.7	60.0
	合身	21.5	35.1	43.3	20.0
	宽松	12.8	4.1	0.0	20.0
结构线设计	无缝（结构线）设计	27.9	12.2	26.7	20.0
	少结构线设计	38.3	20.3	36.7	80.0
	多结构线设计	16.1	0.0	3.3	0.0
	不清楚	17.7	67.5	33.3	0.0

3. 内衣的功能（结构线）设计偏好

近些年，无缝（结构线）设计内衣在中国的市场规模逐渐扩大，消费者对这种内衣抱有特别的兴趣，并尝试购买和穿着。从受访者对于现有内衣在前裆、臀部产生提拉的接受程度来看，仅有超过 60.0%的中国受访者对此有较高的接受度（或舒适的体验）。然而，其他受访者对前裆、臀部的提拉效果接受度较低（低于 25%）。另外，对于内衣腰带位置偏好，大多数中国（51.3%）、法国（63.5%）、俄罗斯（60.0%）和孟加拉国（51.3%）的受访者偏爱腰带位置在自然腰线 5~7 cm 以下的内衣。

（二）购买行为

1. 内衣购买类型

中国受访者（62.0%）和俄罗斯受访者（83.0%）拥有 5~12 件内衣，90.0%的法国受访者拥有超过 8 件，40.0%的孟加拉国受访者拥有超过 13 件。就内衣拥有量而言，平角紧身内裤位居第一，其次是三角内裤。消费者偏爱这两种内衣的主要原因是价格低廉和购买方便。

通过对中国受访者的偏好进行描述性统计后发现，日常平角内裤的平均值最高，这意味着大多数受访者更喜欢这种类型，且拥有数量较多，每个受访者的选择差异最小。此外，平角裤（宽松）位居第二。对于"不穿内衣"的选项，中国受访者的偏好一致为"不喜欢"。

2. 购买问题情况和品牌偏好

70.0%的中国受访者和超过 80.0%的其他国家受访者在购买内衣前没有产生过疑问，超过 70.0%的受访者不会在购买前、购买中寻求帮助或建议。另外，图 2-8 显示了两次购买内衣之间的平均时间。中国、俄罗斯和法国受访者中，最高比例的受访者是不定期且每半年购买一次内衣，法国受访者中每月购买内衣的比例最少；更多受访者集中在每半年和不定期购买。

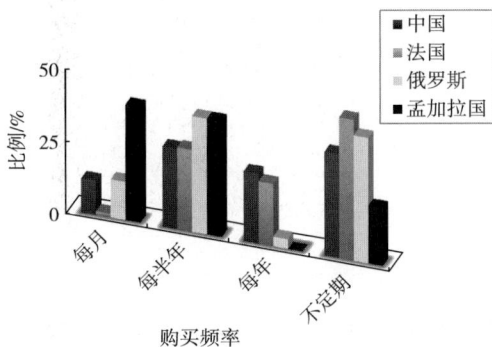

图 2-8 受访者内衣购买频率的比例

在购买内衣尺码问题方面，三分之一的中国和俄罗斯受访者，以及四分之一的法国受访者反馈，他们对自己的内衣尺寸不太确定。三分之一的中国受访者和四分之一的孟加拉国受访者则反馈，不清楚哪种设计更适合自己或让自己更舒适。另外，44.1%的俄罗斯受访者和 28.3%的中国受访者反馈，不知道穿上内衣后的外观效果，而

73.1%的法国受访者和60.0%的孟加拉国受访者反馈了其他问题。

对于内衣款式购买喜好变更方面，最高比例的中国、俄罗斯和孟加拉国受访者反馈，改变的原因是自己的喜好发生了变化，而近70.0%的法国受访者则表示原因是收入变化。

就中国受访者对国产品牌和国外品牌的态度而言，总的来说，只有三分之一的中国受访者选择了国外品牌，且他们中多数更偏爱如 C&A、Zara 等品牌。

在中国内衣市场中经营的大小品牌数量超过 3000 个，但初具规模的的品牌（企业）却不足 400 家，受试者熟知的男性内衣品牌仅有大约 30 个或更少。中国受访者普遍偏爱 Calvin Klein，因为它的设计大胆前卫，且在中国进行了广泛的宣传。市场调研数据显示，2016—2020 年，全球内衣线上市场增长 17%。另外，Calvin Klein 的腰带设计能够被大多数年轻男性所接受。许多中国消费者在购买产品时，更倾向于选择那些具有一定象征性、认同感高的品牌。

总体而言，中国消费者不习惯在内衣这一类商品上花费大量金钱，无论品牌如何。尽管快时尚品牌相较于一线品牌影响力稍显不足，但它们凭借产品种类丰富、更新速度快、价格实惠等优势，成功吸引了绝大多数消费者的目光。

3. 内衣尺码合适度

中国消费者中有一半的人集中在 L 和 XL 尺码上，但中国一些男性内衣品牌的尺码系统将 L 型视为最小尺码。因此，L~XL 的尺码大约适合体重 50~75 kg 或腰围 65~80 cm 的人群。如表 2-10 所示，仅计算了各年龄组适合（评分≥3）穿着的内衣尺码，评价等级"1 为非常不合适，2 为不合适，3 为一般，4 为合适，5 为非常合适"。25 岁以下人群适合 XL、M、L 尺码；25~35 岁人群适合 XL、M、L 尺码；35~55 岁人群适合 XL、L~XXL 尺码；55 岁以上人群适合 XL~XXL 尺码。

表 2-10　体型适合度平均得分评估

年龄组/岁	S	M	L	XL	XXL
<25	3.52	3.60	3.60	3.68	3.56
25~35	3.48	3.69	3.66	4.04	3.65
36~55	3.61	3.68	3.76	3.83	3.71
>55	2.00	4.00	4.00	4.67	4.25
标准偏差	0.68	0.76	0.69	0.67	0.67

所有中国受访者在 XL 尺码上的适合度都非常高（平均分为 4.06），但随着年龄的增长，偏好选择的尺码从 M、L 变为 XXL。在表 2-10 中，仅有个别情况下受试者因内衣不合身而给出了较低的评分。此外，近 80%的法国受访者和一半的俄罗斯受访者都选择了 M 和 L 尺码，这两个尺码适合体重 50~70 kg、腰围 70~82 cm 的人群。只有十分之一的俄罗斯受访者不知道哪个尺码更合适，80%的孟加拉国受访者选择了 XL尺码。

因此，为了进一步优化尺码表，需要对男性内衣穿着区域（下半身）进行分类，并优化内衣结构设计。

4. 个人关注的因素

中国、法国和俄罗斯的多数受访者都会将目光聚焦在内衣款式上。中国受访者的关注点相对较多，主要为款式（24.4%）、结构（21.7%）、颜色（21.0%）及腰带设计（20.9%）等因素。相比之下，法国受访者（63.5%）和俄罗斯受访者（34.9%）则主要关注款式，对其他因素的关注度相对较低。由于孟加拉国受访者的样本数量有限，他们的数据更集中地体现在"所有元素"这一选项上，占比达到了一半。

对于内衣所用的针织材料来说，所有地域的受访者中，排名第一和第二的都是针织材料（100%棉，棉+其他纤维）。约三分之一的法国受访者和一半的俄罗斯受访者对针织材料没有特别的偏好。20.4%的中国受访者和28.6%的孟加拉国受访者也喜欢含有氨纶纤维（莱卡Lycra）的材料。

通过分析颜色偏好数据可知，所有受访者都偏爱黑色，其次是深蓝色，再次是印花色。法国顾客第二喜欢的是撞色设计，而只有1%的受访者喜欢灰色。对绿色感兴趣的中国受访者（4.4%）和俄罗斯受访者（2.7%）最少。十分之一的孟加拉国受访者偏爱绿色，而不喜欢红色、白色和其他颜色。

（三）内衣的生理感受（穿着感受）

1. 内衣功能需求

从表2-11中可以看出，大多数受访者关注内衣的舒适性和功能性。

表2-11　购买内衣时考虑生理感受的比例

内衣的生理感受（穿着感受）	中国/%	法国/%	俄罗斯/%	孟加拉国/%
穿着舒适感受	25.2	77.0	60.0	100.0
外观视觉感受	12.1	8.1	13.3	0.0
前裆塑形效果	23.4	0.0	3.3	0.0
臀部塑形效果	14.9	0.0	3.3	0.0
前裆、臀部塑形效果	17.0	1.4	13.3	0.0
不考虑	7.4	13.5	6.8	0.0

近四分之一的中国受访者关注内衣前裆部（生殖器）的提拉塑型效果。近十分之一的法国和俄罗斯受访者关注内衣展现出的自身形象，还关注内衣的类型以及其他要素，如颜色、结构和腰带设计，以期通过这些因素来提升整体的外观效果。

通过SPSS 22.0进行方差分析和多重比较（Scheffe）事后检验，在表2-12中偏好选择"多结构线设计"内衣的中国受访者普遍对塑型效果有所期待。

表 2-12　方差分析和事后检验

因变量	谢费检验（Scheffe）					
	(I) 多结构线设计	(J) 多结构线设计	平均值差值 (I-J)	p	95%置信区间	
					低	上
前裆塑型效果	不喜欢	非常喜欢	-0.89	0.03	-1.72	-0.07
	喜欢	一般	0.46	0.04	0.01	0.90
	非常喜欢	一般	0.86	0.00	0.28	1.44
臀部塑型效果	非常喜欢	不喜欢	0.89	0.03	0.07	1.72
前裆、臀部塑型效果	非常喜欢	不喜欢	1.08	0.00	0.28	1.89

可以看到，整体测试的 F 值在三个因变量上分别达到了 6.81、3.14 和 4.97，且 $p<0.05$，均在表 2-12 中达到了显著水平。因此，可以得出结论，在受访者对"多结构线设计"内衣的偏好上，"前裆""臀部"和"前裆、臀部"的塑型效果存在差异，并且这些匹配组之间的差异也达到了显著水平。通过均值差（I-J）的分析，可以进一步了解到：

对于偏好前裆塑型效果的受访者来说，他们"非常喜欢"（"喜欢"）有多条缝线设计的比例高于"不喜欢"和"一般"，这一偏好表现得相当稳定，显示出他们更倾向于挑选那些既有多条缝线又有效塑型效果前裆的内衣。

对于偏好臀部塑型效果的受访者来说，他们"非常喜欢"有多条缝线以修饰臀部内衣设计的比例高于"不喜欢"。

对于同时关注前裆、臀部塑型效果的受访者来说，均值差（I-J）为 1.08，这意味着他们"非常喜欢"有多条缝线以同时矫正前部和臀部内衣设计，并且与"不喜欢"的比例存在显著差异。

总的来说，受访者喜欢有多条缝线（结构）的内衣设计，并且他们对前裆部和臀部的塑型效果有着相似的偏好。

2. 内衣穿着方式（尺码匹配）

60%的孟加拉国受访者更喜欢穿腰部低于内衣腰带的裤子，以露出内衣腰带。而其他大多数受访者则选择穿腰部高于内衣腰带的裤子以遮盖内衣（70.0%中国受访者，63.5%法国受访者和53.3%俄罗斯受访者）。53.2%的中国受访者每次都会考虑内衣与裤子的尺码匹配程度，比如穿紧身牛仔裤时会搭配紧身内衣或小尺码内衣。79.7%的法国受访者和50.0%的俄罗斯受访者在更换不同裤子时，从不考虑内衣与裤子是否风格一致。80%的孟加拉国受访者则不考虑内衣与裤子的风格是否搭配。

另外，在内衣穿着时长方面，图 2-9 显示，大多数法国受访者表示他们会全天穿着内衣。有 60.0%的孟加拉国受访者则更倾向于裸睡。在穿着内衣的频率上，俄罗斯、中国和法国受访者较为相似。

3. 不适感的位置

受访者反馈，不适感主要由内衣前裆和底裆部结构问题引起，其中中国受访者占

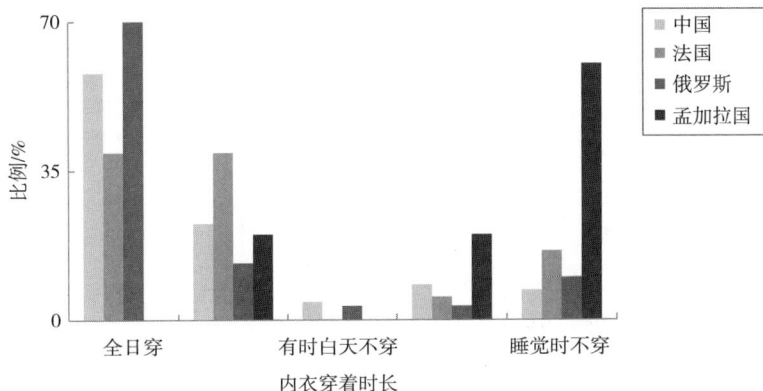

图 2-9　内衣穿着时长的分布

27.0%，法国受访者占 48.6%，俄罗斯受访者占 23.7%，孟加拉国受访者占 20.0%。另外，近一半的俄罗斯受访者表示不适感也来自材料。然而，更多的反馈（23.0%）指出，不合理的内衣结构设计和尺码会造成很多问题。

第四节　　现代男性对内衣的需求与期望

一、男性消费者对于内衣的基本需求

在现代社会，男性消费者对内衣的基本需求，如遮体、保护和舒适，已基本得到满足。然而，随着个性化需求的不断增长，男性消费者对内衣的款式和品牌的期待也变得更加多样化。通过研究分析，我们发现男性内衣消费者的行为偏好主要体现在内衣的类型和功能设计上，包括款式、紧身度及结构线的设计。次要因素则涉及购买频率、品牌选择和穿着感受，如舒适性、尺码合身度、材料和颜色等。

调查结果显示，男性内衣的尺码主要集中在中码（M）、大码（L）和加大码（XL），对应的腰围范围为 65～82 cm，体重范围为 50～75 kg。受访者通常拥有 8～12 件内衣，而内衣的购买时间通常不固定，但大多数消费者习惯于每半年购买一次。这表明，男性内衣市场蕴藏着巨大的潜力。

在内衣偏好方面，不同地区的消费者表现出明显差异。大多数法国、俄罗斯和孟加拉国消费者更青睐紧身和常规款式的平角裤，尤其是功能性平角裤。这些内衣设计接缝较少，能够紧贴身体，并有提拉塑型的效果，穿着起来十分舒适。功能性平角裤（短款）是受访者的首选，且数量最多，功能性平角裤（中长款式）、日常平角裤和功能性平角裤（短款）的总购买量占比超过 50%。

尽管功能性平角裤（短款）在市场中占据领先地位，消费者仍反馈前裆和底裆区域有时会引起不适，这主要是因为结构设计上的缺陷。相比之下，中国消费者则偏好非常紧身且结构线丰富的内衣，强调提拉塑型效果。因此，深入研究紧身日常平角裤和功能性平角裤的结构设计以提高舒适性，显得尤为重要。

在材料方面，100% 棉或棉混纺纤维制成的内衣因其优良的舒适性和透气性而受到青睐。款式则是连接装饰性和舒适性的关键因素，消费者在选择时最注重款式，其次是材料和结构设计，以及腰部设计，普遍偏好黑色或深色系。

然而，市场上男性内衣的质量参差不齐，许多消费者反映前裆和底裆区域存在过多余量和褶皱，导致穿着不适，结构设计未能符合人体形态，造成尺码不合适（过松或过紧）和穿着压力大等问题。此外，约四分之一的受访者无法明确自己的设计偏好，三分之一的人无法确定合适的尺码，这表明现有内衣在结构和功能描述上存在不足，同时消费者也缺乏相应的意识和经验。

二、现代男性内衣的发展

当代男性内衣在结构特征和功能上未能为消费者提供科学合理的解释。大多数受访者在长时间坐立姿势下，感到前部和裆部因额外的松量和皱褶而更加不适。内衣的结构未能符合人体形态，导致不合适的尺码（过大或过小）和过高的穿着压力。因此，为了满足消费者的需求，研究男性内衣的结构特点和材料性能，使其更加贴合人体结构、提高穿着舒适性，并实现提拉塑型效果显得尤为重要。目前市场上的男性内衣产品质量亟待优化和改善。

现代男性在购买内衣时，主要关注产品质量，并容易形成品牌偏好。舒适性已成为主流趋势，但男性消费者也渴望内衣具备个性化和时尚感。因此，内衣的结构设计、制造和材料搭配应基于男性的人体形态，这是至关重要的。在此基础上，增加时尚元素，通过合身度和功能性研究，有望消除穿着时的不适感。

展望未来，舒适的内衣将成为主流，个性化和时尚内衣因男性群体的固定环境和单一职业环境而日益受到欢迎。然而，在购买新内衣时，最重要的因素并非时尚，而是适合的款式和穿着体验。这意味着对内衣的款式特征、尺码匹配、材料性能和功能进行科学分析将成为重点，以提供舒适的穿着体验和提拉效果，满足主要需求，时尚元素则作为附加因素考量。

综上所述，解决消费者对内衣提出的问题，减少不合适和低质量产品的数量，开发适合目标市场的高质量内衣产品，提高功能性和适用性，以实现最大认可度和舒适性，是延长产品生命周期的重要途径。这不仅能减少因过早淘汰而产生的废弃物，还对环境保护和企业可持续发展具有重大意义。随着社会的发展，每一家服装企业都应从可持续发展的角度出发，开发适合消费者需求的产品，这不仅是竞争的必要路径，也是对环境保护的责任。

第五节　　本章小结

　　围绕现代男性内衣的设计与消费者偏好展开，随着全球消费者对内衣需求的增长，男性内衣市场的迅速发展，特别是在中国市场的显著表现，显示出巨大的市场潜力。研究指出，年轻男性是主要的消费者群体，他们对内衣的舒适性、个性化和功能性需求不断增强，这为内衣品牌提供了重要的市场导向。

　　运用消费者行为理论、可持续发展理论和人体工程学设计理论，揭示了现代消费者在内衣选择中日益受到重视的舒适性、美学和健康因素。特别是在高等教育环境中，男性消费者的需求变得更加理性，强调了科学设计对满足消费者特殊需求的重要性。通过生物医学的视角，研究进一步表明，不当的内衣设计可能导致健康问题，因此在设计中融入人体工程学原理尤为重要。

　　本章为内衣制造商提供了清晰的市场需求分析和产品创新基础。通过深入了解消费者的偏好与需求，品牌能够更有效地优化产品设计、市场策略，进而提高产品的市场竞争力。此外，研究也提升了消费者对健康内衣的认识，促使品牌在设计时更加关注功能性与舒适性。

　　最后，本章为现代男性内衣的研究与发展提供了重要的支撑与参考。本章提出的消费趋势和设计标准为未来的学术研究与企业创新指明了方向。通过关注消费者的反馈与健康需求，内衣行业将在产品开发和市场推广中更加注重教育消费者，推动行业的可持续发展和健康设计，提升整体的购买体验。

第三章

基于三维人体的个性化分类体系

本章深入探讨了基于数字技术的三维人体测量在服装结构设计中的重要性，尤其是在内衣设计领域。这一研究不仅涵盖了人体形态与服装结构之间的密切关系，还通过最新的三维扫描技术，系统性地分析了男性与女性在体型特征上的差异及其对内衣设计的影响。

本章旨在揭示人体形态与内衣设计之间的复杂关系。通过对男性和女性不同体型特征的深入分析，希望为内衣设计师提供更有效的设计参数，以满足不同消费者的需求。此外，本章目标还包括开发一种新的测量方法，以弥补传统测量技术的不足，从而提高内衣的功能性和舒适度。

通过对人体形态的具体测量，发现内衣的设计必须考虑到个体差异，包括腰臀比例、腿型特征及裆部结构等。这些生理特征直接影响到内衣的舒适性、功能性和美观性。例如，男性的前裆结构和臀部形状对内衣的设计有着显著的影响，设计师在构建内衣板型时，必须综合考虑这些参数，以确保产品能够贴合人体，同时提供必要的支持和舒适感。

借助 VITUS Smart XXL 三维人体扫描仪和 Anthroscan 软件，对 242 名志愿者进行了详细的人体测量。通过这些先进的测量技术，能够捕捉到人体形态的细微差异，包括腰臀比例、腿型特征及裆部结构等。这些数据为内衣设计的个性化定制以及市场需求分析提供了坚实的基础。

本书提出了一种结合人体形态特征与内衣设计的新理论框架。通过分析腿型、裆部宽度和腰臀比例等关键参数，揭示了这些生理特征如何影响内衣的设计与舒适度。此外，本书还探讨了功能性内衣的塑型与提拉作用，为内衣设计提供了新的视角。研究结果显示，合理的内衣设计不仅能提升舒适性，还能增强穿着者的自信心。这一发现为内衣的市场定位和产品开发提供了新的方向。通过科学化的数据支持，设计师可以更好地满足消费者对内衣舒适性和功能性的要求，从而推动内衣行业的创新与发展。

第一节　人体部分形态对服装结构的影响

一、形态对内衣结构的影响

在设计男性裤装时，通常会增加一定的松量，短裤则是直接由长裤改变而来。因此，可以设想内衣可能也由裤子原型起草，并通过更换材料、减少松量、调整前裆片结构，使其完全紧密地包裹身体。前裆是男性身体一个必不可少的结构参数，也是内衣活动区域的重要部分。其结构的变化直接影响到内衣（或裤装）的美观性、舒适性和功能性。根据针织材料的弹性，内衣的前裆宽和后裆宽通常具有负松量。

腿型与内衣之间的关系对大腿股骨部位的裆部宽度有显著影响。对于 X 型腿，裆部间隙通常会变窄（从正面观察宽度为正值），但骨盆宽度会增加。因此，穿着基础结构的内衣（如裤子）时，大腿外侧可能会感到紧绷。O 型腿则会使股骨大转子和大腿向两侧外展，造成裆部间隙增大［图 3-1（a）］。

图 3-1（b）显示了 a 值，即两大腿之间的水平宽度，这可以用来定义内衣裆部的设计宽度。如果两件内衣的 a 值相同，而一件的裆宽大于 a 值，则该内衣的裆部在穿着后会显得更加平滑、宽松，且不会出现褶皱；而若男性的裆宽小于 a 值，则内衣的裆部会出现明显的褶皱。

如图 3-1（c）所示，在相同腰围的情况下，臀围和大腿围的变化将导致内衣轮廓样式的不同。A 款代表正常标准体型的内衣，B 款在臀围不变的情况下大腿围较小，裤口宽度因而变窄。C 款在 B 款的基础上同时减少了臀围和大腿围，内衣侧面轮廓趋向垂直。D 款则增加了臀围，导致内衣变宽，而 E 款则在臀围和大腿围上有所增加，使内衣外观呈现梯形。

如图 3-1（d）所示，下腹部的凸出会影响腰部前后围度的分配。下腹部的凸起通常可通过超重与体重不足的体型差异来定义。由于腰部前侧、腹部以及背部下方臀部的大部分为柔软的身体组织，前腹部通常是内衣腰带设计的主要考虑区域。图 3-1（d）中的"腰带 2"显示，前腰带的围度通常大于后腰带，并且其位置通常低于凸起部分的最大围度，符合穿着者的偏好。而"腰带 1"则代表基础款式。

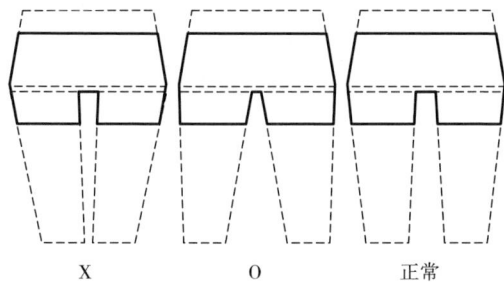

（a）不同腿型（X型、O型、正常型）的比较

（b）裆部对比

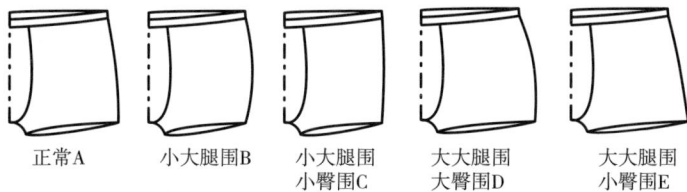

正常A　　小大腿围B　　小大腿围小臀围C　　大大腿围大臀围D　　大大腿围小臀围E

（c）围度比例

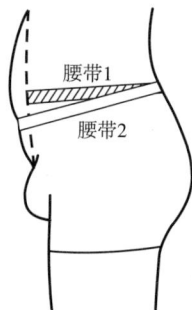

腰带1

腰带2

（d）不同腹部与腰带位置

图 3-1　身体与内衣之间的影响

二、人体裆部与下装关键特征

使用 VITUS Smart XXL 非接触式三维人体扫描仪，依据 DIN EN ISO 20685 标准进行人体形态的特征测量，并借助 Anthroscan（三维图像处理软件）以交互方式确定相关的身体测量数据。

Anthroscan 是一款用于可视化、处理和评估三维扫描数据的软件，通常由 Vitus Smart XXL 三维人体扫描仪提供数据。Anthroscan 的交互式测量工具替代了传统的测量手段，为每个身体尺寸分配了独立的四位代码，如编号 7525 代表臀围。SPSS 软件则用于数据分析，而 CorelDraw、Photoshop 及 Richpeace CAD 等工具则用于图像处理和结构设计的视觉展示。

通过三维人体扫描仪的研究，测量了 127 名年轻女性的轮廓剖面，发现女性臀部平均水平厚度为 22.56 cm，而 115 名年轻男性的平均臀部厚度为 24.87 cm。显然，男性的臀部厚度显著大于女性。此外，女性的骶骨倾斜度、臀部与腰围之间的差异，以及相较于男性更宽的骨盆，导致女性下装结构中心线的角度大于男性。

如图 3-2 所示，人体腰部与臀部的厚度差异影响了男女之间裆部宽度的不同。女性的骶骨端点与坐骨之间的距离大于男性，从而造成了臀部形状的差异。女性的臀部软组织分布较多且位置较低，显得平坦而下垂，而男性的软组织较少且分布较高，因而臀部显得更翘。

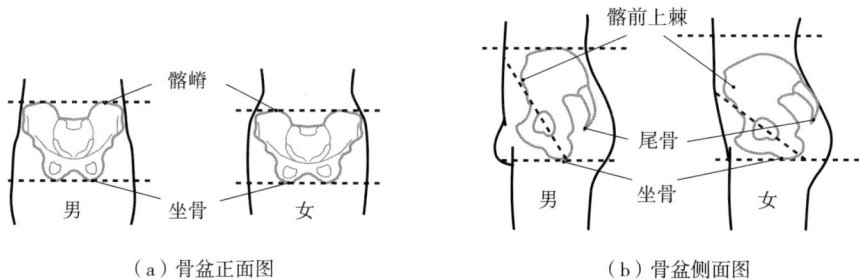

（a）骨盆正面图　　　　　　　　　　（b）骨盆侧面图

图 3-2　男性与女性骨盆的比较

在图 3-3（a）的下躯体轮廓剖面中，腰部与臀部之间两个峰值的厚度 a 与裤子（内衣）结构中的裆宽密切相关（与 FH 到 BH 即轮廓裆宽相同）。但该厚度并不等同于裆宽。当 a 较大时，裆宽 FH 到 BH 应适当增加；反之，当 a 较小时，则需适当减小裆宽。FH 代表臀部水平处的第一个点，BH 则是靠近骶骨或尾骨的后点，FH 到 BH 的距离即为裆宽，FH′ 与 BH′ 分别对应板型中的 FH 与 BH。b 和 c 的值则与 FH 到 BH 的距离直接相关（图 3-3）。

如图 3-3（c）所示，FH 和 FH′ 未重叠，BH 与 BH′ 接近，可表示为 FH′-BH′ 与 FH-BH 在长度上存在差异。前裆宽（FH 到 CR 的纵向间距，CR 为裆点）在图 3-3（c）中表示为 b。FH 点的变化影响 b 的值，进而影响从 FH 到 CR 的裆部弧度。而 c 则表示 BH 点到裆点 CR 的水平距离。

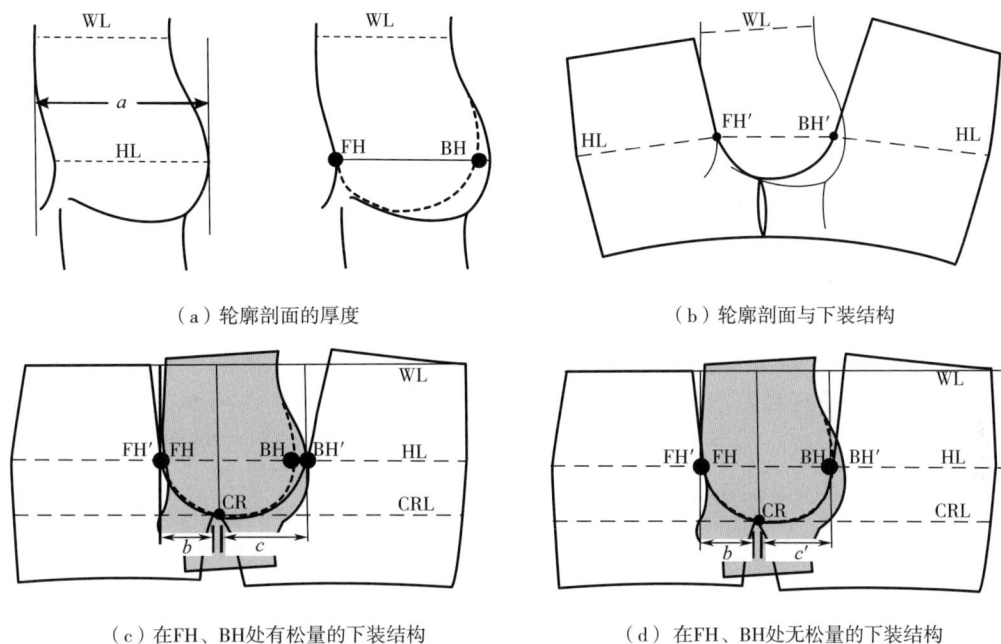

（a）轮廓剖面的厚度　　　　　　　　　　　（b）轮廓剖面与下装结构

（c）在FH、BH处有松量的下装结构　　　　　（d）在FH、BH处无松量的下装结构

图 3-3　身体轮廓与裤裆的关系

在图 3-3（d）中，根据下躯体形状绘制了一个完全贴合身体的结构，使裆部的前后弧线与人体的裆弧线基本重叠，即 FH 到 BH 的水平距离等于 FH′ 到 BH′ 的水平距离，FH 与 FH′、BH 与 BH′重合。

从图 3-3（c）可以看出，结构上的 FH′ 到 BH′ 的水平距离比躯体上的 FH 到 BH 的水平距离要大，结构图中两个 CR 点在 CRL 前后并不重叠。如果使两个 CR 点重叠并强制前后 HL 与 FH′ 到 BH′ 的直线平行 ［图 3-3（d）］，则 FH′–BH′ 的距离将缩短至与 FH–BH 相同（c 的距离也缩短为 c'）。因此，在结构设计时，当 CR 点重叠，FH′ 到 BH′ 的水平距离应小于人体上 FH 到 BH 的水平距离。换句话说，裆宽（$b'+c'$）应小于人体从腰到臀的轮廓剖面厚度，以确保内衣设计的稳定性和贴合度。在内衣设计中，保持良好的贴合状态至关重要。

三、结合人体形态的特征测量分析

（一）腰、臀、腹的特征

腰部是人体最细的部分，负责上下部分的扭转功能，通常被视为横截面上的基准线。在测量学中，腰部最细的围度被称为自然腰围（WG），其形状近似于椭圆。不同风格的服装在腰围设计上各有差异，如高腰裤和低腰裤。因此，在设计服装时，需充分考虑腰围的实际应用，特别是对于低腰裤和低腰内衣等款式。在男性下装设计中，腰围线通常低于自然腰围线，这意味着在进行测量时，不应仅依赖于自然腰围，而应考虑最接近裤腰带的实际腰围。例如，自然腰围线下方 4 cm（接近髂前上棘的位置）被称为中腰围（middle WG），而下方 8 cm 则被称为低腰围（lower WG）。这种细致的分类不仅有助于设计师在绘制款式图时更加精准，也有利于确保穿着者的舒适性和合体性。

臀部是身体运动中变化最为显著的部位，因步态、坐姿等动作而带动皮肤伸展使这一部位更为重要。臀部的皮下脂肪层较厚，尤其是在臀底的臀沟处更为集中。随着年龄的增长、脂肪的堆积以及体型的变化，臀部往往会逐渐下垂，这直接影响到裤子和内衣在臀部的贴合度。因此，具备塑型（提拉）效果的内衣逐渐成为市场需求的重要部分。

腹部作为男性身体的重要组成部分，通常位于腰围与臀围之间，即中腰和低腰围区域。由于腹部缺乏骨骼支撑，设计时通常依赖弹性针织材料的特性以及内衣结构上的负松量，以确保内衣能够贴合身体曲线，提供足够的支撑力和舒适感。

（二）功能内衣的塑型提拉功效

图 3-4 展示了前后软组织的塑型提拉效果。围绕男性生殖器画了两个圆，并测量圆心的高度以代表其高度。图 3-4（a）显示了原始高度（旧）与提拉后的高度（新）。可以看出，男性生殖器的提拉空间相对较大，而臀部软组织的提拉空间则相对有限。

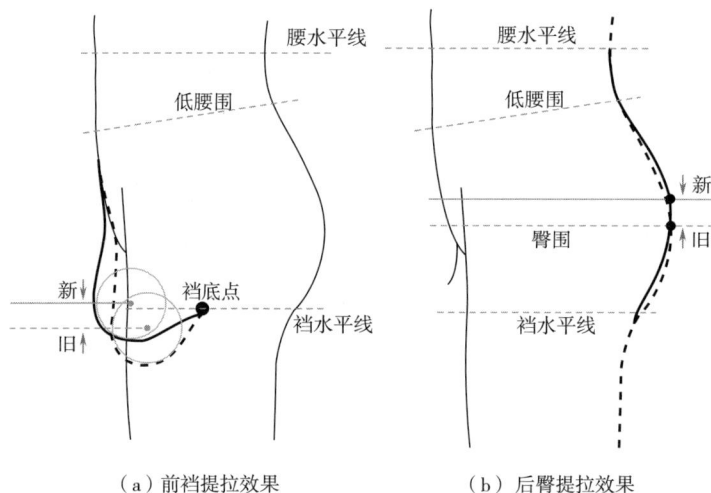

（a）前裆提拉效果　　　　（b）后臀提拉效果

图 3-4　针对体形矫正的提升效果

男性压缩功能内衣的主要效果在于前裆与臀部的塑型（提拉）作用。如图 3-4（a）所示，穿着内衣前（虚线）和穿着后，男性生殖器及臀部软组织的高度均有所提升，不同款式的提拉程度各异。通过非接触式三维扫描仪测量了 20 个样本，并在 Anthroscan 软件中记录了前裆与臀部的提拉距离。

（三）人体测量数据库探索方法

目前，男性内衣的设计主要依赖于传统的人体测量数据，如腰围、臀围、体重和身高，并以 M、L 等标签进行命名。然而，由于不同地域和文化传统的影响，各国品牌及内衣款式之间的尺码系统和尺寸表存在显著差异。此外，现有的内衣标签及男性人体分类方法不足以全面展现服装的特征和各种款式。具有独特生理特征的消费者往往在使用相同尺寸表时，无法在购买前试穿内衣以确保其贴合度和舒适性。因此，在定制化过程中，消费者迫切需要获取更多关于内衣具体特征和结构的信息，以了解穿着的舒适性、功能性及其他相关方面。

当前的男性内衣结构设计与制图原理仍显不足，主要依赖于经验数据和成品衣物的测量结果，缺乏将结构参数与男性人体形态相结合的科学计算。这导致尚未形成准确、详细的男性内衣原型板型制作方法。图 3-5 展示了从人体和内衣中获得的传统测量方案。

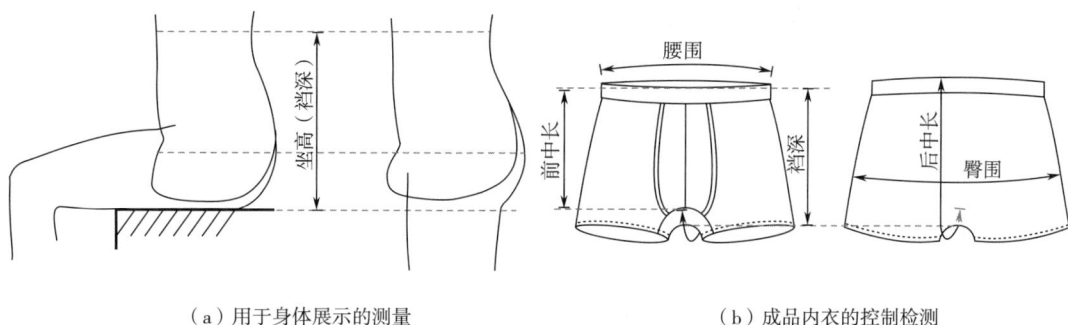

（a）用于身体展示的测量　　　　　　　　（b）成品内衣的控制检测

图 3-5　传统的测量方法

如图 3-5（a）所示，存在三项主要的身体测量数据：自然腰围（WL 处最窄的围度）、臀围（HL 处最大的围度）以及裆深（WL 与坐高水平线之间的距离）。裆深的测量需在坐姿下进行，并受到臀部软组织的影响，这使测量结果的准确性受到一定限制。

如图 3-5（b）所示，控制内衣贴合度的五项测量数据包括中间长度（前后分开）、裆深（从腰围到底端）、腰围和臀围。这些测量数据与身体测量数据并不完全相同，且针织材料的属性会对其数值产生影响。因此，为了创造一种新的男性内衣结构设计与制图原理，需要更多的信息来提高顾客满意度，制作出更加合身舒适的内衣，并降低生产成本。

在设计过程中，不仅应参考成品内衣的尺寸（如腰围和全裆长），还应增加新的额外测量数据，以更好地描述男性的身体形态。如果不对现有数据库进行结构性改进，内衣设计将难以实现突破，难以满足现代消费者的需求。

在上一章的调查中，我们收集了来自中国、法国、俄罗斯和印度的 700 多名男性的意见和需求。大多数受访者对内衣的尺寸、类型和前裆设计表示了关注。此外，很多受访者指出，简单的内衣标签方式（如 M、L 等）无法帮助他们做出正确的购买选择。这表明，传统的内衣标签和设计所使用的身体尺寸已显得过时且不合理，亟须调整和改革。只有通过对内衣设计和尺码系统的全面更新，才能更好地满足消费者日益多样化和个性化的需求。

（四）三维人体数据采集

1. 实验用三维人体扫描仪

在早期的实验中，针对男性内衣的舒适性和结构设计进行了深入分析，获取了关于男性内衣的基本理论和关键尺寸数据，为后续研究奠定了基础。研究采用了两种主要的方法来测量身体尺寸，分别称为"传统方法"和"新方法"。如图 3-6 所示，第一种方法利用三维人体扫描仪直接获得数据，而第二种方法则通过软件处理和分析，从全尺寸数字图像中提取水平和垂直截面进行计算。通过结合这两种测量方式，创建了一种全新的男性体型分类体系。

图 3-7 展示了不同的解剖平面：矢状面（sagittal plane）将身体分为左右两侧。冠状面或前面（coronal or frontal plane）将身体或器官分为前部和后部，而横断面（transverse plane）则将身体或器官分为上部和下部（也称为横截面或水平面）。这些定义为后续的测量和分析提供了清晰的框架。

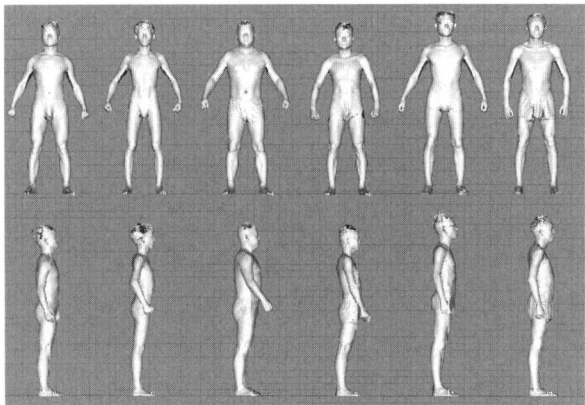

图 3-6 人体样本模型

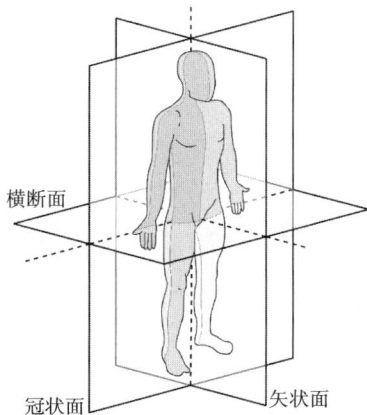

图 3-7 人体截面图

受测者涵盖了来自中国、法国、印度和俄罗斯，所有参与者均无明显的体态异常或结构性变形。115 名中国男性的初步测量数据如下：身高范围为 156.1~206.7 cm，自然腰围为 63.5~93.3 cm，臀围 82.8~114.1 cm，而裆深则在 65.3~90.9 cm。与此相似，印度和俄罗斯受测者的腰围为 85.3~99.2 cm，臀围为 78.6~100.7 cm，裆深在 77.3~79.1 cm。为验证样本量的充足性并降低实验的经济与时间成本，研究还分析了男性人体尺寸的正态分布情况。

在大多数人体测量应用中，推荐的样本人数应大于或等于 30 人。然而，如果样本数量遵循正态分布，则可以通过更小的样本量获得准确结果。为确保所有身体测量数据符合正态分布，研究团队采用了 SPSS 22.0 的正态性检验 Shapiro-Wilk（S-W），该方法比 Kolmogorov-Smirnov（K-S）检验具有更高的检验效力。研究人员推荐使用 S-W 作为检验数据正态性的最佳选择，同时也利用正态分布图（Q-Q 图）作为有效的视觉检查工具。

例如，图 3-8 展示了两个身体尺寸的 Q-Q 图，显示出显著的正态分布（存在小偏差）。在大样本量的情况下，即使存在小偏差，亦不会影响参数检验的结果。如图所示，裆高和肚脐腰高的 Q-Q 图均证明 115 名中国男性的测量数据遵循正态分布，因此样本量 $n=115$ 已足够，并且对其他测量数据的分析也得出了相同的结论。因此，这 115 名年轻的中国男性能够有效代表所选人群。

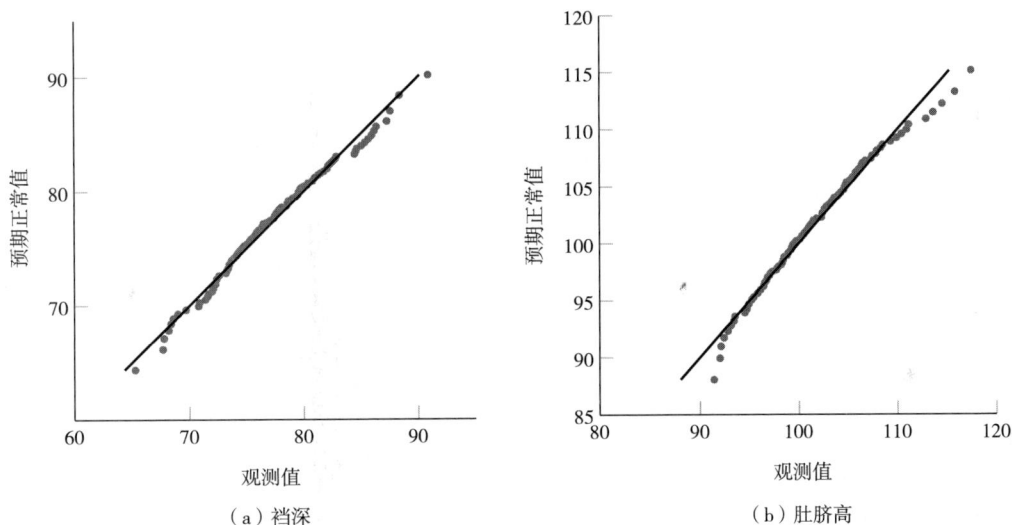

（a）裆深　　　　　　　　　　　（b）肚脐高

图 3-8　正态分布图

2. 确定裆点位置

在矢状剖面中，裆部的测量可以通过三维扫描仪进行识别，标记为图 3-9：6010 全裆长（CL），从腰部前侧的自然位置经过裆点，到自然腰背（基于身体中心的长度），形成一个完整的弧线；6011 前裆长（CLF），从腰部自然位置到裆点（同样基于身体中心的长度），穿过前方的腹股沟区域的弧线；6012 后裆长（CLB），则是从自然腰背到裆点（穿过后方腹股沟区域的弧线）。

选择从裆点获取的垂直截面作为研究男性躯干形态的主要信息。为探究男性下半身横截面之间的差异，采用重叠法进行分析。首先，通过 Anthroscan 将站立姿态下的身体在矢状面上进行切割。需要注意的是，后方横截面几乎接近椎骨，而在髋关节水平位置也接近骶骨。这一现象意味着软组织、肌肉和皮肤的限制，尤其是在第七颈椎（C7）和自然腰背点（WB）处表现得尤为明显。所有参考点均可通过 Anthroscan（Scanworx）数据获得。

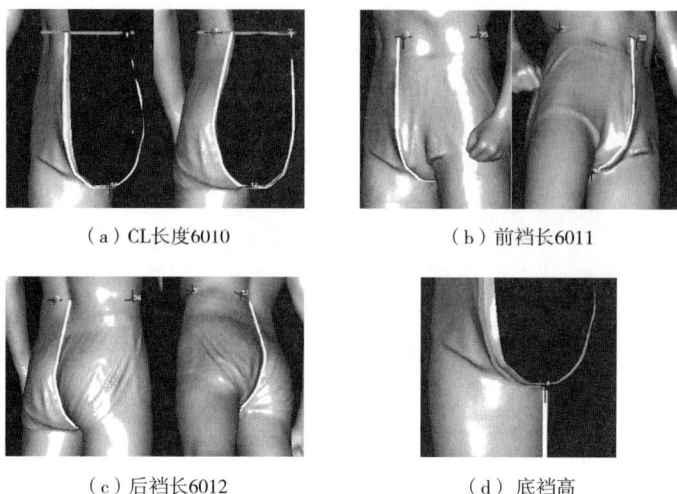

（a）CL长度6010　　　　　　　　　　（b）前裆长6011

（c）后裆长6012　　　　　　　　　　（d）底裆高

图3-9　裆部的测量

为重叠轮廓截面，需确定裆点 CR 的位置，该点位于下躯体与大腿之间的会阴部，并与坐骨位置相对应（最接近）。此位置受整个骨盆解剖学倾斜角度的影响。为此，连接髂嵴与坐骨的两点代表骨盆的倾斜。图3-10（a）展示了提出的新方法以确定裆点位置。

如图3-10（b）所示，骨盆后倾角越大，腰部后凸和骶骨下移的现象越明显；相反，骨盆前倾角越大，腰椎的前凸和骶骨上扬越明显。骨盆倾斜的变化会显著影响骶骨的方向。正常脊柱在自然站立姿势下，第七颈椎的垂直线稍微偏前于骶前上隆起。

虽然能够识别裆点的位置，但由于多种因素，通过三维人体扫描仪准确定位两腿之间的裆点仍存在一定难度。这些因素包括三维扫描仪激光或光线的穿透限制、内衣的视觉效果及其颜色的影响等，这些都会导致矢状面上人体形态的轮廓差异。因此，研究团队需要继续探索并优化三维扫描技术，以提高裆点位置的测量精度。

具体方法如下：

直线绘制：首先，绘制两条直线。直线 a 从腰后点（WB）开始，与胸椎中下部相切；直线 b 则穿过从腰后点到骶骨或尾骨末端的两个点，作为臀部水平上的峰点。这两条线确定了胸椎与骶骨（或尾骨）的轮廓特征。

自然腰宽的中点：通过测量宽度中位，找出矢状面上自然腰宽的中点。

新线的绘制：从自然腰宽的中点出发，绘制两条新线 a' 和 b'，分别平行于直线 a 和直线 b。三条线交叉形成交点。

角平分线绘制：从交叉点向下绘制一条线，连接轮廓截面的底部，即在 a' 线与 b' 线之间的角平分线。

裆点的定义：裆点（黑点）被定义为从自然腰水平上 a' 与 b' 交点向下延伸的角平分线的端点。

图3-10（c）展示了通过扫描获得的人体轮廓，这些轮廓展现出不同的形态特

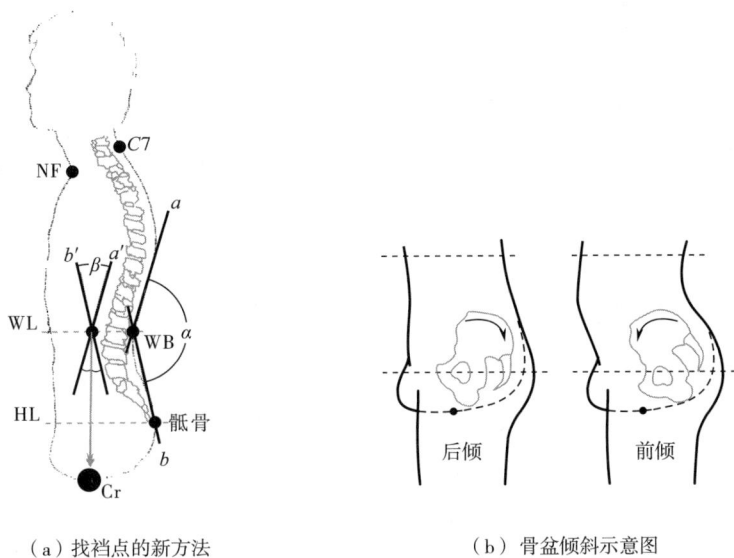

（a）找裆点的新方法

（b）骨盆倾斜示意图

后倾　　　　　　　前倾

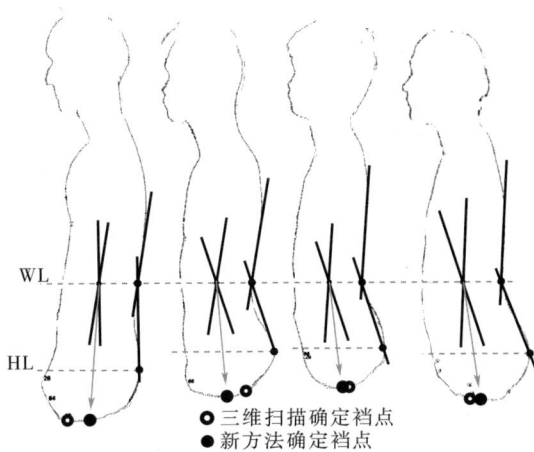

WL

HL

○ 三维扫描确定裆点
● 新方法确定裆点

（c）四个身体的裆点位置比较

图 3-10　从实际扫描的人体中取得的垂直截面示意图

征，例如生殖器的凸起、骶骨的凸出、上躯干（脊椎）的形态以及身高和轮廓厚度
（小或大）的差异。通过 Anthroscan 标识出的旧裆点位于生殖器或臀部附近，显示出
位置的不合理与随机性。而新的裆点（黑色）与机器定义的旧点（白色）之间存在
显著区别，新的裆点位置更加准确，未受到人体形状、男性生殖器和臀部凸起的
影响。

　　裆点作为一个重要的人体测量点，其识别问题由于这一敏感部位的测量标准而变
得复杂。该方法已在包含不同形态特征的人体数据库中逐一测试，结果表明其准确性
优于机器定位。这一方法结合了对人体形态学和医学科学的深刻理解，为未来内衣设
计提供了更为科学的依据。

一、通过裆部区域对轮廓截面进行参数化

为了系统地比较男性人体的截面轮廓特征，采用了两个轴作为重叠参考：水平方向的自然腰围线（WL）和垂直方向的裆点。通过从裆点（Cr）向下绘制垂直线，并将所有人体轮廓图的自然腰线汇集到同一水平线，实现了轮廓的统一重合。

如图 3-11 所示，展示了轮廓截面的切割部位。图 3-11（b）展示了如何切割扫描得到的人体模型，并找到中垂线以分隔下躯体轮廓，随后确定裆点并将多个截面进行重叠。

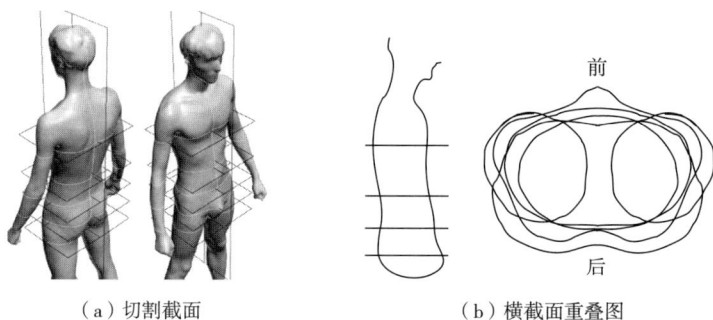

（a）切割截面　　　　　　　　（b）横截面重叠图

图 3-11　男性身体模型

通过这种方式，将所有轮廓截面连接在一起。图 3-12 展示了寻找平均截面的方法，以中国人的截面为例。

首先，从腰围线向下画了四条垂直的固定长度（浅灰色），直到裆点的水平线处：

至最大腹围（从侧面视角）水平的中位距离（第 50 百分位，$Q2$）（7.94 cm）；

至生殖器凸点水平的中位距离（26.45 cm）；

根据裆点垂直线的坐高 BR 长度的中位数（31.40 cm）；

至臀部凸点水平的中位距离（21.50 cm）。

其次，从后部垂直参考线向外画了六条水平的固定长度（深灰色）：

至自然腰线前（45.40 cm）和后（25.0 cm）的中位距离；

至最大腹围前（45.17 cm）和后（24.86 cm）的中位距离；

至生殖器凸起的中位距离（46.0 cm）；

至臀部凸起的中位距离（20.50 cm）。

依照上述步骤，能够在轮廓线上定义七个关键点，为中国男性躯体绘制平均截面轮廓［图3-12（a）］。同样的方法也应用于俄罗斯男性躯体，以绘制中位轮廓截面［图3-12（b）］。重叠后的轮廓截面特征则如图3-12（c）所示。

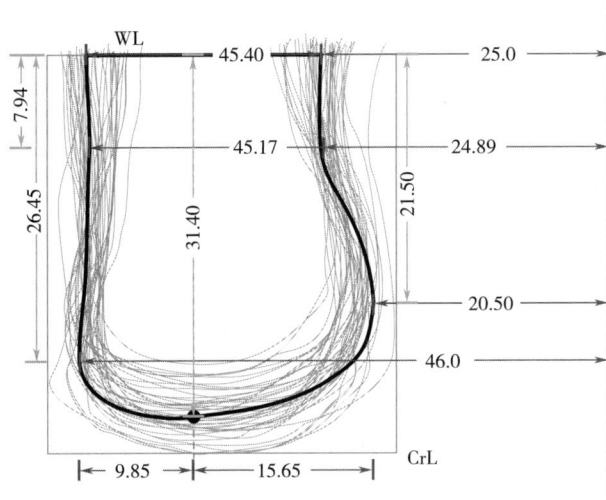

（a）中国人体轮廓

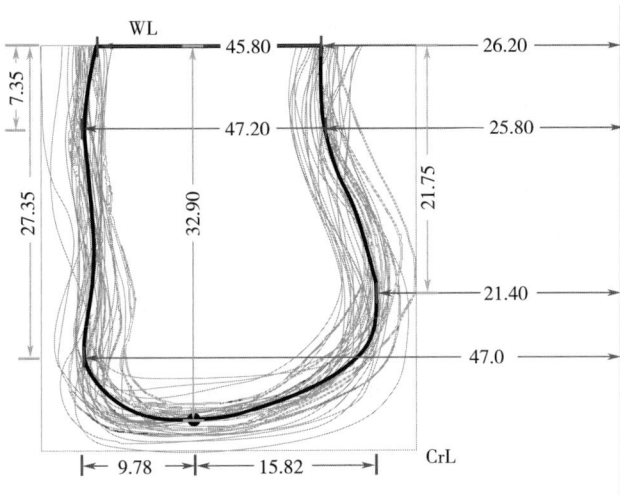

（b）俄罗斯人体轮廓

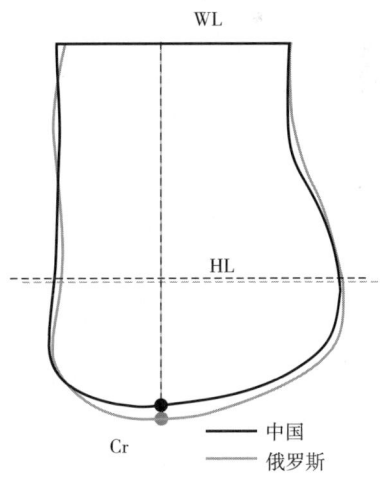

（c）中位轮廓截面对比

图3-12　下躯体的重叠轮廓截面

表3-1展示了从重叠的轮廓截面中测量得出的特征。在获得表3-1中的重叠轮廓图时，将腰围线作为顶部参考线，并将裆点对齐到垂直线上。观察到的差异 $D1$ 代表中国男性，$D2$ 则代表其他地域男性。

表 3-1 男性下躯体的截面及最大差异处　　　　单位：cm

重叠横截面	序号	差异所在位置	D1	D2
	1	自然腰部前部	6.9	2.4~8.6
	2	自然腰部后部	9.8	1.6~1.7
	3	臀凸点高度	11.5	3.0~10.8
	4	臀后部	4.7	4.5~4.9
	5	前裆凸起	5.4	5.6~8.3
	6	裆部凸点高度	8.1	5.6~10.8
	7	前裆峰高度	11.7	7.9~14.8
	8	自然腰与臀峰差值	1.1~8.8	3.2~9.1

可以明显看到，重叠的下躯体在多个对应部位之间存在显著差异，特别是前裆凸起与臀部凸起之间的高度差异。整体而言，基本的差异主要集中在第 3、5 和 7 号特征上，这些特征对具有提拉效果的压缩功能内衣的设计，以及对提拉臀部软组织与前裆生殖器的研究至关重要。

为了深入分析男性躯体的可塑型性与软组织受压效果，本章对多名未穿内衣（裸体）与穿着日常内衣的男性进行了测量。实验共招募了 20 名志愿者，并获得了书面许可进行裸体扫描。将男性前裆部视为一个圆形（或球体），并通过测量球体位移值来观测软组织的背提拉效果。测试结果显示，生殖器的平均提升距离为 2.1~8.8 cm，而臀部软组织的提升距离则为 0.2~1.1 cm。

二、基于现代内衣穿着需求的人体测量新方法

（一）人体下躯体测量新方法

为了改进男性内衣的结构制图，增加了新的人体测量数据。这些主要和附加的测量数据均源自下躯体，可以直接从扫描的人体模型中提取。如图 3-13 所示，WL 代表自然腰围水平线，WG 为腰围，WF 和 WB 分别是腰部前点和腰部后点；HL 是穿过臀部峰值的臀围水平线，HG 为臀围，HB 是臀部的后部凸点，GF 是生殖器的最凸点，CrL 是裆水平线，而 Cr 则是裆底点。

通过三维扫描仪获得下躯体的 14 个主要测量数据为男性内衣设计提供了数据基础。这些数据被分为三组，包括水平、垂直和弧形，展示了男性人体的曲线与长度的测量方案［图 3-13（a）］。

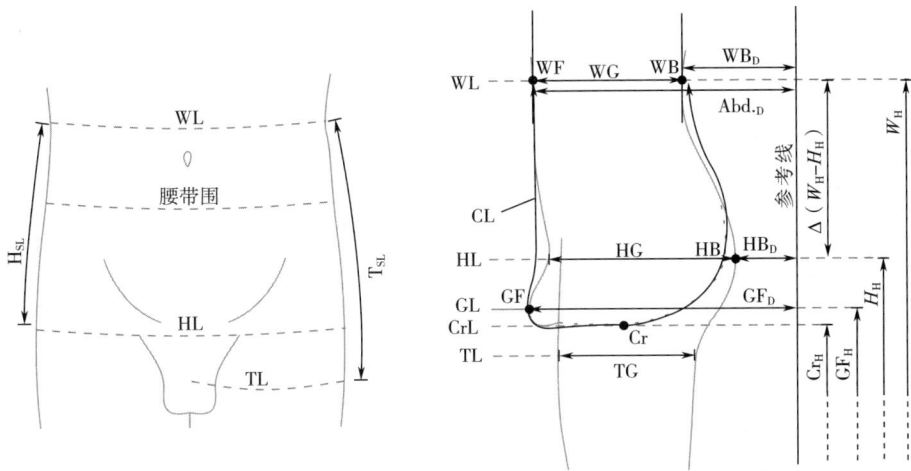

（a）主要的测量数据

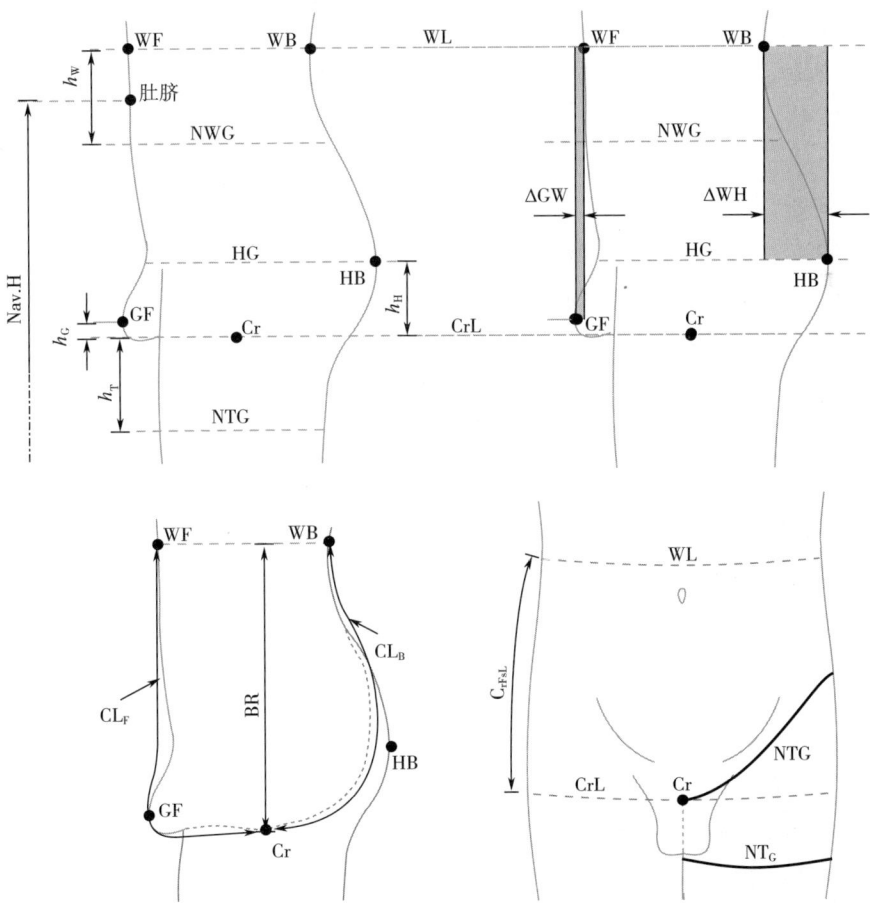

（b）附加的测量数据

图 3-13　身体测量数据的开发方案

1. 主要的水平测量数据

WB_D 为腰部后凹处到后垂直参考线的距离；

HB_D 为臀部最高点到后垂直参考线的距离；

GF_D 为生殖器凸起最高点到后垂直参考线的距离；

$Abd._D$ 为前腹部到后垂直参考线的距离。

2. 主要的垂直测量数据

$\Delta(W_H-H_H)$ 为自然腰围线到臀线的垂直距离；

H_H 为臀高；

W_H 为自然腰高。

3. 主要的弧形测量数据

CL 为从 WF 到 WB 并通过裆点的完整裆长，非常贴近身体测量；

WL 为从自然腰围到腰带的长度（前、侧和背），贴近身体测量；

H_{SL} 为从自然腰围到臀部水平的侧面长度，贴近身体测量；

T_{SL} 为从自然腰围到大腿水平的侧面长度，贴近身体测量。

如图 3-12（b）所示，为了描述男性人体的一些关键特征，列出了经过数据处理后计算出的 18 个附加的测量数据。这些附加测量数据已用缩写标记。

4. 附加的水平测量数据

$\Delta GW = GF_D - Abd._D$ 为腰前和生殖器凸起之间的差值；

$\Delta WH = WB_D - HB_D$ 为臀部凸点和腰后之间的差值；

$\Delta(H_G-W_G)$ 为臀围和自然腰围之间的差值；

NWG 为新的腰围，即腰带位于自然腰围线以下；

NT_G 为新的大腿围，内衣底部在水平和倾斜方向上的测量结果。

5. 附加的垂直测量数据

$Nav._H$ 为肚脐高度；

GF_H 为生殖器峰值高度，遵循穿戴习惯；

Cr_H 为裆部高度；

$BR = W_H - Cr_H$ 为自然腰线到裆部的距离；

$h_G = GF_H - Cr_H$ 为生殖器凸点与裆部的差异；

$h_T = Cr_H - T_H$ 为裆部与大腿新水平线（内衣底部）的差异；

$h_H = H_H - Cr_H$ 为臀部与裆部的差异；

$h_W = W_H - NW_H$ 为自然腰线到腰带水平的差异。

6. 附加的弧长测量数据

CL_F 为前裆长，从 WF 前到 Cr，穿过生殖器峰值；

CL_B 为后裆长，从 Cr 到 WB，穿过臀部中间凹槽；

Cr_{SL} 为腰到裆的侧长，腿内侧长度减外侧长度；

$\Delta F=CL_F-BR$ 为描述生殖器凸起的值；

$\Delta B=CL_B-BR$ 为描述臀部凸起的值。

在附加测量数据中，h_G 描述了生殖器根据个人穿戴习惯可能向上或向下移动的位置。ΔF 则是生殖器体积的定量特性。ΔGW 在水平方向上描述了男性生殖器的凸起程度（如图 3-13 中 GF 与 WF 处的灰色矩形的宽度）。统计结果表明，当腹部（腰部前侧）凸出大于生殖器凸出时，ΔGW 的值为负。而根据统计，25% 的被扫描男性 ΔGW 值为负（平均负值为 -0.68 cm），而 75% 的被扫描男性 ΔGW 值为正（平均正值为 0.80 cm）。

（二）新测量数据的统计分析

五个关键测量数据 NWG、h_W、h_G、ΔGW、ΔWH、NTG 可用于内衣设计和男性人体分类。以 WL 以下 8 cm 的 NWG 位置，以及 Cr（在 0°时）的 NTG 位置为例，具体细节将在后续章节中详细讨论。

首先，通过 SPSS 进行的可靠性分析显示，Cronbach 的 Alpha（α）为 0.86，所有数据在内部一致性的可靠性测试中均表现良好。其次，在 95% 的显著性水平上，经过样本关键相关系数的双变量分析，未发现所有数据之间存在强烈的相关性。

应用相关性分析方法，选择适用于内衣设计和男性人体分类的关键测量数据。对于样本量 $n=115$，重要的相关系数 $r=0.321$，并且在按照 Bolshev-Smirnov 统计手册的情况下，概率水平 $\alpha=99.9\%$（0.001）。为确保新的附加测量数据与主要测量数据独立，展示了表 3-2，其中包括新附加测量与主要测量之间的相关矩阵及其强关系的数量。结果显示，部分测量数据与主要测量数据存在显著相关性，这些数据通常基于优化和计算后的主要测量数据。在组合之前，需要对其他附加身体测量数据与主要测量数据的相关性进行仔细考虑。以新腰围 $NWG=-8$ cm 低于 WL 和 NT_G 水平位置为例。

表 3-2　新测量值和传统测量值之间的相关系数

新附加人体测量项目	相关系数r/p值										r强关系数量
	传统人体测量项目			新主要人体测量项目							
	WG	HG	CL	WB_D	HB_D	GF_D	$Abd._D$	$\Delta(W_H-H_H)$	H_{SL}	T_{SL}	
ΔGW	0.05	0.11	0.09	0.08	0.15	0.30	-0.06	0.13	-0.03	0.24	0
	0.67	0.28	0.39	0.46	0.14	0.00	0.55	0.23	0.51	0.88	0
ΔWH	0.07	0.08	-0.14	0.50	-0.42	-0.24	-0.22	-0.21	-0.12	-0.26	2
	0.51	0.48	0.19	0.00	0.02	0.03	0.05		0.49	0.11	2
$\Delta(H_G-W_G)$	-0.25	-0.01	0.03	0.26	0.26	0.16	0.13	0.24	0.16	-0.02	0
	0.01	0.89	0.81	0.01	0.13	0.22	0.01	0.03	0.38		0
ΔF	0.09	0.17	0.57	-0.13	0.13	0.42	0.36	-0.03	-0.22	-0.43	4
	0.41	0.09	0.00	0.20	0.74	0.00	0.78		0.22	0.01	3
ΔB	0.23	0.24	0.52	0.13	0.37	0.40	0.36	-0.11	0.19	-0.20	4
	0.09	0.17	0.00	0.01	0.00	0.00		0.28		0.26	4

新附加人体测量项目	相关系数 r/p 值										r强关系数量
	传统人体测量项目			新主要人体测量项目							
	WG	HG	CL	WB_D	HB_D	GF_D	$Abd._D$	$\Delta(W_H-H_H)$	H_{SL}	T_{SL}	
BR	0.32	0.49	0.22	0.14	0.29	0.28	0.25	0.34	0.29	0.14	2
	0.00	0.00	0.00	0.23	0.22	0.00	0.00	0.00	0.34	0.15	6
$Nav._H$	−0.05	0.16	0.41	0.22	0.36	0.14	0.13	0.40	0.19	0.32	3
	0.59	0.09	0.00	0.21	0.00	0.00	0.00	0.00	0.29	0.07	5
GF_H	−0.08	0.12	0.22	0.14	0.29	0.28	0.25	0.34	−0.07	0.16	1
	0.52	0.37	0.08	0.27	0.02	0.03	0.05	0.01	0.00	0.10	1
Cr_H	−0.05	0.16	0.20	−0.16	−0.04	0.19	0.15	−0.13	−0.03	0.51	0
	0.59	0.09	0.56	0.04	0.00	0.18	0.23		0.12	0.04	2
h_G	0.03	0.16	0.57	−0.14	−0.04	0.46	0.47	−0.03	−0.46	0.25	4
	0.84	0.23	0.05	0.17	.010	0.01	0.03	0.17	0.07	0.69	0
h_H	0.29	0.21	0.52	−0.27	−0.44	0.39	0.42	−0.11	−0.20	−0.21	4
	0.00	0.02	0.04	0.14	0.73	0.07	0.15	0.17	0.07	0.86	1
CL_F	0.06	0.20	0.94	−0.08	0.12	0.65	0.64	0.31	−0.05	0.05	3
	0.57	0.05	0.00	0.44	0.25	0.00	0.00	0.00	0.94	0.78	4
CL_B	0.17	0.26	0.94	−0.17	−0.15	0.63	0.63	0.26	0.09	0.09	3
	0.10	0.01	0.00	0.10	0.16	0.00	0.00	0.01	0.11	0.64	3
NWG（−8）	0.50	0.46	0.13	−0.16	−0.27	0.25	0.23	−0.06	−0.21	0.12	2
	0.00	0.00	0.24	0.29	0.02	0.01	0.02	0.85	0.90	0.39	2
NT_G（CrL，0°）	0.02	0.06	0.04	−0.09	−0.10	0.02	−0.05	0.07	0.03	0.10	0
	0.86	0.52	0.71	0.38	0.33	0.86	0.66	0.46	0.26	0.89	0

如 ΔGW、$\Delta(H_G-W_G)$、Cr_H、NT_G（CrL，0°）四个附加测量数据完全独立。这四个附加测量数据可以与任何主要测量数据结合，以创造出一种新的结构图设计方法。

表 3-2 中可以看到，一些测量数据与主要测量数据存在一些显著（强）相关性，因为其中一些是基于优化和计算后的主要测量数据。其余的附加身体测量数据与主要测量数据有强相关性，在组合之前需要更仔细地考虑。只有 ΔF 和 ΔB 两个测量数据与几个主要测量数据有四个显著相关性。

例如，测量项目 ΔB 与 CL、HB_D、GF_D、$Abd._D$ 都有显著相关性，而测量项目 ΔWH 与 WB_D 和 HB_D 有显著相关性，可以使用提到的两个测量数据——ΔB 和 ΔWH，它们代替许多其他测量数据进行人体分类和结构设计。而 h_H 有四个强关联，但显著性不足。

三、通过裆部区域对轮廓截面进行参数化

（一）腰部的新测量数据

现今，除了一些收腹功能性内衣外，日常内衣的腰带通常位于自然腰线（编号6510）以下，通常也在肚脐以下。因此，为每种身体类型设计处于任何舒适位置的腰带（编号6520），应了解自然腰围下的新腰围NWG（图3-14）。

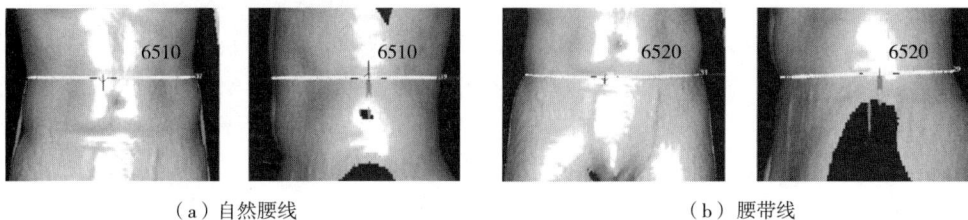

（a）自然腰线　　　　　　　　　　　　　　（b）腰带线

图3-14　腰部和新腰围位置

表3-3展示了在腰部区域采集的新附加测量数据。通过SPSS 22.0进行的Shapiro-Wilk（S-W）测试，$n=115$，$p>0.05$，以及Q-Q图这一有效的诊断工具，所有数据分布都接近线性，表明数据是正常的。因此，选择这四个测量数据来计算腰围以及腰围和臀围之间的差异。

表3-3　腰部测量统计1　　　　　　单位：cm

项目		主要人体测量值	附加人体测量值		
		WG	Cr_H	$Nav._H$	Δ (W_H-H_H)
描述统计	最小值	63.50	65.30	91.40	17.80
	最大值	93.30	90.90	117.40	26.0
	均值	76.24	77.50	102.57	21.51
	标准偏差	6.81	5.26	6.27	1.66
百分位数	Q_1	72.70	73.50	98.20	20.30
	Q_2	76.10	76.80	100.50	21.50
	Q_3	82.80	80.80	106.70	22.70
控制正态分布的统计		0.13	0.42	0.12	0.99

通过对消费者偏好进行分析可知，新腰围NWG与自然腰围WG之间的平均距离，依据个人偏好大约为7.7 cm（约在肚脐水平下方1.7 cm，$Nav._H$）。这一水平位于髂前上棘的前部和后顶部，将腰带置于此位置较好，这样腰部可以同时由两块骨头支撑，并提供良好的固定效果和舒适压力。

根据平均测量值发现，自然腰围到臀部的平均距离为21.5 cm，因此，选择从腰围

水平线 WL 到最低新腰围 NWG 的距离为 20.0 cm。本书将腰围 WG 到新腰围 NWG 之间的距离设为 h_W。然后以 1.0 cm 的间隔从扫描的身体中识别出这些横截面。图 3-15 展示了横截面的变化。

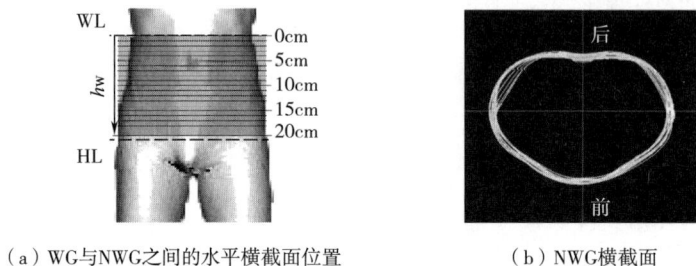

（a）WG 与 NWG 之间的水平横截面位置   （b）NWG 横截面

图 3-15　腰部的横截面

如图 3-15（b）所示，新腰围 NWG 大于腰围 WG，所有平均值呈现稳定增长趋势。当移到 20.0 cm（接近臀围水平线）时，四分位距（IQR）逐渐变小，标准差的平均值为 ±6.08 cm。基于平均值的线性趋势，发现了新腰围 NWG 和腰围 WG、h_W 之间的关系如式（3-1）、式（3-2）所示。

$$NWG = 0.02 \cdot h_{W^2} + 0.54 \cdot h_W + 75.37 \tag{3-1}$$

$$NWG = 0.02 \cdot h_{W^2} + 0.61 \cdot h_W - 0.55 + WG \tag{3-2}$$

式中，NWG 是新腰围，cm；h_W 是新腰围从自然腰围下降的距离，cm。当概率水平为 95% 时，相关系数 $r = 0.997$。

对于大多数年轻男性来说，以新腰围作为身体测量数据，而新腰围显著高于自然腰围，即使是体重较重的人也是如此。这些计算式可以更加精确地计算出内衣腰带尺寸。

随后，对内衣腰带的高度（位置）进行了测量，类似于 h_W。男性内衣的腰带在穿着时，前面、侧面和后面的高度是不同的，不是完全的水平围绕一周（图 3-16）。

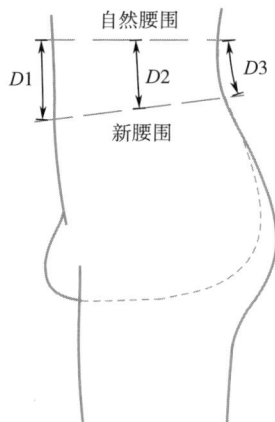

图 3-16　腰部与腰带之间距离的测量

在男性内衣结构设计中，也必须关注腰带位置这一细节，D1、D2 和 D3 是从自然腰围水平到真实内衣腰带处在前、侧、后位置的距离测量，取决于个人内衣。根据测量，自然腰围到腰带前端 D1 测量平均值为 6.2~13.0 cm，D2 为 5.8~10.2 cm，D3 为 5.6~8.4 cm。h_W 包括了 D1、D2 和 D3 三种数值的关系，即 $h_W =$（D1+D2+D3）/3的平均值。

通过 D1、D2 和 D3 距离的测量，可以发现男性喜欢哪种款式的腰带——大多数在前面较低，在后面较高。此外，从腰带（新腰线）到腰围测量的平均 h_W 在 6.5~10.8 cm。这些结果可以帮助在未来的设计中找到更加合适的腰带位置。

（二）前裆部的新测量数据

根据男性前裆部（生殖器）的身体特征，消费者在穿内衣时会遇到各种情况，例如由内衣的不同前裆片影响的生殖器区域的不同松紧程度。

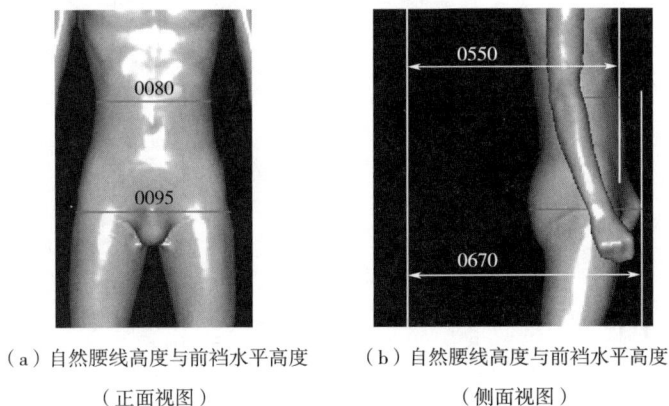

（a）自然腰线高度与前裆水平高度

（正面视图）

（b）自然腰线高度与前裆水平高度

（侧面视图）

图 3-17　前裆部测量数据

基于三维人体扫描正面和侧面视图（图 3-17），编号 0080 为自然腰线的高度（腰线到地面的垂直距离）；编号 0095 为生殖器水平的高度，基于前生殖器凸起的峰值点（峰值点到地面的垂直距离）；编号 0550 为腰部前端到后垂直参考线的距离（水平距离）；编号 0670 为前生殖器凸起峰值点到后垂直参考线的距离（水平距离）。

通过 SPSS 22.0 进行了 SW 测试和 Q-Q 图分析，$n = 115$，$p > 0.05$。表 3-4 展示了统计结果，并证实数据分布接近线性。因此，数据是正态的。

表 3-4　腰部测量统计 2　　　　　　　　　　　　　　单位：cm

项目		主要人体测量值			附加人体测量值			
		BR	Abd.$_D$	GF$_D$	h_G	CL$_F$	ΔGW	ΔF
描述统计	最小值	24.7	41.3	40.9	-4.4	35.1	-2.9	5.7
	最大值	35.4	52.3	52.7	8.7	48.1	2.8	13.6
	均值	31.51	46.01	46.82	3.13	40.51	0.49	9.41
	标准偏差	1.94	2.41	4.36	2.86	2.57	0.68	1.52

项目		主要人体测量值			附加人体测量值			
		BR	Abd.$_D$	GF$_D$	h_G	CL$_F$	ΔGW	ΔF
百分位数	Q_1	29.7	44.4	44.7	1.65	40.2	0	8.3
	Q_2	31.4	45.4	46	3.5	41.6	0.5	9.5
	Q_3	32.7	47.1	47.6	4.95	43.5	1.1	10.7
控制正态分布的统计		0.12	0.08	0.45	0.09	0.41	0.18	0.54

图 3-18 显示了从侧截面获得的前身体测量数据。可以使用它们来探究生殖器区域的特点，并找到一种描述分类和前部结构设计的新方法。

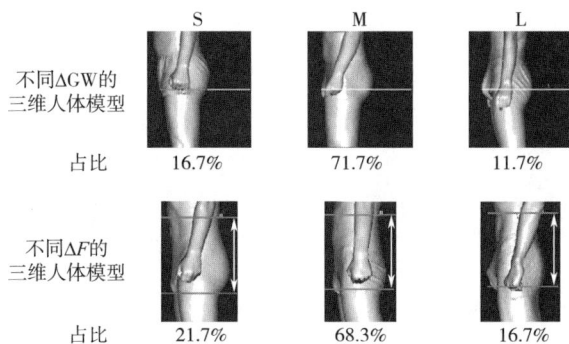

图 3-18　前部的身体样本与占比

（三）臀部的新测量数据

根据男性臀部的特征，消费者也会因内衣的不同构造（少缝或无缝）在臀部区域感受到不同的紧身感。不同的人体特征、人体运动（蹲下）和针织材料的属性会导致不舒适/舒适的感觉以及内衣后片的变形。

如图 3-19 所示，编号 0530 为从腰部后弧到后垂直参考线的距离（水平距离）；编号 0540 为从臀部后峰点到后垂直参考线的距离（水平距离）。图 3-20 显示了从侧截面获得的后身体测量数据，可以使用它们来研究臀凸特点。

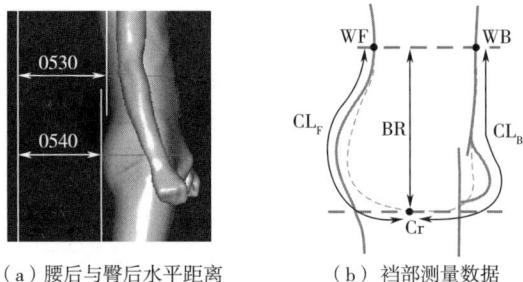

（a）腰后与臀后水平距离　　　　（b）裆部测量数据

图 3-19　臀部测量数据

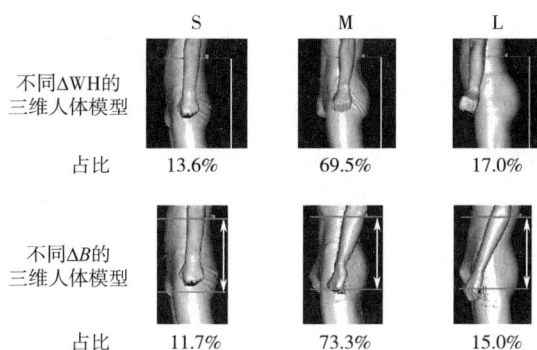

	S	M	L
不同ΔWH的三维人体模型			
占比	13.6%	69.5%	17.0%
不同ΔB的三维人体模型			
占比	11.7%	73.3%	15.0%

图 3-20 后部的身体样本与占比

表 3-5 展示了从侧面截面获取的背部测量数据。通过分析，SW 检验的 $p > 0.05$，表中的数据是符合正态分布的。

表 3-5 背部测量统计 单位：cm

主要人体测量值					
项目		H_G	WB_D	HB_D	H_H
描述统计	最小值	82.80	22.40	20.00	75.10
	最大值	114.10	31.00	25.80	99.40
	均值	94.24	25.08	21.24	86.56
	标准偏差	5.50	1.57	1.53	4.86
百分位数	Q_1	91.80	24.05	20.10	82.95
	Q_2	94.50	25.00	20.50	86.90
	Q_3	97.90	26.00	21.75	89.95
控制正态分布的统计		0.11	0.05	0.05	0.24
附加人体测量值					
项目		CL_B	h_H	ΔWH	ΔB	$\Delta (H_G - W_G)$
描述统计	最小值	34.10	4.00	1.10	3.60	8.40
	最大值	45.8	13.20	8.80	14.50	28.50
	均值	38.69	9.59	3.88	7.59	18.00
	标准偏差	2.20	1.73	1.15	1.46	4.26
百分位数	Q_1	37.90	8.30	2.70	6.40	14.35
	Q_2	39.90	9.60	4.10	7.50	17.65
	Q_3	41.70	10.75	4.85	8.60	20.80
控制正态分布的统计		0.81	0.13	0.15	0.10	0.40

附加数据 ΔB 是臀部（HB）和 WB 凸出部分的定量参数。ΔWH 是描述臀部水平凸出的参数，不存在负值。ΔWH 为臀部凸出的值，或骶骨的凸出形态和臀部软组织的脂肪体积。

（四）大腿根部的新测量数据

内衣的裤口有多种造型与定位。因此，为了设计贴合大腿的内衣裤口，应该分析整个大腿部分的围度——新大腿围 NTG。

裤口的角度和位置将影响下摆围度和内衣的风格，图 3-21 展示了六种男性内衣。可以看到，裤口有不同的高度/角度。本书标记了位于臀围水平线 HL 和裆水平线 CrL 上的一些重要点，如在臀围水平线 HL 上的点 a，内衣裤口线上的点 b，裆点水平线 CrL 上的点 c。

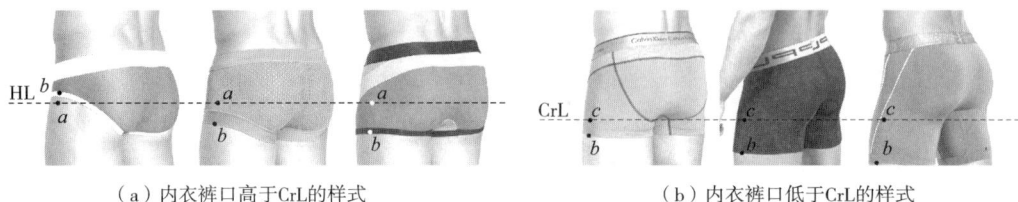

| （a）内衣裤口高于CrL的样式 | （b）内衣裤口低于CrL的样式 |

图 3-21　六种男性内衣

图 3-21（a）展示了第一种情况，即内衣裤口位于裆水平线 CrL 之上。这种情况包括不同位置的点 b（三角裤和平角裤），不同的裤口围度和倾斜度，以及侧缝的不同长度。图 3-21（b）展示了第二种情况，即内衣裤口位于裆水平线 CrL 之下。这种情况裤口中点 b 的不同位置代表了各种压缩功能平角裤（从短到长）的风格。

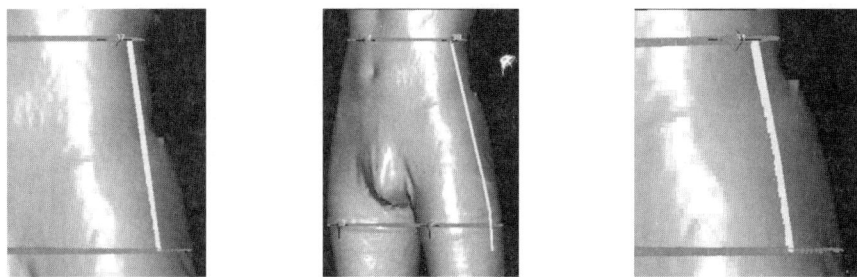

| （a）腰部至臀部左侧高度7010 | （b）腰部至臀部/大腿左侧高度7020 | （c）腰带至臀部左侧高度7015 |

图 3-22　人体侧线测量

图 3-22 展示了从腰部前端到臀部和大腿，以及从腰带到臀部的侧面长度。

表 3-6 和图 3-23 展示了在不同情况下大腿特征的测量方法。通过分析，S—W 检验的 $p>0.05$，数据是正常的。此外，为了分析第一种情况的下摆位置，需要斜向测量大腿围，从扫描的身体中找到了斜向大腿横截面。图 3-23（a）展示了如何从 0°～60° 每隔 5° 切割大腿的斜向截面。

表 3-6　裤口测量统计　　　　　　　　　　　　　　　　单位：cm

项目		主要人体测量值			附加人体测量值
		T_G	H_{SL}	T_{SL}	Cr_{SL}
描述统计	最小值	44.60	19.80	30.30	27.95
	最大值	66.70	26.00	40.60	35.95
	均值	54.18	22.52	35.10	32.33
	标准偏差	4.01	1.60	2.52	2.10

项目		主要人体测量值			附加人体测量值
		T_G	H_{SL}	T_{SL}	Cr_{SL}
百分位数	Q_1	53.13	21.00	32.08	28.40
	Q_2	55.25	22.05	36.30	33.80
	Q_3	58.03	23.40	40.20	34.00
控制正态分布的统计		0.15	0.40	0.85	0.77

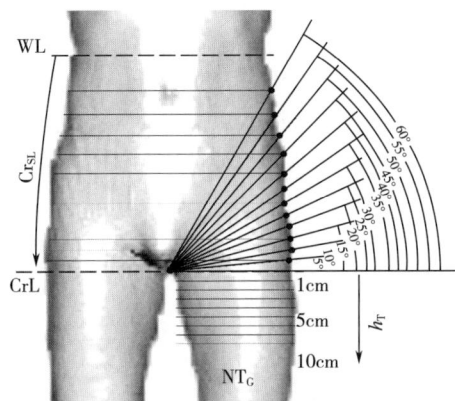

（a）不同角度的大腿切割

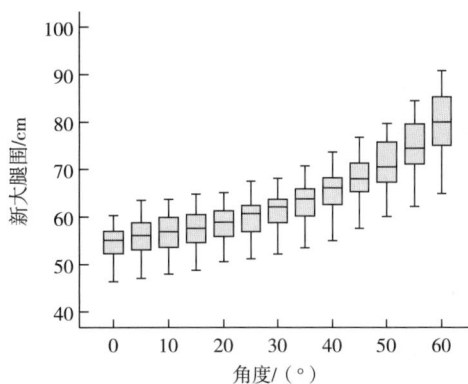

（b）角度和NTG长度关系

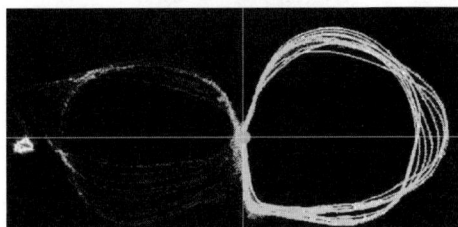

（c）大腿角度截面轮廓

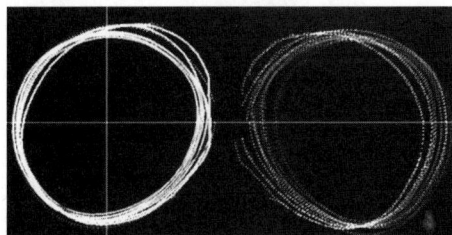

（d）大腿水平截面轮廓

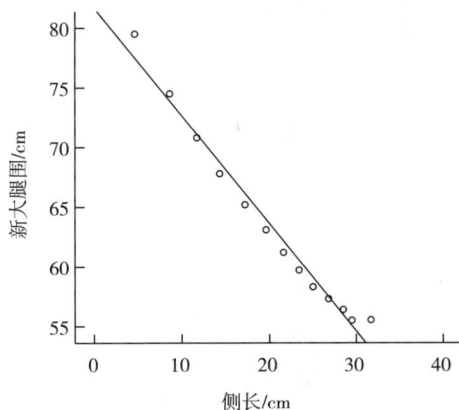

（e）侧长和NTG长度关系

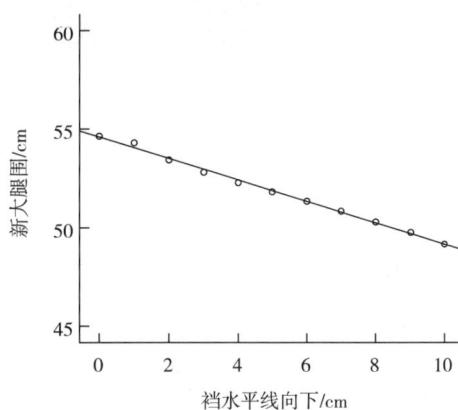

（f）h_T和NTG长度关系

图3-23 人体大腿截面轮廓测量

图 3-23（a）切割的顶点尽可能靠近裆点，作水平线为 0°起始线。当角度大于 60° 时，它使内衣的倾斜线位置高于髂嵴并接近腰围水平线 WL，将 60°作为最大角度。然而，从 0°~60°的每一个角度都与身体轮廓有交叉点 [图 3-23（a）]。因此，可以测量从腰围水平线 WL 到背面轮廓每个交叉点的侧长 SL。

图 3-23（a）也展示了第二种情况的裤口，即裤口低于 CrL。对于这种款式的内衣，裤口设计需要尽量水平。因此，从 0~10 cm（h_T）沿大腿每 1.0 cm 下降截取横截面。图 3-23（b）显示了切割角度与 NTG 之间的关系，NTG 的平均值逐渐增加。图 3-23（c）展示了从自然腰线测量到 CrL 的侧长度。为了使内衣下摆根据针织材料的不同拉伸和回复特性紧贴大腿，需要向 NTG 添加一个负松量。

SL 与 NTG 之间的线性关系显著为负，相关系数为 -0.989，p 值为 0.000。图 3-23（d）展示了水平横截面围度 NTG 与 h_T 之间的关系。相关系数为 -0.998，p 值为 0.000，线性关系显著为负，且拟合度高。并得到用于计算裤口斜向围度和水平围度 NTG 的方程式（3-3）、式（3-4）：

$$NTG = 81.64 - 0.89 \cdot SL \tag{3-3}$$

$$NTG = 54.59 - 0.54 \cdot h_T \tag{3-4}$$

式中，NTG 是在自然大腿水平线以下或以上测量的新大腿围，cm；SL 是从自然腰部测量的侧缝长度，cm；h_T 是 NTG 在 CrL 以下的范围，cm。

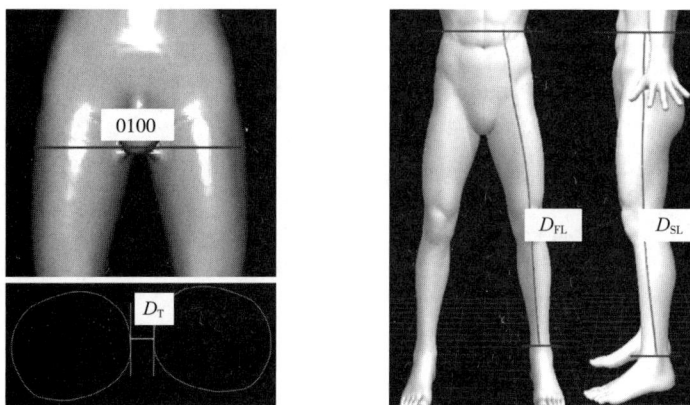

（a）裆部水平横截面与大腿间裆距离　　　　（b）腿侧长测量 D_{FL}、D_{SL}

图 3-24　男性大腿的测量数据

图 3-24（a）也展示了两大腿内侧之间的距离，这是在图 3-1（b）中提到的距离。在裆部水平切割了这些大腿横截面。裆部水平时左右大腿之间的平均距离为 D_T = 2.38±0.51 cm，范围是 1.5~3.9 cm。

此外，D_{FL} 是从腰部到前脚踝的长度，D_{SL} 是从腰部到侧脚踝的长度 [图 3-24（b）]，这两个值用于通过式（3-5）计算腰带前侧和侧面的平衡值 Δ_{WB}，该值等于从自然腰围线到脚踝测量的前高和侧高之间的差值。

$$\Delta_{WB} = \left| (D_{FL} - D_{SL}) \cdot [(16 - h_W)/16] \right| \tag{3-5}$$

一、男性下躯体的分类方法

（一）分类方案的初步确定

为了满足男性对内衣的多样化需求，提出了一种更为细致的分类方案。该方案基于本节前述的分析，旨在创建一个更为精准的男性体型分类系统。

首先，将基础尺寸定义为第一级分类，以便快速识别男性人体的基本体型。第一级分类基于腰围（WG）和臀围（HG），直观地将下躯体划分为瘦小体型（S）、中等体型（M）和肥胖体型（L）。此外，对于特大号的腰围WG，标记为"L*"和"L**"，以便识别超重男性的体型选项。

第二级分类则包括描述男性人体特征的关键测量数据，并通过标记"*"的第四阶段和第六阶段进一步细化该分类（表3-7），为结构图设计和更详细的分类提供支持。

在第一级的第一阶段中，基于臀围HG的范围（82.80～114.10 cm，平均值是94.24 cm，四分位数是 $Q1 = 91.65$ cm，$Q2 = 94.10$ cm，$Q3 = 97.75$ cm，标准偏差为5.50 cm）对中型人体进行分类。经 SPSS 22.0 的频率测试，确定的中型区间为92～98 cm，因此设置内衣的中号型（M）为94 cm。

在第一级的第二阶段中，Δ（HG-WG）范围是17.80～26.0 cm，四分位数是 $Q1 = 14.35$ cm，$Q2 = 17.65$ cm，$Q3 = 20.80$ cm。男性中等身体类型的区间是14～21 cm，设置内衣的中号型（M）为18 cm。

通过观察发现腰部和臀部横截面的配置，以及前裆部与臀部之间的比例（包括腹部或臀部的软组织）之间存在显著差异。臀部与腰部之间的比例多样性反映了下躯体的轮廓。因此，本书选择 Δ（HG-WG）作为第一级的第二阶段。

在第二级的第三阶段中，ΔF 范围是5.70～13.60 cm，四分位数是 $Q1 = 8.30$ cm，$Q2 = 9.50$ cm，$Q3 = 10.70$ cm。男性中等身体类型的区间是8.3～10.7 cm，设置内衣的中号型（M）为9.5 cm。

在第二级的第四阶段中，ΔGW 范围是-2.90～2.80 cm，四分位数是 $Q1 = 0.00$ cm，$Q2 = 0.50$ cm，$Q3 = 1.10$ cm，男性人体中间类型的区间是0.0～1.1 cm。本书推荐小号（S）内衣的适用范围是0～0.5 cm，中号（M）为0.5～1.5 cm，大号（L）为大于1.5 cm。当 ΔGW 尺寸增大时，前裆袋的体积也相应增大，而日常内衣通常在小于3 cm 的范围内即可为生殖器提供舒适的压力与空间，且不显得松弛。

第二级的第五阶段中，ΔB 范围是 3.60～14.50 cm，四分位数是 $Q1 = 6.40$ cm，$Q2 = 7.50$ cm，$Q3 = 8.60$ cm，男性人体中间类型的区间是 6.4～8.6 cm，设置内衣的中号型（M）为 7.5 cm。

第二级的第六阶段中，ΔWH 范围是 1.10～8.80 cm，四分位数是 $Q1 = 2.70$ cm，$Q2 = 4.10$ cm，$Q3 = 4.85$ cm。男性人体中间类型的区间是 2.7～4.9 cm，设置内衣的中号型（M）为 4.1 cm。

图 3-25（a）展示了具有相似腰围和臀围的扫描男性臀和腰的截面轮廓重叠图。图 3-25（b）展示了男性人体新分类侧视图。图 3-26 展示了新分类的身体样本案例。

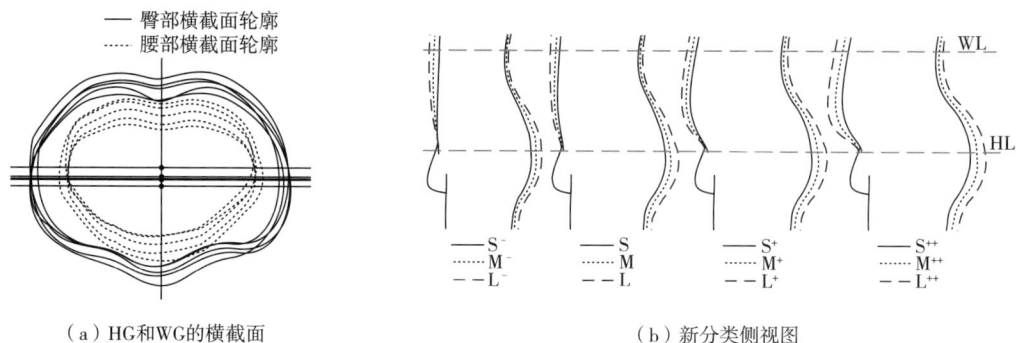

（a）HG和WG的横截面　　　　　　　　　　（b）新分类侧视图

图 3-25　男性下躯体分类

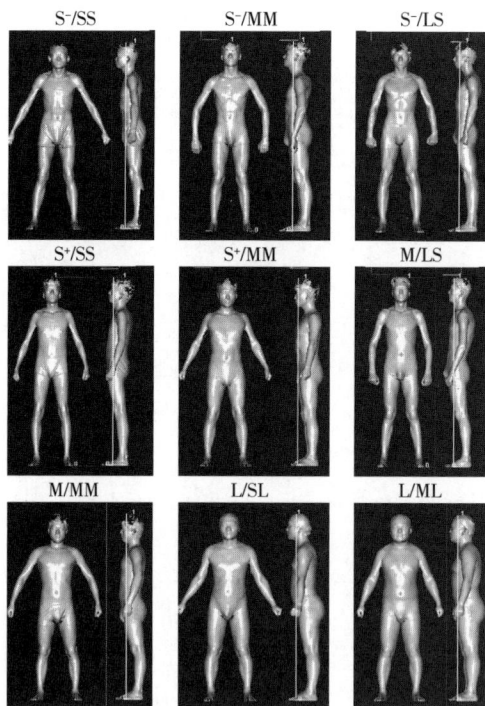

图 3-26　不同号型的男性人体

（二）分类方案的具体细节定义

为实现上述分类方案，需深入分析图 3-13（a）中的一些关键测量数据，如 WG、HG、GF_D 和 WB_D，随后再分析图 3-13（b）中的 BR、ΔF、ΔGW 等数据。

例如，如果人体的臀围较小，且 Δ（HG−WG）>21 cm，则可以标记为 S^-；如果人体的臀围处于中间等，且 Δ（HG−WG）在 14~21 cm 的范围内，则可以标记为 M；对于人体臀围较大但接近于腰围 WG（差异为 0~14 cm）或小于腰围 WG 的情况，将被标记为 L^+ 或 L^{++}。

第一级包括了两个阶段。在识别第一阶段时，需要测量臀围 HG 与腰围 WG。基于臀围 HG 的值，可将身体分类为 S、M、L 类型，分别对应小于 92 cm、92~98 cm 及大于 98 cm 的范围。计算差值 Δ（HG−WG）后，使用标记 "++" 描述特大号型的腰围 WG；对较大号型的腰围 WG 使用 "+" 标记；对中间值（典型 WG 尺寸）不做标记；而对于特别小号型的 WG，则用 "−" 标记。

第二级则描述男性下躯体的形态，涵盖前裆部和臀部的相关指标。需要注意的是，第二级必须用四个值来处理。第二级中包含四个阶段，其中 ΔF 定义了男性生殖器与下腹部（是否有较多脂肪）的尺寸，ΔB 则描述臀部的尺寸，后续会结合 ΔGW（详细描述男性生殖器与腰部前凸的差异）和 ΔWH（详细描述臀部凸起与腰部后凹的差异），以 S、M 和 L 来定义前后特征尺寸。

第三阶段与第四阶段涉及身体前部的形态，需使用 ΔF 和 ΔGW 来识别 S、M 和 L 类型。例如，若男性的 $\Delta GW = -0.1$ cm 且 $\Delta F = 7.5$ cm，则可标记为 S。

第五阶段和第六阶段则聚焦于臀部形状，使用 ΔB 和 ΔWH 来选择 S、M、L 类型。在特定情况下，当第三、第四、第五和第六阶段的测量数据不完全匹配同一区间时，若 ΔF（或 ΔB）属于 S 类型，而 ΔGW（或 ΔWH）属于 M 类型，将遵循第三子阶段 ΔF（或第五子阶段 ΔB）优先的原则进行定义。

基于上述尺寸方案，能够将下躯体和内衣标记为——S^+/SS 或 M^-/LM 等样式。这种标记方式能够更直观地识别内衣类型及其细节特征。S^+ 或 M^- 基于腰围 WG 和臀围 HG 来描述男性人体的总体基础型，SS 或 LM 用来描述前裆部（ΔF，ΔGW）和臀部（ΔB，ΔWH）的特征。

根据统计，总共有 108 种新的下躯体类型（分类）$108 = C_{12}^1 \cdot C_3^1 \cdot C_3^1$。

二、内衣设计中新测量方案的应用

在这个新的结构设计方案中，所有结构线都需要依赖传统和新人体测量数据，所有细节在科学实验后都有理论支持。这种基于围度和差异的身体类型分类新方法更好地表达了主要的身体特征（图 3-27）。

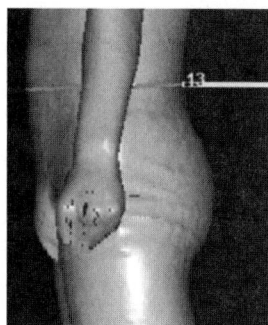
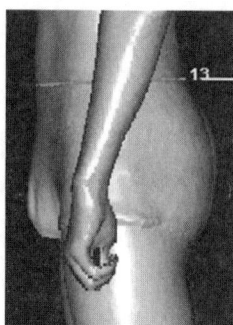
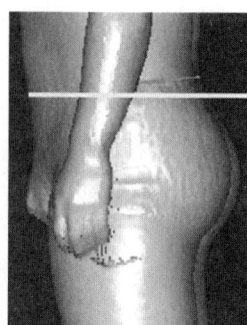

H: 179.3	ΔF: 6.5
HG: 88.7	ΔGW: −0.1
Δ(HG−WG): 10.7	ΔB: 5.9
	ΔWH: 2.0

扫描人体一

H: 186.5	ΔF: 10.6
HG: 94.1	ΔGW: 1.7
Δ(HG−WG): 21.2	ΔB: 6.4
	ΔWH: 5.6

扫描人体二

H: 183.2	ΔF: 10.8
HG: 110.9	ΔGW: 0.5
Δ(HG−WG): 20.5	ΔB: 9.4
	ΔWH: 6.0

扫描人体三

图 3-27 男性下躯体的新分类法案例（单位： cm）

表 3-7 男性下躯体的新分类法 单位：cm

主要型	次要型与计算式	区间				标准偏差
		S（小）	M（中）	L（大）		
第一级	第一阶段，HG	< 92	92~98	> 98		5.5
	第二阶段，Δ(HG−WG)	>21 小 WG 标记−	14~21	0~14 大 WG 标记+	< 0 超大 WG 标记++	4.3
第二级	第三阶段，$\Delta F = CL_F - BR$	< 8.3	8.3~10.7	> 10.7		1.5
	第四阶段，$\Delta GW = GF_D - Abd._D$	< 0	0~1.1	> 1.1		0.7
	第五阶段，$\Delta B = CL_B - BR$	< 6.4	6.4~8.6	> 8.6		1.5
	第六阶段，$\Delta WH = WB_D - HB_D$	< 2.7	2.7~4.9	> 4.9		1.5
占比/%		12~20	64~73	11~17		—

例如，从表 3-7 中可以看到，男性生殖器的凸起 ΔF 呈现出明显的差异，并且其大小依次增大排列。尽管扫描人体一（S⁺/SS）和扫描人体二（M⁻/LM）在侧面形象上展现出瘦长的特征，但在生殖器凸起的具体测量上，二者存在显著差异。具体而言，扫描人体一的腹部凸起与扫描人体三的表现相似，而扫描人体二（M⁻/LM）的测量数据显示，其臀围 HG 为中等尺寸，腰围 WG 则较小，生殖器的凸起尺寸 ΔF 在 8.3~10.7 cm。值得注意的是，尽管生殖器的凸起尺寸 ΔGW 大于 1.1 cm，但仍被定义为 L 类别。此外，扫描人体二的臀部尺寸也属于中等范围，具体为 6.4~8.6 cm，并且其凸起大小超过 4.9 cm，因此被定义为 M 类别。这样的分类不仅有助于理解不同男性体型之间的差异，也为内衣设计和功能性产品的开发提供了重要的参考依据。

本章旨在深入探讨男性内衣设计与人体形态之间的紧密联系，展示如何运用新的人体测量数据来推动大规模生产与个性化定制的进程。建立了男性下肢的分类体系，并阐明了在结构设计中应用这些数据的有效策略。

本章介绍了一种新的人体尺寸测量方法，重点分析了腰围 WG 与新腰围 NWG 之间的显著差异，以及 NWG 的降低位置与裤口类型及新大腿围 NTG 之间的关系。内衣的裤口线通常受侧缝线和内缝线的制约，其尺寸调整则需考虑 NWG、HG、ΔWH 等因素。此外，鉴于内衣裤口的易变形性，建议在结构设计中设置裤口长度为实际测量值的负松量，以确保良好的紧身效果。

本章还提出了一种新的档点 Cr 定位方法，允许对男性下肢的物理特征进行参数化分析。基于这一新定位，将男性下肢的形态特征分类为不同组别，为内衣设计提供了更为科学的依据。同时，提出了选择内衣结构关键部分的建议，有助于内衣结构的设计。新的数据库将促进更为细致的男性内衣分类与标签，使消费者在选择内衣时更加简洁明了。设计师可以依据腰围 WG 及附加测量数据，绘制内衣的基础结构，以实现个性化定制和大规模生产。

例如，基于坐高（BR 值，平均值为 31.4 cm）绘制垂直参考线，利用 h_W 和 h_H 定义新腰围（NWG）与臀围（HG），并计算前后尺寸。随后，沿着档长（CrL）的延长线在后片和前片绘制 ΔWH ［中值为（4.1 ± 1.5）cm］，以确保档部凸起的坐标符合 h_G 和 ΔGW 的要求。

对于典型的男性人体，直接测量身体尺寸的过程相对简单。而在内衣的批量生产中，也需要简化新方法的计算与应用，细节将在第五章中进一步展示。通过这一系列方法和分析，期待推动男性内衣设计的科学化与个性化，为消费者提供更高质量的穿着体验。

展望未来，数字化技术在服饰设计中的应用将不断深入，随着三维扫描技术的进步和数据分析能力的提升，将能够获得更加精确的人体测量数据。这不仅会推动内衣设计的个性化和定制化发展，还将推动整个服装行业向智能化、自动化方向迈进。

基于个体的三维人体数据，未来的内衣设计将更加注重消费者的个性化需求。通过建立数据库，设计师可以根据不同消费者的身体特征，提供量身定制的产品。这种趋势不仅适用于内衣，也可以扩展到其他服饰领域，满足消费者对舒适性和时尚性的双重追求。数字技术的三维人体研究为内衣设计提供了新的视角和方法，推动了个性化、智能化和可持续发展的趋势。

第三章 基于三维人体的个性化分类体系

第四章

基于生理、心理因素的现代男性内衣性能研究现代男性内衣的设计与发展的核心在于其生理和心理舒适性的双重考量。服装的压力舒适性不仅源于生理因素，还受到心理因素的显著影响。因此，在研究服装压力舒适性时，可以将评价方法分为主观评价和客观评价两类。

紧身服装依靠材料的弹性紧贴人体表面，产生较大的表面接触压力。这种接触压力在提供支撑的同时，也可能导致不适感，特别是在长时间穿着的情况下。男性内衣种类繁多，即使在相同尺码下，不同的功能类型、针织材料以及个体体型的差异，都会在穿着后表现出不同的形状和松紧度，从而对人体施加不同的压力。因此，研究男性内衣的舒适性成为一项不可或缺的课题。

服装压力对人体的生理和心理有多种影响，因而成为服装学、人体工程学以及卫生学中的重要研究内容。亚洲、欧洲和非洲人在软组织对压力的敏感性上可能存在显著差异，本章专注于亚洲人的体型。过去，科研人员已对静态姿势下内衣与紧身服的舒适度进行了探讨，部分研究关注了贴身内衣和紧身袜中的压力，并界定了不适感的阈值。

根据对中国、俄罗斯及全球市场现代男性内衣的分析，参考相关文献绘制了各种结构图，详细描述了功能特性和软组织上合理的压力分布情况。分析了平角内裤的结构线变化及其合理的压力范围（小于 3.19 kPa）。前裆片的设计旨在提供更好的提拉效果，尤其在运动时，当宽度和长度较小时，能显著增强塑型效果。外侧接缝的位置可根据设计需求进行调整，缝线的方向与身体的动态形态适配。

心理因素在服装舒适性中的作用同样重要。穿着者的心理感受会影响他们对服装舒适性的评价。研究显示，个体的自信心、对身体形象的认知和社会文化背景都会影响他们对内衣的选择和使用体验。舒适的内衣不仅能够提升穿着者的自信心，还能增强其在社交场合的表现。

此外，内衣的设计风格、颜色和品牌认同感等心理因素也会在潜移默化中影响穿着者的心理体验。比如，一款时尚且设计独特的内衣可能会让穿着者感到更加自信和愉悦，而一款看似传统的内衣则可能导致穿着者感到单调和乏味。

本章的测量环节分为三个阶段。为深入探讨现代男性内衣的生理和心理指标，采用了多阶段的方法进行测量与分析。

第一阶段旨在为后期的人体实验提供初步准备和可行性测试。通过创建软体人体模型，在实验室环境中模拟真实的穿着体验，并收集相关的压力分布数据。

在第二阶段，建立了一套新材料与内衣压力的客观评价标准体系，旨在取代传统的主观评价方法。通过使用高精度的压力测量仪器，获得更为准确和可靠的压力分布数据，进而分析不同内衣设计对压力的影响。

在第三阶段，将理论模型与实际应用相结合，设计并验证该理论在降低生产成本和提升内衣舒适性评价效率方面的可行性。通过对市场上不同款式内衣的压力数据进行分析，能够为内衣设计提供科学依据，帮助制造商优化产品，提升顾客满意度。

以往的研究多集中于欧美人群，而对亚洲人群的研究相对较少。因此，本章的研究不仅填补了这一空白，还特别关注亚洲人的体型特征，为男性内衣的设计提供了更具针对性的建议。

根据对中国、俄罗斯及全球市场现代男性内衣的分析，本书绘制了各种结构图，详细描述了功能特性和软组织上合理的压力分布情况。特别是对平角内裤的结构线变化进行了深入分析，提出了合理的压力范围（小于 3.19 kPa），并探讨了前裆片设计的优化方向，以实现更好的提拉效果。

综上所述，现代男性内衣的生理、心理指标研究是一个多维度的课题，涉及材料选择、设计理念和穿着体验等多个方面。通过综合考虑生理和心理因素，能够更好地理解和满足男性消费者的需求，从而推动内衣行业的创新与发展。

第二节	针织材料的力学性能与压缩特性

一、生理指标与针织材料的压缩力测量

（一）针织材料的主要性能指标

在材料选择上，采用具有优良弹性的针织材料是关键。这类材料能够在运动过程中保持适度的紧致感，减少摩擦和不适感。此外，材料的透气性和吸湿性也是影响生理舒适性的因素。在高温或剧烈运动的情况下，透气性良好的材料能够有效排出汗水，降低皮肤表面的湿度，从而避免因汗液积聚而导致的皮肤问题。

针对中国男性内衣市场，对纤维与纱线成分及编织结构进行了调研，涉及武汉某针织企业提供的 10 种常见针织材料（图 4-1），此外还有 8 种针织材料来自俄罗斯某企业。根据初步观察，依据针织材料的仪器检测性能和手感特性将其分为 4 组：

（1）厚度：5 种针织材料相对较厚（厚度为 0.9~1.2 mm），10 种材料较薄（厚度为 0.4~0.8 mm）。

（2）手感：7 种针织材料轻盈柔软，9 种材料极具弹性且光滑，3 种材料由于编织结构的原因，相对弹性较小且手感粗糙。

（3）每平方米重量：图 4-1 展示了材料的每平方米重量分布情况。可以看到，每平方米重量在 160~200 g 的材料数量最多，共有 12 种。

（4）结构：针织材料的结构包括纬编和经编。纬编，即平纹针织（单面和双面）

和罗纹针织（单面和双面）；经编，即双面针织（interlock knit）和珠地网眼针织（pique knit）。

图4-1展示了几种材料处于平滑和褶皱状态下的表面，这体现了它们的形状稳定性。

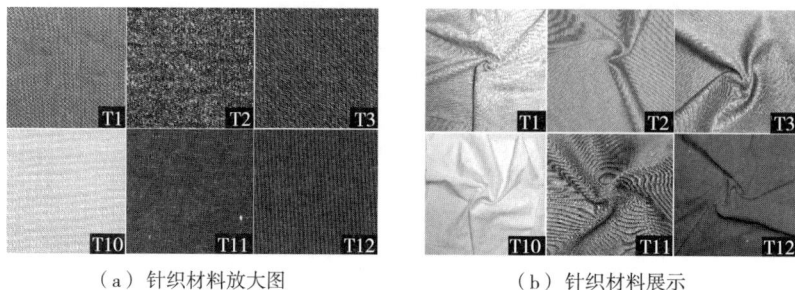

（a）针织材料放大图　　　　　　（b）针织材料展示

图4-1　针织材料样本

大多数针织材料由兰精莫代尔制成（50~80英支，数值越高表示纱线重量越轻，纱线越细）、黏胶纤维和精梳棉（纱线细度40~80英支），并与氨纶（20旦）混纺。

（二）客观生理测试与压力测量仪器

从生理角度来看，服装对人体产生的压力与舒适性密切相关。压力的合理分布不仅影响到穿着者的身体感受，还可能影响到血液循环和神经系统的功能。例如，过紧的内衣可能会导致血液循环不畅，进而引发麻木、刺痛等不适感。相反，合适的压力能够提供必要的支撑，增强运动时的表现。

在压力测量方面通常选用日本AMI-TECHNO 3037-10气囊压力仪，并配合使用具有良好灵活度和高精度的美国Tekscan® FlexiForce® A201系列传感器进行客观压力试验。AMI系统由气囊式传感器、主机及其他附件组成，能够实时检测压力数值，利用接触方式实现微小穿戴压力的测量，具有高重复性和高精度的特点，并可根据需要进行连续数据测量与分析。气囊式压力传感器通过与人体和织物的直接接触，获取实时的压力数据，因而被广泛应用。该传感器采用柔软的高分子无拉伸材料制成，能够紧密贴合人体腿部，并准确反映服装穿着时与人体之间的实际状态。

该设备的感压组件为直径10 mm的气囊，精度可达0.01 kPa。当气囊受到服装压力作用时，其中的压缩空气通过细小管道传送至压力指示器，输出的电信号则代表设备内部空气与外界大气之间的压力差异，从而直观地显示服装所产生的压力大小。

FlexiForce可通过与配备八个传感器的记录计算机系统连接来测量压力（图4-2）。其长度为197 mm，厚度为0.20 mm，传感器感应范围直径为9.53 mm，采集感应面积为70 mm^2，压力采集范围为0~4.4 N，测量误差小于3%。A201传感器具有薄如纸的结构。其弯曲性能可用于测量两个表面以及人体特殊或小部位之间的压力。A201不会影响服装的穿着，并且不受环境影响。与其他薄膜力传感器产品相比，A201具有更好的线性度、滞后性、偏移性、温度敏感性和表面特性。通过不同的权重对该传感器进行了调整，使其适用于测量针织材料对人体柔软部位的压力，以确保测试精度。

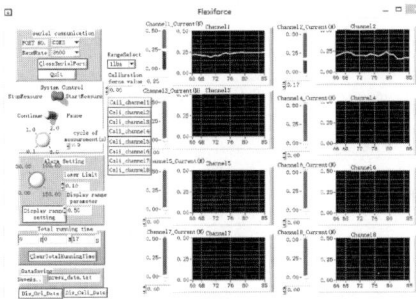

（a）FlexiForce压力数据采集系统窗口　　　　　　（b）AMI数据采集系统

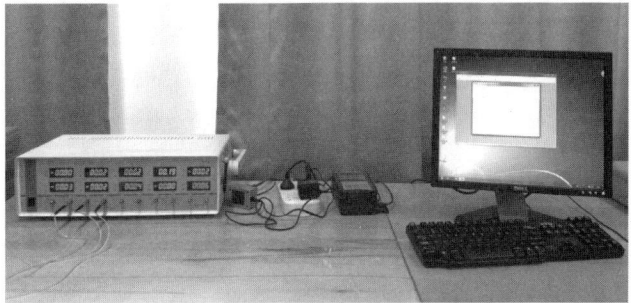

图4-2　压力测量仪

压力采集系统是 National Instruments® 的 LabWindows™/CVI™ 分析系统软件。基于 Lav Windows™/CVI™ 设计的虚拟系统在无损检测、功率计系统、温度控制系统、过程控制系统、诊断和医疗应用等领域中发挥着重要作用。该设备的系统已经过改进，旨在实现压力数据的采集、传输、显示和记录功能。

在材料测试方面，使用日本 KATO TECH 公司的 KES（Kawabata Evaluation System-Fabric）测试系统（表4-1）。实验中采用的测试仪器为：KES-FB1 Tensile and Shear Tester 自动拉伸剪切测试仪、KES-FB3 Automatic Compression Tester 自动压缩测试仪、KES-FB4 Automatic Surface Tester 自动表面性能测试仪。以全面地反映内衣面料特性为出发点，测试并采用曲线表征面料在低应力、小变形条件下的剪切、拉伸、压缩的全过程。然而，由于 KES 设备的高成本、结果描述的复杂性、应用背景等原因，目前尚未被广泛使用。

表4-1　KES 实验项目简介

仪器	描述	参数与单位
KES-FB1 剪切	剪切刚度（刚度），剪切角在 0.5°~2.5°和-2.5°~-0.5°的剪切应力曲线的斜率	G, gf/[cm·(°)]
	微小剪切弹性，变形和恢复时的剪切应力之间的初始差异，在 -0.5°~0.5°	2HG, gf/cm
	大剪切弹性，-5°~5°	2HG5, gf/cm
KES-FB1 拉伸	应力/应变曲线的线性，变形过程中延伸曲线下的面积与最大拉力和最大延伸给出的三角形面积相比	LT, —
	拉伸功（拉伸织物所做的功），变形时拉伸曲线下的面积	WT, gf·cm/cm²
	织物的恢复性，恢复过程中的延伸曲线下的面积占延伸功的百分比	RT,%
	设定负载下 490 cN/cm（500 gf/cm）的伸长率，最大伸长率，占原始样品长度的百分比	EMT,%

仪器	描述	参数与单位
KES-FB3 压缩	压缩应力/应变曲线的线性	LC，—
	已完成对织物的压缩功	WC，$gf \cdot cm/cm^2$
	织物的压缩弹性	RC，%
	490 cN/cm^2 压力下织物厚度	T_0，mm
	49 cN/cm^2 压力下织物厚度	T_M，mm
KES-FB4 表面	摩擦系数	MIU，—
	摩擦系数平均偏差（摩擦系数波动）	MMD，—
	表面粗糙度	SMD，μ

（三）压缩压力的测量方法

本章实验中所使用的压力测试仪器和压缩套样品在使用环境方面没有特殊条件，但为了最大程度地降低环境因素对实验结果的潜在影响，本实验安排在恒温恒湿实验室中进行，该实验室维持的温度为（20±2）℃，湿度为（55±2）%。压力测试实验如图 4-3 所示。

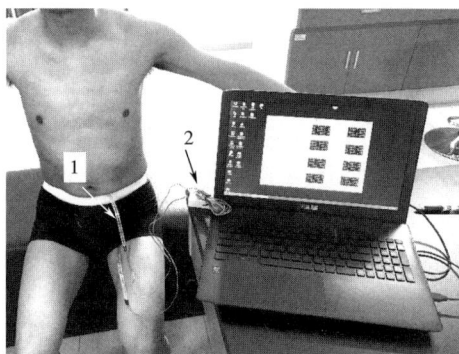

图 4-3　压力测试
1—压力传感器　2—采集系统

为了验证极限压力值，采用客观和主观相结合的方法进行实验，测量了六个位置软组织的压力敏感性：上臂（二头肌）、下臂（前臂）、自然腰部、下腰（裤腰处）、大腿（裆部水平位置）和呈圆柱形或椭圆柱形表面的小腿。这些选定的部位属于不同内衣（如紧身裤、T恤、平角内裤等）的覆盖区域。

实验将测量频率设定为每秒 10 次，并在每个位置进行 1 min 的压力测量。实验前，确保压力敏感系统和测试范围经过严格校对，与实验参数高度匹配。在实验过程中，矩形试样的初始宽度为 8 cm，长度依据身体周长进行调整，并在试样的两端标有刻度。选择了 14 种不同拉伸性能的男性内衣针织材料（$T1 \sim T14$），这些材料的特性已经通过 KES 测量设备测定。

首先，在实验中利用传感器在两个对称点同时进行压力测试，每个传感器置于试样针织材料与人体外表之间，并进行三次测量。将针织材料试样置于目标测试位置，然后根据刻度调整材料长度，对针织材料的横向与纵向拉伸进行测量。此项研究中，横向指针指向织物线圈横列方向，纵向指针指向织物线圈纵行方向。在连续拉伸下测量压力值，直到人体软组织达到不适状态，从而评估受试者的个体压力敏感度，初步标记为舒适或不舒适。

由于动脉和心跳过程中可能引入测量误差，计算压力的平均值和标准偏差，以降低误差影响。实验首先在软体模型上进行压力与材料拉伸测试，然后在真人身上展开。结合人体工程学和结构特性确定测试点，所有测试点如图4-4（b）所示。

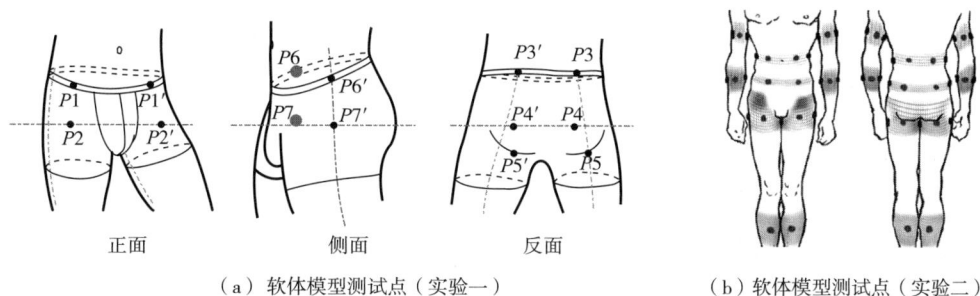

图 4-4　压力测试项目

（a）软体模型测试点（实验一）　　　（b）软体模型测试点（实验二）

在软体模型测试中，测试点包括：前部、后部4点，侧面2点，前大腿2点，臀2点和侧面2点，具体点位如图4-4（a）所示。其中，P1位于右前腰带二分之一处，P1′位于左前腰带处（新腰围）二分之一处，P2位于臀围线上右前大腿中点处，P2′位于臀围线上左前大腿中点处，P3位于右后腰带二分之一处，P3′位于左后腰带二分之一处，P4位于右臀峰处，P4′位于左臀峰处，P5位于右臀下处P5′为左臀下处；P6为右腰带处，P6′为左腰带处；P7为测量臀围时经过的大腿右侧，P7′为测量臀围线时经过的大腿左侧。

在真实受试者上的测试［图4-4（b）］，测试点扩展至上臂、前臂、自然腰围、裤腰、大腿和小腿等区域，每个区域设定多个测量点。具体包括上臂前、后、侧面6点，前臂前、后、侧面6点，自然腰部水平前、后4点和侧面2点，腰带（新腰围）前、后4点和侧面2点，大腿水平、后2点和侧面2点，小腿前、后2点和侧面2点。

二、模拟人体软组织的提拉效果与压力测试

（一）针织材料水平方向测试

在软体模型腰围处使用针织材料进行测试，将其围绕在肚脐以下4 cm处（新腰围）。为了减少在测量一侧伸长变化时另一侧压力值的测量误差，在实验中将材料拉伸设置为0~40%。测试了点P2、P2′、P3、P3′、P5和P5′在不同伸长率下的压力值［图4-5（a）］。

在新腰围侧点 $P5$ 和 $P5'$ 的压力值高于前后其他点，这与髂骨部位有关。当伸长率大于35%时，$P2$、$P2'$、$P5$ 和 $P5'$ 的压力大于 3.192 kPa，超出压力舒适范围。当伸长率大于30%时，$P3$ 和 $P3'$ 达到不适的压力范围。

至于臀部水平位置，图4-5显示点 $P2$ 和 $P2'$ 的平均压力最低。当伸长率小于5%时，很难测量压力数据。

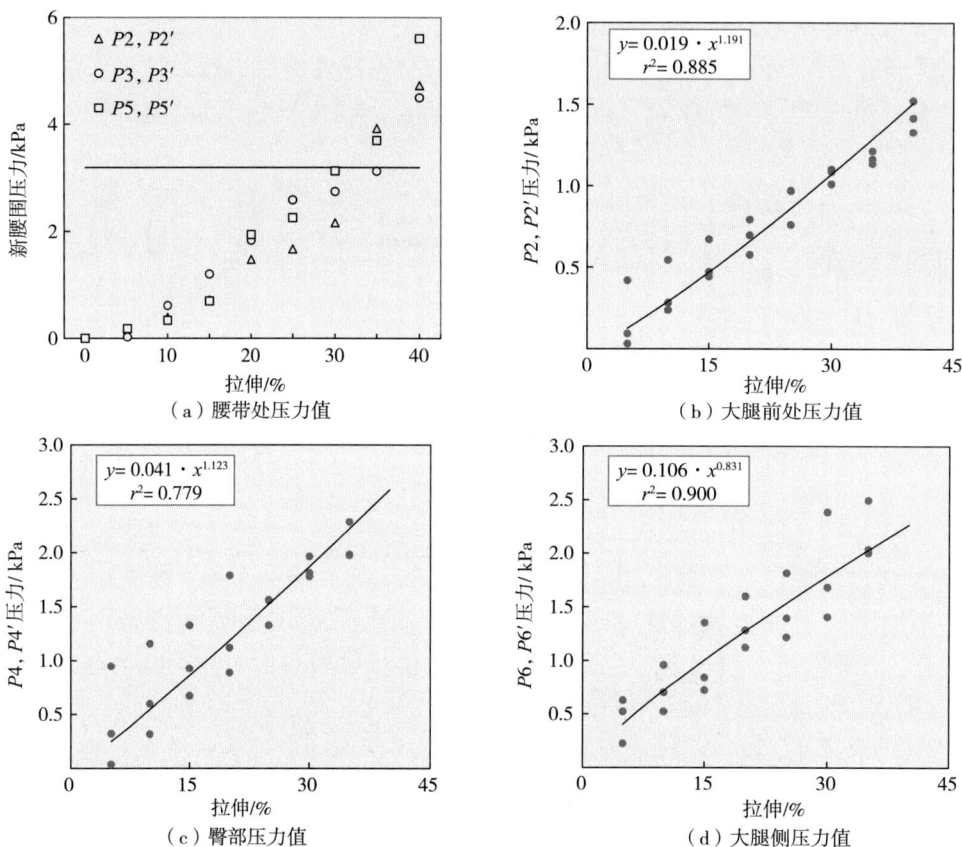

图4-5　松量与压力的关系

从测试数据中可以看出，腰围处点 $P1$、$P3$ 和 $P5$ 的平均压力为 1.98 kPa。伸长率35%时，最大压力达到 3.70 kPa。$P2$、$P4$ 和 $P6$ 平均压力为 1.09 kPa，最大压力值为 2.50 kPa（伸长率40%）。

（二）针织材料垂直方向测试

在男性前部软组织（生殖器）提拉效果测试中，利用内衣材料的弹性来模拟。测试中，使用针织材料将由塑料颗粒制成的生殖器模型放在用于测试的软体男性模型前裆部。拉伸范围为 0~40%，然后在每拉伸5%针织材料时记录提拉值。

如图4-6（a）所示，前裆部的提拉距离为 2.8~4.5 cm，平均为 3.4 cm。由于该部位的特殊性，未测量压力值，仅得到提拉距离与材料伸长率之间的关系。材料伸长率与提拉距离成正比例。

至于臀部提拉实验，实验材料的宽度为 10 cm，长度从内裤腰带到底部（大腿背部）。当垂直拉伸材料时，旨在为臀部软组织模型提供提拉效果。预设测试区间为 0~2.0 cm，接着记录了每增加 0.25 cm 时的压力值，测试峰值出现在点 $P4$ 和 $P4'$。如图 4-6（c）（d）所示，当把臀部托举到 1.75~2.00 cm 时，三种材料的压力值达到了 3.86 kPa~4.30 kPa，明显超过 3.19 kPa 的舒适阈值。因此，假设男性臀部模拟材料的最大提拉距离（且在舒适的压力范围内）约为 0~1.75 cm。

通过对软体模型进行拉伸变化压力测试，可以初步得到一个合理的拉伸范围。当内衣针织材料的拉伸尺寸增加，压力增加的比例保持不变；压力值越大，针织材料的拉伸越高。

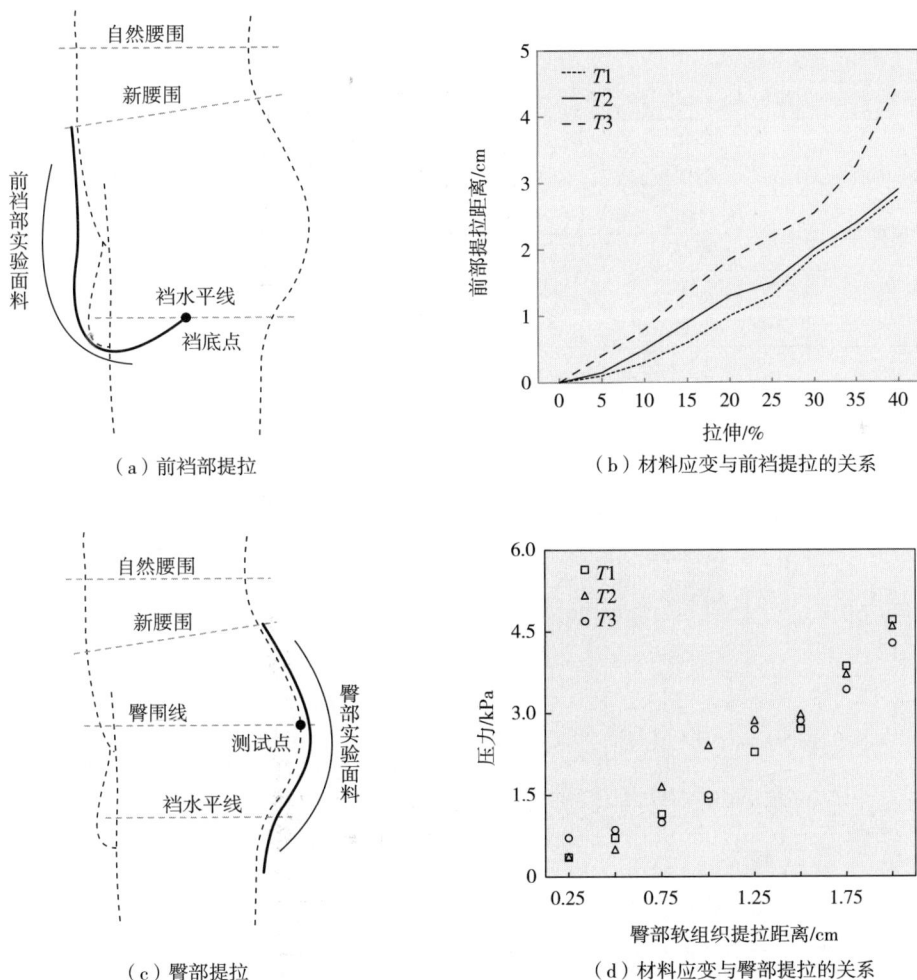

（a）前裆部提拉　　　　（b）材料应变与前裆提拉的关系

（c）臀部提拉　　　　（d）材料应变与臀部提拉的关系

图 4-6　人体软组织提拉效果模拟

基于舒适压力范围（1972，M. J. Denton），腰部的最大拉伸（负松量）应小于 31.7%，臀部应小于 38.3%，但必须考虑不同材料的最大拉伸率。要使内衣在人体产生合理舒适的压力感，负松量设计可能需要超过-10%。

三、真实男性人体的压力测试

在此阶段，在真实男性人体上进行压力测试，测量以下人体部位：大臂、小臂、自然腰围、裤腰（肚脐以下4 cm）、大腿和小腿。同时，使用四个传感器直接测量并记录数据。每个身体围度上有六个测量点，四肢围度上有四个测量点。然后按照比例拉伸材料，直到感到不适为止。

测量记录了每个测试位置的压力和软组织厚度（表4-2），并计算了每次测量的误差值。图显示了不同位置的压力测量值（图4-7）。

表4-2 男性人体可测量指标值

测量项目		区间	标准偏差
身体平均最大压力 P_{body}/kPa		0~2.48	±0.33
软组织厚度/cm	大臂	0.8~1.2	±0.20
	小臂	0.7~0.9	±0.10
	自然腰围	1.5~2.5	±0.51
	腰带	0.9~1.4	±0.26
	大腿	1.0~2.2	±0.61
	小腿	0.8~1.5	±0.36

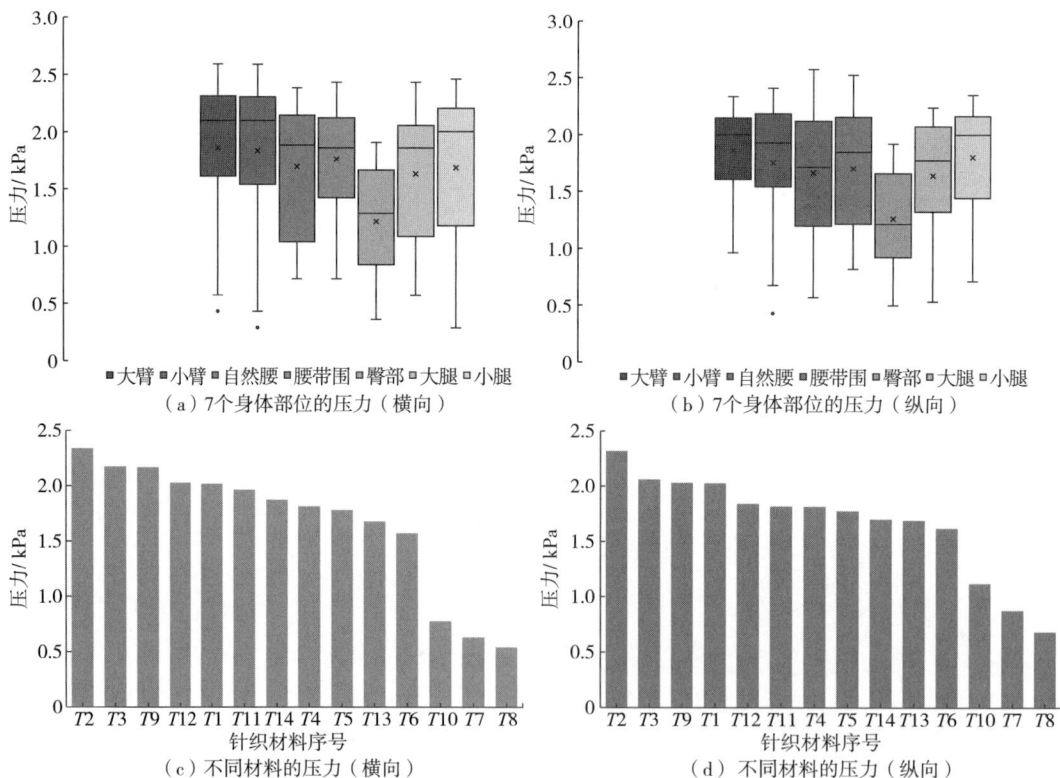

图4-7 压力测试结果

图4-7（a）（b）为针织材料横纵两个方向上的7个身体部位软组织所能承受的平均最大压力（P_{body}），单位为 kPa。

图4-7（c）（d）为14种材料的横纵向压力值按大小顺序排列。图4-8展示了各身体部位在针织材料横纵方向上达到平均最大拉伸（E_{max}）长度时的伸长率（E_x），同时达到了最大压力 P_{max}。

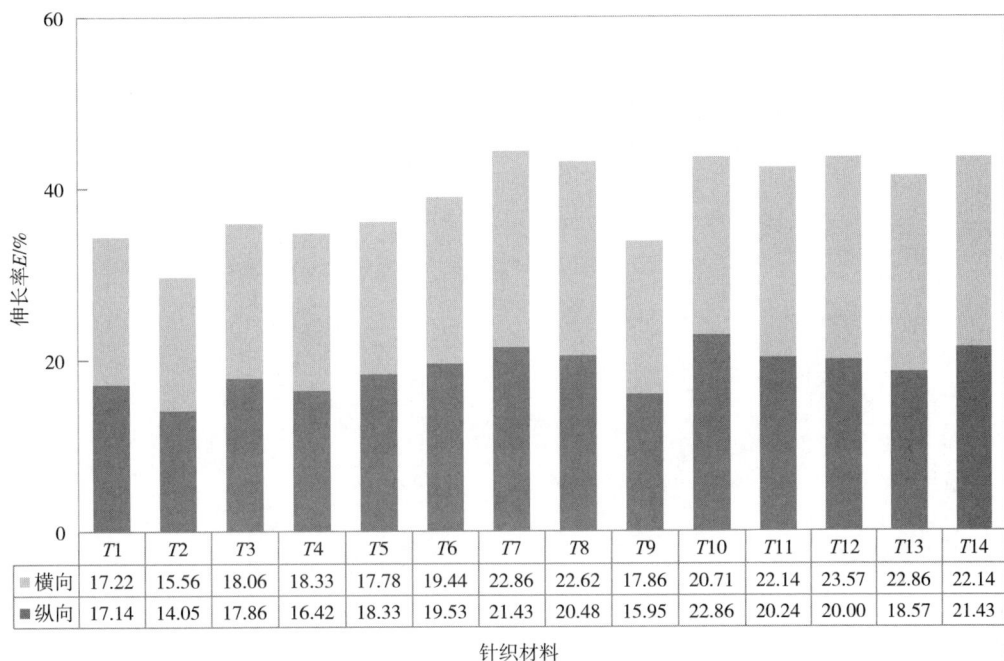

针织材料	T1	T2	T3	T4	T5	T6	T7	T8	T9	T10	T11	T12	T13	T14
横向	17.22	15.56	18.06	18.33	17.78	19.44	22.86	22.62	17.86	20.71	22.14	23.57	22.86	22.14
纵向	17.14	14.05	17.86	16.42	18.33	19.53	21.43	20.48	15.95	22.86	20.24	20.00	18.57	21.43

图4-8　针织材料在身体最大压力下的伸长率

第三节　针织材料多性能参数化研究

一、现代男性内衣的针织材料选择

在内衣设计领域，男性内衣的功能性和设计复杂性不断提升，与女性内衣如文胸相似，男性内衣也具备显著的实用功能。特别是文胸的"罩杯"与前插片区域之间的特殊空间关系，不仅提供支撑，还能在动态活动中保持舒适。因此，优化这些关键区域的结构设计对满足静态和动态需求至关重要。近年来，现代科技的发展，尤其是特殊材料与纳米技术的应用，使内衣具备了多种健康和治疗效果，越来越受到消费者的青睐。例如，俄罗斯市场上流行的中国保健内衣品牌"HAOGANG"，以其塑型等特点而闻名。

现代男性内衣的设计开发可划分为三个关键阶段：视觉冲击、材料性能改进及风格功能的演变。从美学角度出发，早在20世纪70年代，设计师们便引导消费者关注内衣腰带标志的设计，强调内衣不仅是功能性的衣物，更是时尚的表达。此外，内衣材料的选择直接影响其外观与风格。相较于普通低弹性宽松棉质内衣，弹性内衣因其独特的线条结构提供了出色的视觉效果和与身体的紧密贴合感，因而更受消费者欢迎。随着健身风潮的兴起和对健康体态的追求，内衣结构也相应发生变化，设计师从塑型和整体男性形象出发，考虑动态的轮廓和线条分割。

根据网络资源，团队调查了国内外男性内衣销售网点和官网产品信息。通过检索2013—2020年间销量排名前二或前三的内衣产品，发现了其主要成分，如图4-9所示。

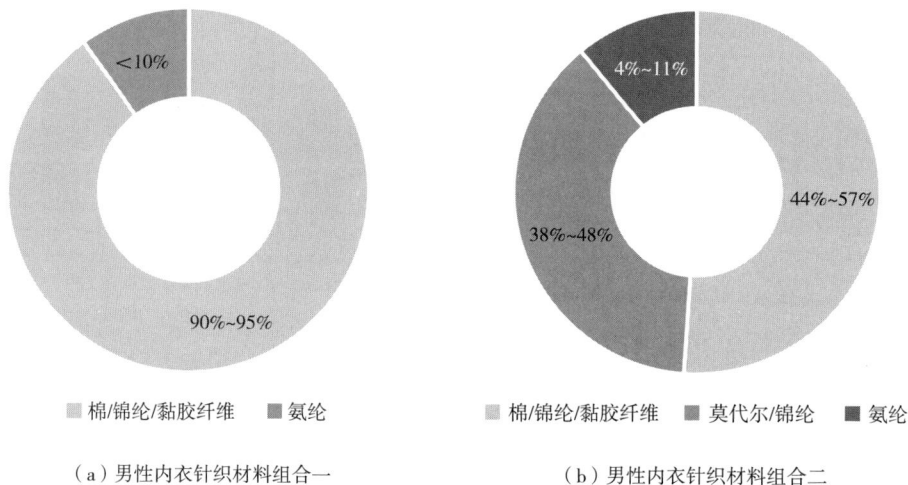

（a）男性内衣针织材料组合一　　　　　　　　（b）男性内衣针织材料组合二

图4-9　现代男性内衣材料组合

通过成分分析，发现这些产品主要由100%棉或含棉量超过90%的材料制成，辅以莫代尔纤维和其他弹性材料，通常保留5%～10%的氨纶纤维以增强内衣的弹性和牢固度。虽然棉质内衣具有良好的吸湿性，但透气性较差，弹性不足，如果皮肤长期接触湿衣服，容易引发阴囊发红、瘙痒、热疹或湿疹，甚至导致皮炎，也可能影响青少年生殖器官的正常发育。因此，棉质内衣应保持干燥，尤其不适合易出汗或长时间驾车的男性。精梳棉内衣因其更佳的质感被认为是优选，同时添加5%～10%的氨纶，如杜邦公司的莱卡，以提升弹性和合身度。

在当前的男性内衣市场中，棉和再生纤维素纤维材料仍然是主要的生产和推广原材料。然而，伴随着技术进步，一些新型内衣材料也逐渐崭露头角，凭借其优异的性能参数在功能性、装饰性和舒适性方面各具特色，展现出不可忽视的市场潜力。

二、针织材料测试的方法与设备

内衣作为人体的"第二层肌肤",有着独特的功能,在针织材料的选择上也尤为重要。材料的风格是一种感觉效应,综合反映了面料外观、穿用舒适性及美感。早在 1930 年, F. Peirce 的 *The "Handle" of cloth as a measurable quantity* 一文,率先提出了材料力学性能与手感之间的关系,并将其用数据来表达。至 20 世纪 70 年代,日本的 S. Kawabata 开始研究材料力学性能、薄款男西服面料的手感评价及 KES 系统(Kawabata System,日本 KATO TECH)的出现。KES 织物风格评价系统能全面地反映面料的服用力学特性,测试材料的拉伸、剪切、弯曲、压缩及回复的过程,侧重于研究材料对某类服装的适用性和品质。到 20 世纪 80 年代已经成熟,但由于成本高、结果描述复杂、应用背景等原因, KES 设备目前并没有被企业及研究人员广泛使用。

本章主要为面料在低负荷下的力学性能测试,由于面料纤维的初始模量特性、纱线工艺不同,使面料本身性能有着较大的区别,而面料织物结构及织物后整理也影响着其在低负荷下的力学性能。但同种用途的面料力学数据通常存在一个相接近的数值,如果某种面料的评价值较差,明显超过或小于这同一项范围,就可直接被观察到,看出哪些指标超出范围。

KES 测试系统由京都大学教授 Kawabata Tetsuya 设计。本章使用了 KES-FB1(拉伸剪切)、KES-FB3(压缩)和 KES-FB4(表面)自动仪器(图 4-10),并利用曲线特征来充分反映针织物在拉伸、剪切和压缩过程中的低应力和应变下的性能。材料样品被裁剪成 20 cm×20 cm 的大小,且从材料边缘算起保留了 5 cm 的边距。每种材料都进行 10 次测试,包括 5 次横向测试和 5 次纵向测试。标记每个实验编号,例如,横向测试编号为 5-1~5-5;纵向测试编号为 5-6~5-10。由于材料的反面将直接与人体皮肤接触,因此测试中使用的是材料与人体表面接触的反面进行测试。

KES-FB1 测试仪用于拉伸和剪切实验,样品尺寸为 20 cm×20 cm。最大拉伸负荷为 490 cN/cm。LT 表示拉伸强度,数值越接近 1,拉伸强度越大;RT 表示回复率,%,数值越接近 100 表示回复性更好;WT 表示拉伸张力, cN·cm/cm²,数值越高表示拉伸性越好;EMT 表示 49 cN/cm 负荷下的伸长率,%,数值越大表示延展性越好。一般来说,指数越高,针织材料的延展性和弹性恢复性能越好。

剪切实验的样本尺寸保持一致,且在 9.81 cN/cm 的拉伸力下,最大剪切角±8°。例如,在 5%的拉伸比例下,拉伸力为 24.5 cN/cm,剪切应力 F 在两个方向上都小于 3.53 cN/cm。剪切刚度(G)是剪切应力和应变曲线的斜率:$G = F/\tan\theta$。G 代表剪切模量(剪切角为±0.5°~±2.5°), cN/[cm·(°)],数值越大,材料越硬;2HG 表示 0.5°时的剪切应力滞后值;2HG5 表示 5 cN/cm 时的剪切应力滞后值,这两个值越小,表示材料具有更好的变形恢复能力,材料更柔韧且柔软。指数值越小,材料的柔韧性和柔软度(材料手感值)就越好。

图 4-10　KES-FB1~4 仪器

　　KES-FB3 用于测量压缩性和厚度。该仪器可移动以改变测量位置,并能自动在三个不同的位置进行检测。压板面积为 2 cm^2(圆形)。根据测试标准,最高检测灵敏度为 1 μm,压缩最小载荷检测为 9.81 cN/cm^2,最大为 49 cN/cm^2,速率为 0.02 mm/s。RC 代表压缩回复率,数值越接近 100,表示回复性越好,厚度耐久性越好,手感越饱满;WC 代表压缩能量,数值越大,材料越蓬松且厚实;LC 代表压缩与材料厚度的线性关系,数值越接近 1,表示压缩越坚实(材料厚度随着压力的增加而线性减少),单位为 cN·cm/cm^2,材料越容易被压缩和变形,手感越厚实;T_0 代表在 0.49 cN/cm^2 压力下的材料厚度,单位为 mm;T_m 代表在 49 cN/cm^2 压力下的材料厚度,单位为 mm。一般来说,指数值越高,材料的蓬松感和海绵质感(材料手感值)越好,压缩性与材料的厚度(T)有一定的相关性;材料越厚,压缩性越高。

　　用 KES-FB4 测试表面性能。该仪器能自动移动到 3 个位置进行测量,压板面积为 0.25 cm^2,测试区域面积为 20 mm×5 mm,移动速度为 1 mm/s,测量时施加的垂直载荷为 49 cN,粗糙度测量时的压力小于 9.81 cN。MIU 代表摩擦系数;MMD 代表平均摩擦系数的偏差;SMD 代表表面粗糙度,单位为 μm。通常,指数值越小,表面越光滑,材料的表面越平整。

三、针织材料性能的参数化设定

　　通过 KES 测试和对比,可以获得反映风格特征的物理量,以评估材料的质量(表 4-3、表 4-4)。例如,内衣材料与人体皮肤之间的摩擦和延展性,这些因素影响着内衣穿着的舒适性。当材料的延展性较差且摩擦力大时,会给人体带来强烈的挤压感;反之,则会更加舒适。然而,材料的回弹性和柔软度也会对内衣的舒适性产生更为显著的影响。

表 4-3 KES-FB 材料指数平均结果（横向/纵向）1

项目	T1	T2	T3	T4	T5	T6	T7	T8	T9	T10	T11	T12	T13	T14	T15	T16	T17	T18
G/cN·[cm·(°)]	0.550	0.498	0.796	0.488	0.436	0.350	0.147	0.121	0.192	0.230	0.265	0.030	0.240	0.120	0.270	0.265	0.480	0.030
	0.548	0.424	0.906	0.502	0.476	0.350	0.103	0.112	0.186	0.280	0.235	0.080	0.240	0.100	0.340	0.235	0.390	0.080
2HG/(cN/cm)	1.522	0.866	1.392	1.372	1.532	0.656	0.357	0.283	0.429	0.030	0.388	0.550	0.250	0.250	0.600	0.388	1.150	0.550
	1.664	0.848	1.970	1.246	1.698	0.622	0.328	0.275	0.364	0.130	0.050	0.350	0.110	0.150	1.000	0.050	0.980	0.350
2HG5/(cN/cm)	1.502	0.988	1.574	1.432	1.488	0.644	0.307	0.282	0.429	0.200	0.050	0.550	0.400	0.200	0.630	0.050	1.230	0.550
	1.598	0.906	1.710	1.282	1.698	0.614	0.295	0.269	0.401	0.300	0.205	0.380	0.280	0.130	0.980	0.205	1.030	0.380
LT	0.411	0.501	0.493	0.460	0.451	0.430	0.953	1.165	1.202	0.775	0.775	0.662	0.713	0.687	1.074	0.775	0.611	0.662
	0.423	0.457	0.657	0.445	0.406	0.433	0.963	1.092	1.129	0.795	0.784	0.570	0.742	0.584	1.250	0.784	0.567	0.570
WT/(gf·cm/cm²)	28.050	18.330	23.340	28.900	28.050	27.390	3.650	2.250	2.370	199.700	184.300	104.300	185.000	178.400	7.600	184.300	24.663	104.300
	23.730	32.810	30.230	38.960	29.180	34.630	4.100	5.350	5.520	142.000	137.500	112.300	192.700	165.700	8.100	137.500	43.525	112.300
RT/%	27.270	48.440	38.510	27.850	31.470	41.910	72.600	64.440	61.180	36.250	38.250	39.730	50.760	78.450	69.740	38.250	45.550	39.730
	23.560	45.070	49.870	21.020	20.170	34.200	68.290	60.750	63.010	37.890	39.640	41.590	46.190	72.970	64.560	39.640	43.858	41.590
EMT/(490 cN/cm)	27.280	23.080	40.800	25.110	31.380	25.370	145.650	104.450	15.770	106.070	96.920	105.050	103.750	141.200	28.300	96.920	16.148	63.050
	31.650	27.830	52.840	40.930	32.640	32.080	195.060	127.620	38.950	125.440	70.710	102.860	103.940	165.700	46.840	70.170	30.743	78.860

表4-4 KES-FB 材料指数平均结果（横向/纵向）2

项目		T1	T2	T3	T4	T5	T6	T7	T8	T9	T10
LC		0.336	0.389	0.309	0.327	0.354	0.331	0.298	0.317	0.399	0.286
WC/（gf·cm/cm^2）		0.272	0.309	0.170	0.213	0.256	0.232	0.277	0.249	0.256	0.250
RC/%		42.40	54.01	56.96	33.95	39.56	51.23	50.699	56.341	50.931	47.581
T_0/mm		0.861	1.151	0.872	0.783	0.840	0.761	0.708	0.701	0.891	0.616
T_M/mm		0.538	0.834	0.648	0.510	0.550	0.480	0.433	0.477	0.591	0.4179
MIU		0.194	0.252	0.206	0.194	0.334	0.247	0.249	0.233	0.232	0.232
		0.205	0.217	0.191	0.325	0.224	0.210	0.255	0.286	0.282	0.159
MMD		0.009	0.011	0.014	0.012	0.023	0.014	0.011	0.007	0.015	0.016
		0.012	0.008	0.007	0.027	0.012	0.008	0.008	0.015	0.020	0.007
SMD/μm		4.388	3.258	2.516	1.957	8.479	2.503	1.185	0.958	4.666	1.112
		4.275	1.576	1.540	3.808	6.006	2.488	2.003	2.758	4.823	0.853

数实融合：男性内衣功能需求与人本化创新设计方法

$T7$、$T8$、$T10$、$T12$、$T13$ 和 $T14$ 样品的拉伸性能明显高于其他针织材料。由于这些样品中含有高比例的微莫代尔纤维或聚乙烯纤维，因此质地柔软；它们还具有高弹性和悬垂性，外观和手感平滑，延展性优异，具有高阻抗性，易于清洁且耐用性强。

　　$T7$、$T8$、$T12$ 和 $T14$ 样品具有良好的剪切性能，其中 $T12$ 表现最佳。这些样品更加灵活柔软，且恢复性和稳定性更高。$T1$ 和 $T5$ 样品完全采用莫代尔和精梳棉制成，结构为珠地针织材料，因此柔韧性和表面光滑度较差，但棉和黏胶纤维的化学成分相似，它们的含水量最符合人体皮肤的生理需求，并且它们具有良好的透气性、染色性能、色牢度和湿度调节功能，从而不易产生静电。

　　因此，在产品的视觉设计中，设计师更偏爱这些材料。不过，为了提高弹性和贴合度，最好选择精梳棉并添加更多弹性纤维，如莫代尔或氨纶。

第四节　"人体—内衣"真实系统新指标

一、针织材料拉伸性能分析

　　在紧身弹性服装中，材料的拉伸性能对人体的适应性和舒适性至关重要。由于呼吸和各种动态行为，紧身弹性材料会随人体皮肤的伸缩产生短期或长期的拉伸变形。这种变形的累积最终可能导致材料的弹性降低，从而无法为人体提供必要的支持和舒适的压力。

　　KES 拉伸测试主要在低应力条件下进行，评估材料的伸长率、变形及其恢复能力。在日常生活中，人体的各个部位会发生不同程度的变形，因此，材料若能适应并恢复变形，则能够提供更好的穿着体验；相反，材料若无法适应这些变形，则可能造成活动受限和压迫感，进而影响舒适性。因此，针织内衣材料的拉伸性能在提升内衣的功能性和舒适性方面发挥着重要作用。

　　如图 4-11 所示，展示了在标准载荷 500 cN/cm 下，针织材料在伸长率小于 50% 时的拉伸应变性能。横向方向上，这些材料的表现差异显著，尤其当伸长率超过 10% 时，样品 $T2$ 的弹性最差，接近垂直线。而样品 $T7$、$T8$ 和 $T10$ 的弹性较好，且拉伸力较低。总体而言，在所有测试材料中，当拉伸力低于 196.1 cN/cm 时，伸长率普遍可达到 20%。将所有材料分为两组，其中 7 种材料的曲线在 10%~40% 陡峭上升，另 7 种材料的曲线则趋于平稳，平均接近 100%。在纵向方向上，所有材料均显示出良好的拉伸性能，整体可达 30% 以上。

　　将低伸长率条件下的拉力测试结果重新绘图如图 4-12 所示。通过人体测试，发现经向方向的最大伸长率 E_{max} 范围在 14.05%~22.86%，平均为 18.88%；而纬向方向的 E_{max} 在 15.56%~23.57%，平均为 20.08%。总体来看，两个方向的平均值介于 14.80%~

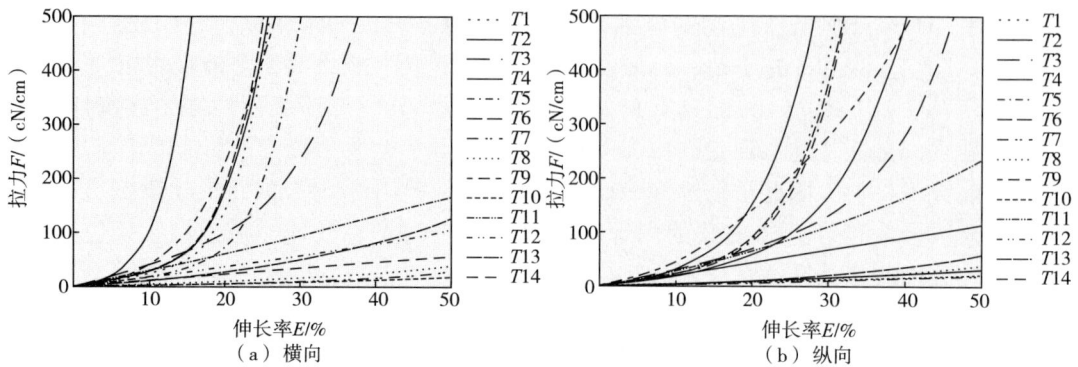

图 4-11　针织材料拉伸测试

22.15%，平均为 19.48%。因此，实验样品的伸长率应参考 5%～20% 的区间，在 0%～5% 的伸长率范围内，材料的压力值难以测量，而人体的最大伸长率可超过 20%。基于不同材料的弹性特性，建议在设计中采用 14.8%～22.2% 的伸长率，以满足人体皮肤在 0%～40.28% 的变形需求。

如图 4-12 所示，分析了拉力值与特定伸长率之间的关系。F 值是从伸长率 E 的 5% 开始，直至最大值，以 3% 为间隔进行研究的，即 f {5, 8, 11, 14, 17, 20%}。F（E_{max}）是指在人体测试时，材料在最大伸长率下所承受的最大拉力（表 4-5）。

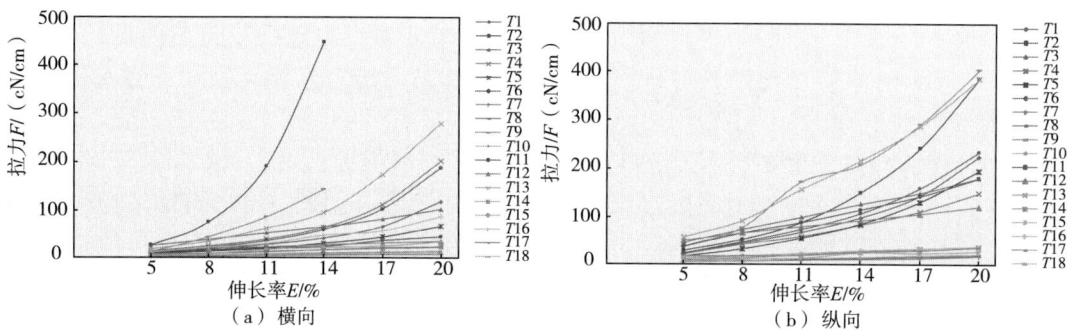

图 4-12　针织材料拉伸应力测试

表 4-5 中，材料的张力 F（x）是 x 为拉伸数值 E 时所需张力，表中的针织材料的横向数据用下划线标识。

表 4-5　材料的张力 F（E 不高于 20% 和 E_{max}）　　　单位：cN/cm

材料序号	F（5）	F（8）	F（11）	F（14）	F（17）	F（20）	F（E_{max}）
$T1$	10.99	17.10	26.87	40.30	64.73	117.24	87.93
	8.56	17.27	26.50	38.67	56.86	89.38	61.89

材料序号	$F(5)$	$F(8)$	$F(11)$	$F(14)$	$F(17)$	$F(20)$	$F(E_{max})$
T2	25.41	73.03	190.21	448.50	—	—	448.50
	11.03	20.36	34.50	59.41	96.12	154.11	81.05
T3	24.65	36.89	50.78	63.67	80.05	101.05	83.74
	17.71	28.67	38.84	49.86	59.06	71.58	63.71
T4	13.43	23.51	37.86	62.59	110.53	200.60	99.69
	8.08	16.33	22.98	32.61	43.70	59.00	46.45
T5	7.40	12.69	18.53	29.45	42.51	65.60	66.79
	6.38	12.35	21.64	33.34	51.69	77.68	55.58
T6	11.80	20.76	34.61	58.22	101.37	187.27	177.28
	8.76	18.30	28.84	42.12	63.03	93.20	67.37
T7	1.82	2.40	3.64	4.72	6.12	6.78	6.45
	1.76	2.14	3.29	3.92	4.69	6.61	6.12
T8	6.03	7.92	12.07	15.56	18.73	21.59	20.95
	1.59	2.58	3.57	4.76	5.95	7.14	6.95
T9	11.91	42.07	84.14	141.82	—	—	195.42
	14.29	30.16	68.26	82.55	115.85	161.59	125.48
T10	3.77	4.76	7.14	9.33	11.33	13.50	15.82
	4.17	6.35	8.33	10.32	12.70	14.68	14.88
T11	9.12	14.68	20.63	22.78	35.32	43.26	44.45
	14.29	25.79	34.53	45.24	56.36	71.44	83.87
T12	13.49	19.05	21.42	26.19	30.23	33.79	33.79
	19.45	25.74	31.18	36.29	41.73	47.83	55.30
T13	8.9	16.7	30.2	46.8	86.5	93.1	92.8
	11.2	18.0	31.0	42.9	57.2	77.0	92.3
T14	5.22	8.53	12.63	15.41	18.72	22.91	23.48
	3.05	4.99	7.38	9.84	12.49	14.60	17.20
T15	3.14	4.87	5.4	6.98	9.18	10.32	—
	2.24	3.97	4.50	5.46	7.02	8.17	—
T16	11.13	20.64	28.56	46.04	55.63	85.73	—
	5.61	6.75	8.73	11.13	12.78	14.29	—
T17	7.14	7.93	11.37	15.87	20.63	22.25	—
	6.49	6.58	7.11	9.92	11.25	13.89	—
T18	3.97	7.15	16.6	20.64	23.81	32.94	—
	1.49	2.31	4.59	9.33	8.93	10.42	—

如图 4-12 所示，$T2$ 与其他样品存在显著差异，$T9$ 在纵向上的伸长率不能超过 14%，并在 F（17）~F（20）内迅速增加。

当弹性针织材料在一个方向（横向）上拉伸时，另一个方向（纵向）会在一定程度上收缩。将 18 种编织材料的样品切割成 14 cm×10 cm，并使用材料拉伸测试仪，将样品两侧各夹紧 2 cm，因此材料样品的测试尺寸为 10 cm×10 cm，如图 4-13 所示。

（a）拉伸前　　　　　　　　　　　　　　（b）拉伸后

图 4-13　针织材料的收缩测试

测试后，计算了所有数据（表 4-6），得出材料在横向上的平均收缩为 6.12%，在纵向上的平均收缩为 5.42%。

表 4-6　针织材料最大实验拉伸和收缩

材料	最大实验伸长/%	最大实验收缩/%	材料	最大实验伸长/%	最大实验收缩/%
$T1$	15	10	$T10$	25	6
	15	10		20	2
$T2$	15	8	$T11$	15	2
	15	4		15	2
$T3$	15	2	$T12$	25	36
	10	0		25	24
$T4$	15	4	$T13$	25	2
	15	6		15	0
$T5$	15	10	$T14$	15	2
	10	0		15	4
$T6$	15	2	$T15$	20	6
	15	0		20	6
$T7$	15	30	$T16$	20	4
	25	10		10	0
$T8$	20	20	$T17$	20	10
	20	16		25	6
$T9$	25	6	$T18$	10	2
	20	6		15	0

在横向上，当拉伸率为20%～36%时，材料 T7、T8 和 T12 收缩率较大。在纵向上，当拉伸率为15%～25%时，这三种材料的收缩率也较大。而 T3、T6、T11、T13 和 T14 材料在横向和纵向上 0%～2% 的拉伸率范围内收缩率较小。T5 和 T16 材料在纵向上 0%～2% 的拉伸率范围内收缩率也较小。

通过针织材料的伸长和收缩关系分析（图4-14），可以看到拉伸率为0%～25%时与收缩率有着显著的相关性。

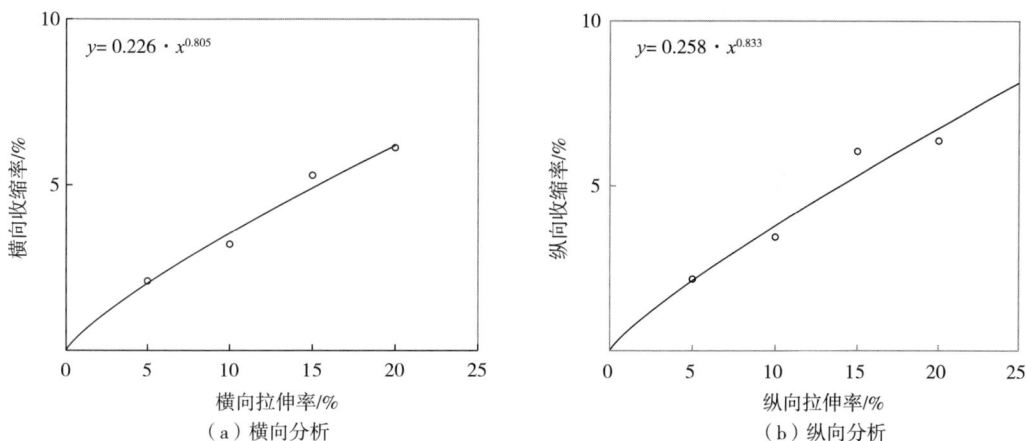

图4-14　针织材料的伸长和收缩关系

二、针织材料的力学性能与压缩力

图4-15展示了针织材料 T1 和 T5 的测试压力数据和张力图。图中，X 轴代表针织物的拉伸应变测试数据，Y 轴的下半部分表示拉伸应力（压力）测试数据，上半部分则表示针织物的压缩压力。在此图中，拉伸与压缩压力的趋势呈正相关。在研究针织材料的拉伸力学性能时，重点考虑其在低载荷下的拉伸程度。

如图4-15所示，皮肤组织对压缩压力的敏感性存在显著差异：在材料 T1 下，可能达到的最高压力为 2.1 kPa～2.5 kPa；而在材料 T5 下，则为 1.7 kPa～2.2 kPa。为了有效压缩软组织，材料需拉伸至不同程度：对于材料 T1，极限伸长率为 15%；而材料 T5 的极限值则在 15%～20%。

从 KES-FB1 设备获得的"应力—伸长"曲线可以提供有关内应力的额外信息。在样品具有相同的伸长率 15% 下，它们内部会产生不同的应力：在材料 T1 中，应力为 65.0 cN/cm，在材料 T5 中，应力为 31.3 cN/cm。

三、针织材料压缩性能指标

为了实现"人体—针织材料"系统的舒适压力设计，松量不仅需依赖针织材料的

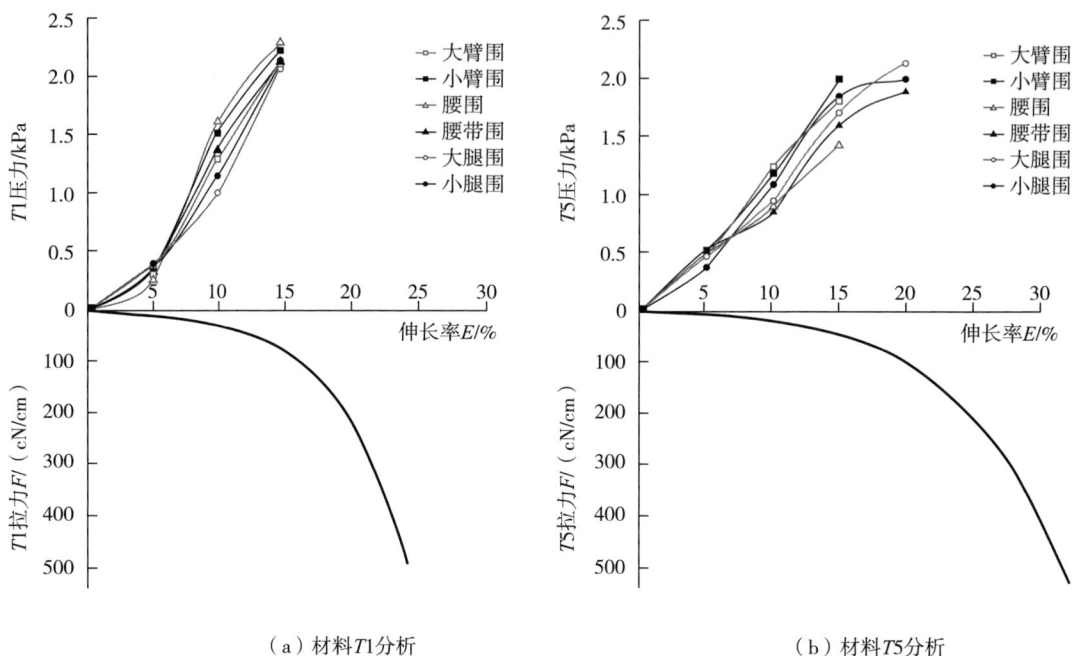

（a）材料$T1$分析　　　　　　　　（b）材料$T5$分析

图 4-15　应变、压力值和拉力之间的关系

压力能力，还应考虑材料的结构，因为不同结构对皮肤的影响各异。因此，从"人体—针织材料"系统的视角出发，提出了新参考指标——针织材料压缩性能（CP）。该值越高，表示针织材料的承压能力越强，不需要设计更多的负松量来使其更紧（获得更大的压力），该值越低，表示针织材料的承压能力越弱。计算公式如式（4-1）所示。

$$\mathrm{CP} = (P_{\text{max. warp}} + P_{\text{max. weft}}) / (E_{\text{warp}} + E_{\text{weft}}) \tag{4-1}$$

式中，E 是针织材料拉伸（松量），但对于紧身内衣结构设计，使用负值，单位为%，$E = 100 \cdot [(\mathrm{CS} - \mathrm{BS}) / \mathrm{BS}]$，BS 代表体型，即人体围度，CS 代表服装尺寸；P_{max} 表示在受针织材料压力下的最大允许压力，单位为 kPa；CP 反映了针织材料对于内衣的承压能力，$0 < \mathrm{CP} \leqslant 1$，单位为 kPa/%。

CP 指标表征最大拉伸率（%）与合理压缩压力（kPa）之间的关系，以及这种压力给人体下半部带来的感受。该指标在内衣设计中具有重要参考价值。通过针织材料的测试，合理压缩压力下短时间内可接受的最大拉伸范围应小于 3.192 kPa。例如，若某样品材料的 CP 为 0.130 kPa/%，则当拉伸减少 1% 时，它可为身体软组织提供 0.130 kPa 的压力。如果原始腰围为 80 cm，缩减 10% 后为 72 cm，将为腰部提供 1.302 kPa 的压力。这有助于消费者在明确压力条件下选择适合的针织材料。

如图 4-16 所示，左侧 Y 轴代表 CP，右侧上部 Y 轴为压力，下部为拉伸率。从图中可以观察到，拉伸性能良好的针织材料（如 $T7$、$T8$ 和 $T10$）通常具有较低的平均压力，因此其 CP 也相对较低（见图中的蓝色和橙色线条）。

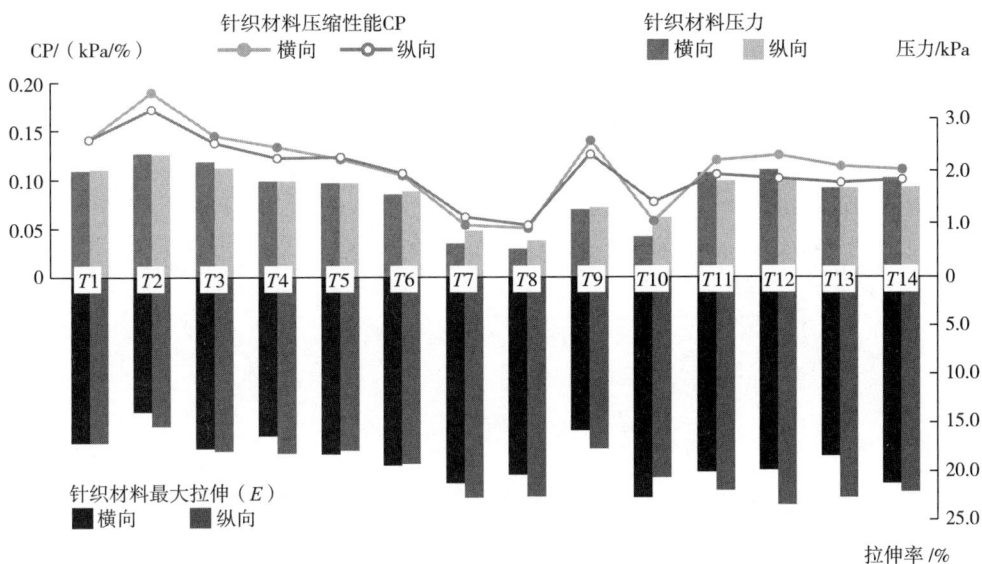

图 4-16　压缩性能与压力、拉伸率之间的关系

四、针织材料压缩性能等级

通过计算针织材料的压缩性能（CP），发现 CP 指标区间较大，并且不易理解其内涵。因此，为了能快速定义针织材料的具体 CP 等级，可以根据所测得的数值，将针织材料的 CP 指标从高到低分为四个等级：

第 1 级，包括 CP≥0.12 时，压缩性能最强的针织材料；

第 2 级，包括当 0.09≤CP<0.12 时，压缩性能高于平均压缩性能的针织材料；

第 3 级，包括当 0.06≤CP<0.09 时，压缩性能低于平均压缩性能的针织材料；

第 4 级，包括 CP≤0.06 时，压缩性能最低的针织材料。

在本章中，只有少数针织材料具有非常高或非常低的 CP 值，因此缩小了中间级别的范围。

图 4-17 展示了针织材料的四个 CP 等级与分布情况。

五、压缩性能的其他相似研究比较

近些年，国际上学者也对相关弹性针织材料的压力进行了大量研究，但是关于压缩性能（CP）的相似研究并不常见。

此处，以俄罗斯学者 I. Tislenko（2019 年）开展的相似研究为例。又由于两个指数的单位都是 kPa/%，所以可以进行比较。

比较了 12 种针织材料的 CP 指数与 I. Tislenko 提出的 K（$K_{компр}$）指数，并按 $T1\sim T12$ 的顺序对它们进行了标记。为了分析两者之间的差异，考虑了以下因素：①计算指

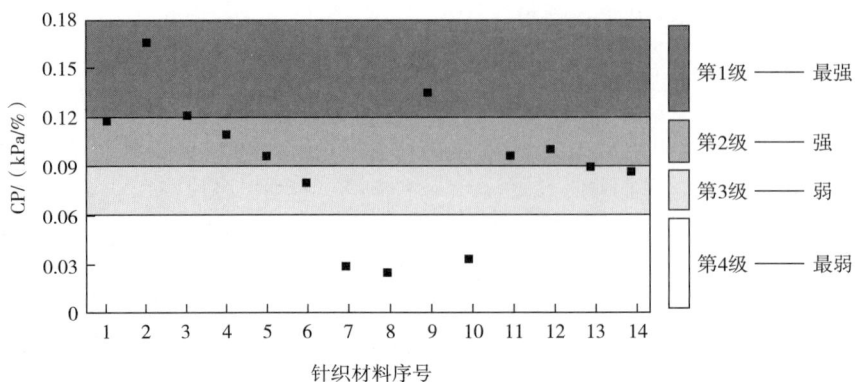

（a）针织材料CP等级（横向）

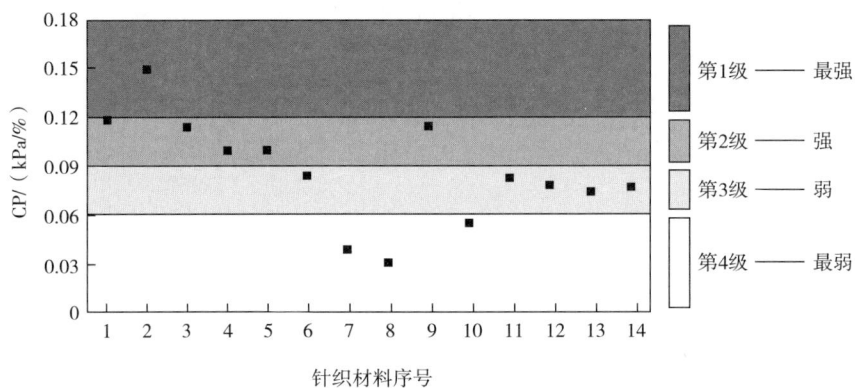

（b）针织材料CP等级（纵向）

图 4-17　针织材料的 CP 等级与分布情况

数的平均值；②压力预测的准确性；③测量条件。

表 4-7 展示了两种方法的计算式，以及 12 种针织材料在不同方法下计算得到的平均指数。

表 4-7　针织材料压缩性能比较

计算式	$CP = P_{max}/E_{max}$			$K_{компр} = d(P_1 + P_2)/2d\sigma \times (\Delta\sigma/\Delta\varepsilon)$		
项目	横向	纵向	均值	横向	纵向	均值
结果/（kPa/%）	0.093	0.088	0.091	0.238	0.109	0.173

其中，E_{max} 和 $\Delta\varepsilon$ 为针织材料拉伸，P_{max}、$P1$ 和 $P2$ 为测试压力；$\Delta\sigma$ 为应力。

从表 4-7 中可以看出，平均 CP 为 0.091 kPa/%，约为 K（0.173 kPa/%）的一半；还可以看出横向和纵向的 CP 更加均衡。

图 4-18 显示了 12 组针织材料的两种指数的数据比较情况，并进行了双变量分析。

数实融合：男性内衣功能需求与人本化创新设计方法

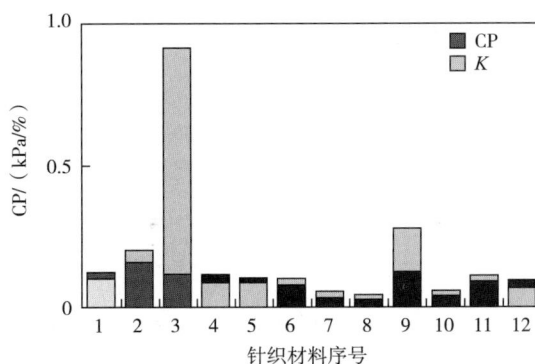

图 4-18　压缩性能指数比较

从图 4-18 所示，第 3 和第 9 个针织材料的数据存在显著差异，并有 8 个 K 指数高于 CP 值。此外，对 CP 和 K 进行了双变量分析，证明了这两组数据（每组 12 个指数）。根据 Bolshev-Smirnov 统计手册，$n = 12$ 时的相关系数为 $r = 0.780$，置信水平为 99.9%。其中 p 值小于所选的显著性水平（$\alpha < 0.01$，双尾），则表明观测数据的相关性足够显著。然而，从计算结果 $r = 0.408$ 和 $p = 0.188$ 可以看出，这两个指数之间不存在相关性，且不显著。因此，这两组数据之间的结果是不相关的，可以进行下一步的详细分析。

表 4-8 展示了基于不同针织材料，并使用两个平均指数计算的压力预测值与相对误差的比较，以及测量的拉伸率 E_{max} 和压力 P 的值。两种计算式如表中所示。这些测量结果是基于人体测试在同一测量位置（腰部、新腰围、臀部和大腿）获得的结果。

表 4-8　不同材料的两种压力预测结果的比较

针织材料	最大拉伸/%	实际压力 P/kPa	计算的预测压力 $\hat{P}$/kPa		真实与预测压力的相对误差 δ/%	
			$\hat{P}1 = CP \cdot E_{max}$	$\hat{P}_2 = K_{компр} \cdot \Delta\varepsilon$	$\delta_1 = \lvert \hat{P}_1 - P \rvert / P \cdot 100\%$	$\delta_2 = \lvert \hat{P}_2 - P \rvert / P \cdot 100\%$
$T1$	17.18	2.021	1.564	2.972	22.65	47.06
$T2$	14.80	2.328	1.347	2.561	42.12	10.03
$T3$	17.96	2.116	1.634	3.106	22.79	46.78
$T4$	17.38	1.814	1.581	3.006	12.82	65.73
$T5$	18.06	1.778	1.643	3.124	7.60	75.67
$T6$	19.49	1.596	1.773	3.371	11.12	111.26
$T7$	22.15	0.753	2.015	3.831	167.65	408.82
$T8$	21.55	0.612	1.961	3.728	220.32	508.97
$T9$	16.91	2.098	1.538	2.925	26.68	39.39
$T10$	21.79	0.948	1.983	3.769	109.09	297.51
$T11$	21.19	1.890	1.928	3.666	2.03	93.98

针织材料	最大拉伸/%	实际压力 P/kPa	计算的预测压力 $\hat{P}$/kPa		真实与预测压力的相对误差 δ/%	
			$\hat{P}_1 = CP \cdot E_{max}$	$\hat{P}_2 = K_{компр} \cdot \Delta\varepsilon$	$\delta_1 = \lvert\hat{P}_1 - P\rvert / P \cdot 100\%$	$\delta_2 = \lvert\hat{P}_2 - P\rvert / P \cdot 100\%$
$T12$	21.79	1.934	1.983	3.769	2.53	94.92
平均值	19.19	1.657	1.746±0.224	3.319±0.425	31.51±85.55	150.01±162.64

其中，$\hat{P}_1$ 为笔者设定的预测压力计算式，$\hat{P}_2$ 为学者 Tislenko 的预测压力计算式；δ_1 为笔者的计算结果相对误差，δ_2 为学者 Tislenko 的计算结果相对误差。

从表 4-9 中可以看出，根据实验结果，$\hat{P}_1$ 与 P 之间的平均相对误差仅为 31.51%，而最大相对误差为 220.32%。但使用 K 计算得到的平均相对误差为 150.01%，最大相对误差为 508.97%。此外，$\hat{P}_1$ 的结果分别为 1.746 kPa 和 3.319 kPa。显然，$\hat{P}_1$ 的结果更接近实际测量值 P。因为在测试中，P 几乎是人体在针织材料拉伸下所能承受的最大压力。

表 4-9 展示了基于不同人体测试部位，使用两种方式时最大可接受拉伸结果测试压力值。

表 4-9 不同人体部位的两种压力预测方法的比较

人体部位	平均值 $E_{max.1}$/%	真实与预测压力的差异		平均值 $E_{max.2}$/%	真实与预测压力的差异	
		绝对误差 Δ/kPa	相对误差 δ_3/%		绝对误差 Δ/kPa	相对误差 δ_3/%
自然腰围	19.1	0.054	3.23	14.1	0.839	52.17
新腰围	20.4	0.126	7.30	23.9	0.770	22.94
臀围	23.1	0.864	69.84	22.7	0.984	33.40
大腿围	17.9	-0.003	0.17	8.7	0.068	4.69
平均值	20.1	0.260	20.14	17.4	0.665	28.30

其中，$E_{max.1}$ 为本书的针织材料测量拉伸率，而 $E_{max.2}$ 为 Tislenko 的针织材料测量拉伸率。同样，表 4-9 展示了使用两个平均指数（基于各自的测试结果）计算的压力预测值与误差的比较，以及在人体部位测得的数值。对于实验数据，仅选择相同人体部位的测试数据进行比较。

从表 4-9 中可以看出，本书测试了不同身体部位的最大伸长量，结果各不相同。根据 $E_{max.1}$ 的实验结果，平均相对误差为 20.14%；而使用 K 计算的平均相对误差为 28.30%。同时，绝对误差分别为 0.260 kPa 和 0.665 kPa。因此，使用 CP 计算的结果更接近实际测量的压力值，仅在臀部软组织部分存在较大误差。

此外，两个指标之间的差异源于实验对象、方法、目的及压力预测准确性的不同，具体解释如下：

（1）K 的数据来源于硅胶圆柱体，而 CP 则基于真实人体的测量。CP 可应用于男性身体的各个圆柱形部位，而 K 仅用于模拟人体的软组织。

（2）K 的测试标准为六个身体部位的最大值，而 CP 的测试标准为受试者的七个身体部位，并拉伸到不舒服感觉时停止，结合考虑了人的心理因素。CP 基于人体敏感度，可通过压力敏感度范围计算出最大拉伸率，而 K 只考虑了材料的力学拉伸率影响。

（3）K 的测量涉及 KES 上的应力、压力和应变（伸长率）测试值。CP 则基于最大拉伸率和最大压力的关系，最大压力是在最大拉伸率下产生的。CP 的测量和计算方法简单，直接在人体上进行。

（4）在适用情况上，K 只能表示针织材料拉伸为 20% 附近的线性近似值，而 CP 不仅可用于评估针织材料在不同设计松量下对人体的最大压力，还能用于针织材料的分类和选择。

（5）在人体压缩压力预测精度方面，K 的误差为 ±0.53 kPa，范围为 0.01 kPa～0.98 kPa，而 CP 的误差仅为 ±0.10 kPa，范围为 −0.17 kPa～0.86 kPa，预测值与实际压力之间的差异为 ±0.44。

综上所述，CP 指标完全基于人体的敏感度和舒适度，反映了最大的压缩性能；而 K 则是一种理想化的预测，其压缩可能性局限在较小范围内，且所有测量值并非来源于真实人体。K 是在硅胶圆柱体上模拟人体软组织测得的，并在女性身体上验证了压力结果，发现预测压力值与实际测量值之间存在显著差异（±0.53）。

因此，对于材料压缩性能和紧身服装的研究，不能仅限于人体模型实验，还必须结合实际人体进行测试，以获得可靠结果。CP 的计算方法简单，能够通过人体测量获得，主要关注男性下半身的软组织。CP 在预测压力方面更为准确，并可根据压缩性能对针织材料进行合理分类。针对针织材料特性及其对真实人体软组织的耐压性，K 预测的最大压力值可能过高，且与实际测量值存在较大偏差。根据笔者实际的测试结果，这些过大的压力值往往出现在人体的某些硬组织或骨骼部位。

第五节　预测数学模型的构建

从针织材料样品的机械力学性能和男性人体压力数据测试中获得的实验数据被分为"原始数据"和"选定数据"。由 KES 测量的材料力学性能数据与 P_{max} 和 CP 值有显著的相关性。"原始数据"直接来源于针织材料的机械数据测量，而"选定数据"则选自针织材料的拉伸性能测试（应力—应变）。使用 SPSS 进行了双变量分析，总结针织材料的最大压力值、CP 和测试数据之间的相关性，结果如表 4-10～表 4-13 所示。

如表 4-10 所示，对于 $n=18$ 个材料样本，在置信水平为 95% 时，关键相关系数为 $r=0.444$，$p<0.05$。在表 4-10 中，下划线数据代表纵向，加粗数据代表强相关和高度显著性。表 4-10 中的所有数据都具有良好的相关性，但其中一些数据的相关性显著性较低。F（5）和 F（8）与最大压力和 CP 有较强的相关性。此外，在纵向上，

F（5）~F（11）与压力、CP 有较强的相关性；在横向上，F（5）~F（11）与压力有较强的相关性，因为针织材料样品在横向上的伸长性较差。

表4-10　张力特性与 P_{max}、CP 之间的相关系数（横/纵）

测试项目	P_{max}	p	CP	p
EMT	−0.604	0.022	−0.740	0.002
	−0.696	0.006	−0.774	0.001
F（5）	0.708	0.002	0.759	0.002
	0.621	0.018	0.495	0.072
F（8）	0.685	0.007	0.813	0.000
	0.701	0.005	0.610	0.021
F（11）	0.577	0.031	0.742	0.002
	0.648	0.012	0.610	0.021
F（E_{max}）$_{横}$	0.526	0.065	0.692	0.009
	0.543	0.045	0.496	0.071

如表4-11 所示，选择显著性水平为 0.05（95%），关键相关系数 $r = 0.497$，$p < 0.05$。P_{max} 和 CP 具有很强的相关性，并且与 EMT，T_0 和 T_M 以及摩擦性能 SMD 有非常强且高度显著的相关性。

表4-11　剪切特性与 P_{max}、CP 之间的相关系数（横/纵）

测试项目	P_{max}	p	CP	p
G	0.492	0.074	0.595	0.025
	0.464	0.095	0.537	0.048
EMT	−0.604	0.022	−0.740	0.002
	−0.696	0.006	−0.774	0.001
T_0	0.816	0.004	0.876	0.001
T_M	0.768	0.009	0.844	0.002
SMD	0.542	0.106	0.507	0.135

一方面，由于弹性针织材料提供的压力值 P 有极限最大值范围，因此，分别使用 sigmoid 函数（S 型生长曲线）、幂函数或线性模型来对压力与针织材料性能之间的关系进行建模。在以下（x_i, y_i）中，自变量 x_i 代表针织材料的性能，因变量 y_i 代表最大可接受压力；另一方面，还建立了多元线性回归模型表达，如式（4-2）、式（4-3）所示。

$$y_i = e^x = \exp\{f(x)\}, \tag{4-2}$$
$$y_i = \beta_{01} + \beta_1 x_{i1} + \beta_2 x_{i2} + \cdots + \beta_n x_{in} + \varepsilon_i, \tag{4-3}$$

式中，y_i 是压力因变量，e 是自然对数的底数；x_{i1}, x_{i2}, $\cdots$, x_{in} 是针织材料性能自变量，$i = 1, 2, \cdots, 18$，$x \neq 0$，$y > 0$，β_0 是常数，ε_i 是随机误差（随机变量）。

从预测来看（图 4-19），可以选择曲线函数模型作为最佳拟合度模型。对于针织材料的压力值，在初始阶段，随着 x 的增加，y（P）的增长率逐渐增大，曲线呈现出快速增长的趋势；在中期，尽管 x 仍处于增长阶段，但 y 的增长相对缓慢，当达到拐点（x，y）时，曲线呈现更为平缓的上升趋势，这是因为函数的饱和度已经达到极限，随着 x 的增加，y 的增长变得缓慢，压力的增长率趋近于零，曲线趋于水平发展。使用调整后的 r^2（Adjusted R-Square）来定义拟合度，调整后的 r^2 小于 r^2 和 r，选择调整后的 r^2 值较好且估计值的标准误差最低的模型。

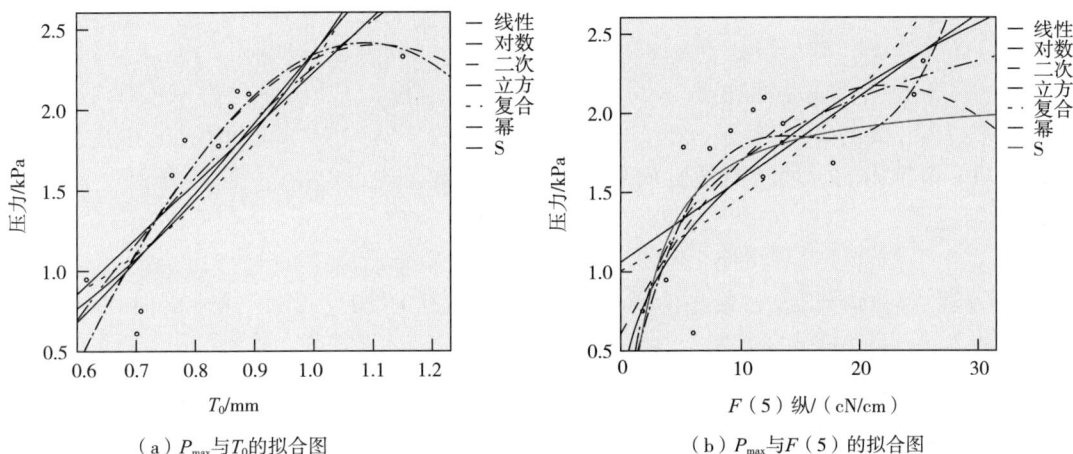

（a）P_{max} 与 T_0 的拟合图   （b）P_{max} 与 F（5）的拟合图

图 4-19　压力预测计算模型的选择

建立了由经向和非定向（T_0，T_M）的 KES 参数组成的 sigmoid 函数（S 型生长曲线）模型。从数学角度来看，这些方程具有 P_{max} 值的极限范围。此外，使用了逐步分析法来分析 P_{max}、F（5）$\sim F$（E_{max}）和 KES 材料属性之间的关系，然后在经向上得到了多元线性方程［式（4-7）］。

对方程进行 F 检验，显著性水平小于 0.000；对系数进行 t 检验，显著性水平小于 0.01，皮尔逊相关系数 r 为 0.9999，决定系数 r^2 为 0.9998，调整后的 r^2 为 0.9995。结果显示方程式（4-4）~式（4-7）具有良好的拟合度。

$$P_{max} = e^{\left(2.709 - \frac{1.853}{T_0}\right)} \tag{4-4}$$

$$P_{max} = e^{\left(2.334 - \frac{1.028}{T_M}\right)} \tag{4-5}$$

$$P_{max} = e^{\left(0.721 - \frac{2.924}{F(8)_{横}}\right)} \tag{4-6}$$

$$P_{max} = 2.417 \cdot T_M + 5.159 \cdot T_0 - 0.181 \cdot F(5)_{横} + 0.127 \cdot F(8)_{横} - 0.031 \cdot F(11)_{横} - 0.014 \cdot EMT_{横} - 24.964 \cdot LC + 5.709 \tag{4-7}$$

式中，e 是自然对数的底数，约等于 2.718；T_0 和 T_M 是 KES 参数；P_{max} 是最大压力。方程式（4-4）和式（4-5）可以推导出在 0<P_{max}<15.01 kPa 范围内的压力值，而方程式（4-6）只能推导出在 0<P_{max}<2.056 kPa 范围内的压力值。

然后，还建立了由纵向 KES 参数组成的 sigmoid 函数模型。方程式（4-8）~式（4-11）的 F 检验显著性水平小于 0.05，系数的 t 检验显著性水平也小于 0.05，皮尔逊相关系数 r 为 0.9999，r^2 为 0.9999，调整后的 r^2 为 0.9992。

$$P_{\max} = \mathrm{e}^{\left(0.765 - \frac{3.886}{F(11)_{\text{纵}}}\right)} \tag{4-8}$$

$$P_{\max} = \mathrm{e}^{\left(0.743 - \frac{7.852}{F(20)_{\text{纵}}}\right)} \tag{4-9}$$

$$P_{\max} = \mathrm{e}^{\left(0.75 - \frac{7.404}{F(E_{\max})_{\text{纵}}}\right)} \tag{4-10}$$

$$P_{\max} = 0.662 \cdot F(5)_{\text{纵}} - 0.446 \cdot F(8)_{\text{纵}} + 0.162 \cdot F(11)_{\text{纵}} + 0.101 \cdot F(17)_{\text{纵}} -$$
$$0.153 \cdot F(E_{\max})_{\text{纵}} + 15.983 \cdot T_0 - 23.497 \cdot T_{\mathrm{M}} - 0.019 \cdot \mathrm{EMT}_{\text{纵}} + 2.99 \tag{4-11}$$

式中，e 是自然对数的底数，约等于 2.718；$F(5)$~$F(E_{\max})$ 表示 KES 拉力参数，单位为 cN/cm；$P_{\max}$ 是最大压力。式（4-8）~式（4-10）可以推导出在 $0 < P_{\max} < 2.132\ \mathrm{kPa}$ 范围内的合理压力值。而从数学角度来看，式（4-11）这类方程没有 $P_{\max}$ 值的限制范围。

计算出了拟合度最佳的方程，并通过将实际值重新代入式（4-12）~式（4-15）中进行计算，以选择误差 ε 最小的最优函数曲线（图 4-20），用于描述横向和纵向上的 CP 和 $E_{\max}$。

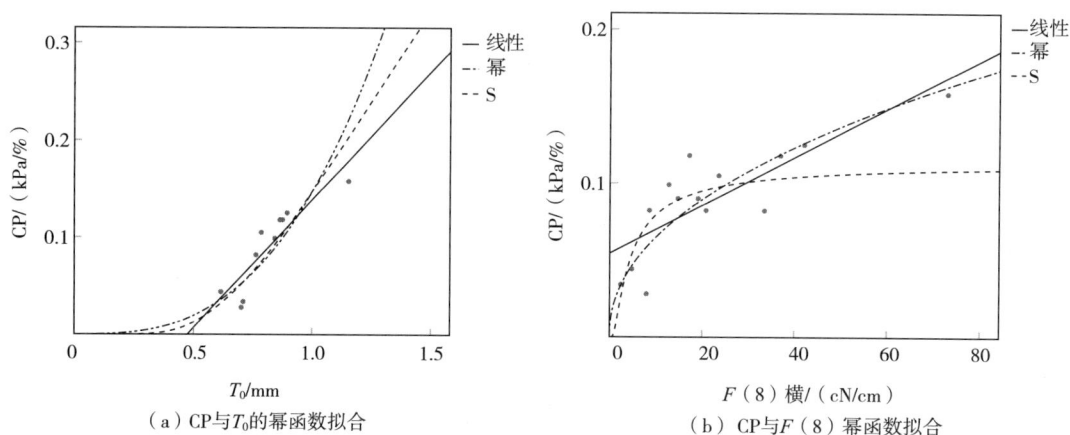

（a）CP 与 T_0 的幂函数拟合　　　（b）CP 与 $F(8)$ 幂函数拟合

图 4-20　CP 拟合模型的选择

$$\mathrm{CP} = 0.148 \cdot T_0^{2.907} \tag{4-12}$$

$$\mathrm{CP} = \mathrm{e}^{\left(-1.689 - \frac{1.704}{\mathrm{SMD}_{\text{横}}}\right)} \tag{4-13}$$

$$\mathrm{CP} = 0.022 \cdot F(8)_{\text{横}}^{0.463} \tag{4-14}$$

$$\mathrm{CP} = 0.017 \cdot F(20)_{\text{纵}}^{0.398} \tag{4-15}$$

式中，e 是自然对数的底数，约等于 2.718；$0 < F(8)_{\text{横}}$，$F(20)_{\text{纵}} < 200\ \mathrm{cN/cm}$（内衣材料平均最大拉伸力值的范围）；CP 是压缩性能，$0 < \mathrm{CP} \leqslant 1$，单位为 kPa/%；$T_0 < 1.5\ \mathrm{mm}$。

此外，分析了拟合度最佳的式（4-16）~式（4-19），并将实际值代入以选择最优的函数曲线（图4-21）。

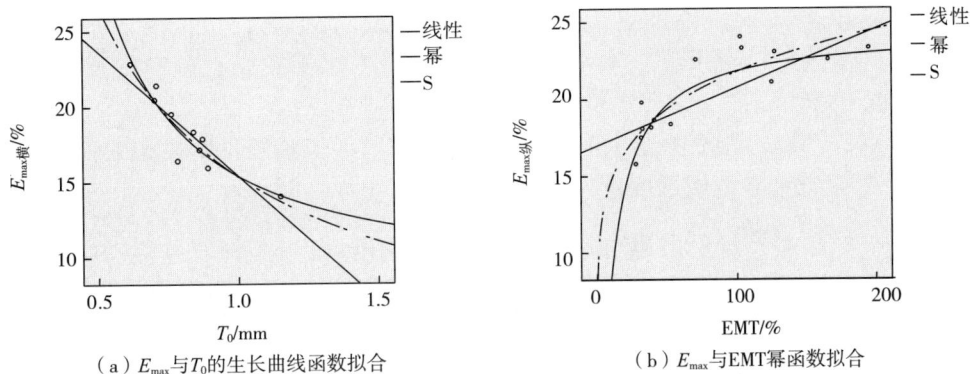

（a）E_{max}与T_0的生长曲线函数拟合　　（b）E_{max}与EMT幂函数拟合

图4-21　E_{max}拟合模型的选择

$$E_{max.横} = e^{\left(2.068 + \frac{0.666}{T_0}\right)} \tag{4-16}$$

$$E_{max.横} = 0.025 \cdot EMT_横 - 0.073 \cdot F(8)_横 + 18.781 \tag{4-17}$$

$$E_{max.纵} = e^{\left(3.191 - \frac{10.789}{EMT_纵}\right)} \tag{4-18}$$

$$E_{max.纵} = 0.025 \cdot EMT_纵 - 7.131 \cdot T_0 + 23.118 \tag{4-19}$$

式中，e 是自然对数的底数，约等于 2.718；EMT 是在 500 cN/cm 载荷下的伸长率；E_{max} 为最大伸长率，且 $E_{max} > 0$。

通过这些方程，可以根据针织材料的属性参数来预测其承压能力，以及用于内衣结构中的最大松量设计 E_{max}。

第六节　压力预测数学模型构建

已知类型变量之间存在高度相关性，并且从式（4-4）~式（4-19）中得到了良好的 r^2 值，但仍然希望确定这些方程中的误差 δ。针织材料样本的计算数据是基于所有方程的，因此可以使用原始数据，并将其代入方程式（4-20）中进行测试计算。

$$\delta = \Delta/y \cdot 100\% \tag{4-20}$$

式中，δ 表示实际相对误差；Δ 表示绝对误差，即预测值 $\hat{P}$（$\hat{CP}$，$\hat{E}$）与实际（测量）值 P（CP，E）之间的差值；y 表示实际（测量）值 P（CP，E）。

测试结果如表4-12所示。其中，第二四分位数 Q_2（50 百分位数值）是 δ 的中位数。当 δ 的中位数 Q_2 接近 0% 时，表示预测结果最为准确，是最佳情况。

本章还考虑了其他测试指标，即峰度和偏度。峰度即峰值，正峰度表示相对于正态分布的重尾部和峰值，而负峰度表示浅尾部和平坦度。正峰度意味着预测值接近 0 值中心时范围更广，而负峰度则表示这些值从 0 值中心分散开，范围更窄。在一定程度上，正峰度比负峰度更优。因此，还需要检查偏态，负偏度表示左尾部较长，分布的质量集中在图形的右侧；正偏度则表示右尾部较长，分布的质量集中在图形的左侧。

如表 4-12 所示，最优值已用粗体标记。由于方程用于预测不同类型的值，因此绝对误差 Δ 和相对误差 δ 的容忍度也不同。

表 4-12　计算式的结果比较

	计算式	计算结果	相对误差	标准偏差	方差	峰度	偏态
$\hat{P}$ 计算式	式（4-4）	−0.037 kPa	4.08%	0.380	0.144	−0.469	1.062
	式（4-5）	−0.039 kPa	4.82%	0.413	0.171	−0.534	0.808
	式（4-6）	−0.047 kPa	4.79%	0.308	0.095	3.895	1.809
	式（4-7）	−0.030 kPa	2.27%	0.020	0.134	4.096	1.736
	式（4-8）	−0.021 kPa	−0.72%	0.227	0.051	−0.349	−0.399
	式（4-9）	−0.031 kPa	1.77%	0.221	0.049	−0.005	−0.304
	式（4-10）	−0.020 kPa	−0.80%	0.216	0.047	−0.652	−0.088
	式（4-11）	0.294 kPa	23.66%	0.228	0.052	0.817	1.200
$\hat{CP}$ 计算式	式（4-12）	−0.0016 kPa/%	5.94%	0.029	0.001	1.938	1.482
	式（4-13）	−0.0016 kPa/%	2.99%	0.027	0.001	1.195	0.246
	式（4-14）	−0.0018 kPa/%	4.07%	0.019	0.000	0.12	0.163
	式（4-15）	−0.0016 kPa/%	2.87%	0.021	0.000	0.72	0.641
$\hat{E}$ 计算式	式（4-16）	−0.652%	−3.38%	1.450	2.103	2.217	1.079
	式（4-17）	−1.181%	−5.57%	1.448	2.096	−0.098	−0.347
	式（4-18）	−0.034%	0.14%	1.151	1.325	−0.595	−0.232
	式（4-19）	0.918%	4.15%	1.732	2.999	1.323	1.180

最后，本章优选的推荐计算式如表 4-13 所示。

表 4-13　预测计算式的汇总与分类

等级	计算式	预测值
优选	预测压力 P 计算式（4-10）	±0.020 kPa
次选	预测压力 P 计算式（4-7）	± 0.030 kPa
	预测压力 P 计算式（4-8）	± 0.022 kPa
优选	预测横向 CP 计算式（4-13）	± 0.027 kPa/%
	预测纵向 CP 计算式（4-15）	± 0.021 kPa/%
优选	预测横向 E 计算式（4-16）	± 1.450%
	预测纵向 E 计算式（4-18）	± 1.151%

所获得的计算式可用于设计压缩针织男性内衣。首先，需要测量针织材料样本在平均拉伸 E（x）（如 19.0%）时的拉力 F（x），然后计算出针织材料在人体特定部位上所能承受的压缩压力 P，再对所设计部位尺寸的合理性进行验证。

第七节　本章小结

本章主要围绕现代男性内衣的生理心理指标展开，深入探讨内衣设计在生理和心理层面的舒适性。研究分为两个主要部分：一是生理心理指标的分析，二是针织材料的力学性能与压缩力的测量。

在针织材料的力学性能测试中，研究采用了先进的测试设备，分析了多种针织材料在不同拉伸条件下的压缩力及其对身体的影响。通过对压力分布数据的精确测量，研究确定了材料的合理压力范围，为内衣设计提供了科学依据。这一部分的研究不仅聚焦于材料的弹性和透气性，还探讨了如何通过改进材料的性能来提升内衣的整体舒适性。

压力与伸长变化之间存在显著的相关性。可以通过人体模型测试和真实人体压力测试来进行计算和预测。针织材料的压缩压力容易拉长 5% 以上，且压力的快速增长与针织材料在一定范围内的伸长率成正比；对于每种针织材料，当压力超过一定的伸长范围（或达到一定的压力范围）时，压力的增加变得缓慢或保持不变。

在软体人体模型测量方面，腰带部分的最大拉伸率应小于 35%，其他部位的最大拉伸率应小于 40%；对于前裆部的提拉效果，其最大距离应在 2.8~4.5 cm；而后臀部峰点的最大距离则在 1.8~2.0 cm，当这个距离超过大约 1.75 cm 时，所产生的测试压力会大于 3.19 kPa，可能会让人体感到不适。而在针织材料达到最大（合理）拉伸时，其平均最大压力为 3.10 kPa。

在生理心理指标方面，研究指出，男性内衣的设计不仅需要考虑材料的物理性能，还要重视穿着者的心理感受。通过对不同类型内衣的压力分布、功能特性及穿着体验的研究，揭示了内衣对男性身体的支持与影响，特别是在运动和日常活动中的表现。研究强调了心理因素，如自信心和社会文化背景，对内衣选择的影响，指出舒适的内衣不仅提升人体舒适性，还能增强穿着者的自信心。

通过真实人体的压力敏感性测试，在两个不同的线圈方向上，最大的材料测试压力均值 $P_{material}$ 在 $[(0.54~2.34)±0.31]$ kPa。最大人体部位测试压力均值 P_{body} 在 $[(1.21~1.86)±0.58]$ kPa，这是测试者所能接受的最大压力的临界值。同时，平均最大拉伸 E_{max} 的范围是 14.8%~22.2%，这是测试者所能接受的最大拉伸范围的临界值。

通过实验已经确定了不同身体部位可能承受的压力范围，这反映了软组织在受压时的敏感程度。基于最大人体部位测试压力均值 P_{body}，可以建立软组织的敏感性排序如下：臀围<大腿围<自然腰围<小腿围<新腰围<小臂<大臂。研究基于针织材料相关数

据以及软组织在受压下的敏感性的综合运用，开发了针织内衣设计的简易算法。

KES-FB1测试系统中的最大拉伸率范围在15.77%~195.06%，远大于人体上测得的在可接受范围内的最大拉伸率（14.80%~22.15%），且差异显著。原因在于两者的拉伸条件不同，即KES-FB1测试是在平面状态下进行，且施加了较大的拉力/负荷；而当材料贴合人体拉伸时，拉力较小（材料受身体形变影响），并且还需考虑材料与身体之间的摩擦等因素。

本章已经测量了人体的最大舒适松量，且这些值相近。平均最大松量为横向-18.88%，纵向-20.08%。因此，可以在内衣结构图设计上添加这个松量均值范围（负值）-19.48%~0%。例如，表4-14是在身体各部位推荐使用的松量。

表4-14　不同人体部位的最大舒适松量

人体部位	最大舒适松量 $E/\%$
大臂	-19.11
小臂	-17.86
腰围	-19.05
新腰围	-20.42
臀围	-23.09
大腿围	-17.92
小腿围	-18.92
均值	-19.48

另外，针对男性紧身内衣设计提出了在实际"人体—服装"系统中基于材料样本（通过特定值的拉力）测量的新指标（压缩能力指数）。预测压力方程时，$F(x)$ 预测压力方程的适用条件如下：当针织材料的拉伸 $E(x)$ 在5%~20%时，拉力 F 小于200 cN/cm，且材料厚度 T_0 小于1.5 mm。也得到了用于计算紧身针织材料下压缩压力的方程，并对内衣设计中采用的松量进行了测试。

本章研究在理论上补充了关于男性内衣材料性能与人体感知等研究，特别是针对亚洲人群的生理和心理需求。这在以往研究中相对缺乏，为内衣设计领域提供了新的视角和理论依据。通过对针织材料的压缩性能特征的细致分析，填补了不同材料、人体部位在压力敏感性和舒适性方面的知识空白，为后续研究奠定了基础。

实际意义上，本章通过系统的实验设计与数据分析，使内衣制造商能够更好地理解消费者的需求，优化产品设计。在现代快节奏的生活中，内衣的舒适性对男性的日常生活和工作表现具有重要影响。研究指出，适宜的压力分布和材料选择能够显著提升穿着者的体验，进而提高用户满意度。制造商可以借助本次实验结果，调整内衣的设计理念，从而在市场中获得竞争优势。

第五章

现代男性内衣二维结构设计新方法

随着社会对男性内衣功能性和舒适性要求的不断提升，传统的内衣设计方法逐渐无法满足现代消费者的需求。在运动和日常生活中，男性内衣的设计需在贴合人体曲线的同时，提供足够的支撑和舒适感。传统设计方法常依赖于简单的结构修改，缺乏科学性和系统性，导致在舒适性、贴合度及美观性等方面存在不足。因此，开发一种更适合人体工程学的内衣二维结构设计方法显得尤为必要。

现代男性对内衣的要求已不再局限于基本的穿着功能，更关注舒适性、支撑性和审美性，这显示出消费者需求的多样化趋势。同时，个性化消费的兴起推动了市场对定制化内衣的需求，而传统方法难以应对这种趋势。新方法通过优化结构设计，提高内衣的贴合度和支撑效果，并考虑面料性能差异，能够更灵活地适应个体差异，以满足消费者的多样化需求。

传统内衣设计方法多依赖于经验和直觉，通常采取简单的结构修改，如调整尺寸和形状。这种方法虽然在短期内可能解决一些问题，但在舒适性、功能性及美观性等方面往往存在明显短板。缺乏科学依据的设计决策可能导致内衣在穿着中的不适感，加大了消费者的选择难度。此外，传统方法对材料性能的考虑不够全面，不能有效应对不同用户的需求变化。

本章将重点阐述一种更加科学系统的二维结构设计方法，以满足现代消费者的多样化需求。新方法基于人体工学、运动学和材料科学等多学科理论，结合现代计算机辅助设计（CAD）技术，为内衣设计提供系统化的思路。通过结构优化与算法分析，深入探讨男性下体结构与内衣结构之间的关系，进行科学的结构调整。

新设计方法充分考虑了人体的生物力学特征，利用运动学原理分析动态活动中内衣的表现。同时，材料科学的应用确保了设计过程中面料性能的科学评估，从而提高内衣的舒适性和功能性。

通过 CAD 技术，设计师能够进行精确的结构模拟与优化。这种技术不仅提高了设计效率和准确性，还使设计师能够快速测试不同设计方案的可行性，从而更有效地满足消费者需求。这一过程丰富了内衣设计的学术研究，为后续研究提供了理论基础。

在实际应用中，设计师通过新方法能够更准确地模拟人体形态，优化内衣的剪裁和结构，显著提高内衣的舒适性与功能性。

本章首先明确男性内衣设计的关键参数，包括新腰围、新大腿围、全裆长、生殖器及臀部凸起值等。通过对不同消费者需求的分析，界定舒适性、支撑性和审美性的具体要求。随后，以传统裤子结构图为基础，分析其结构特点和比例关系，调整裆宽、裆弯弧度及腰带设计等，以满足内衣的贴合需求。并结合多学科理论，设计内裤的前后片、裆片及腰带结构。考虑材料性能及弹性，优化设计以提高贴合度和支撑效果。再利用 CAD 技术模拟人体形态，优化内衣的剪裁和结构。通过虚拟试衣等技术，验证设计的舒适性与功能性。根据人体测量数据库及不同尺码的差异，进行结构图的放码调整，以适应不同消费者的需求。

男性内衣的二维结构设计新方法通过科学的理论基础和先进的技术手段，能够有效提升内衣的功能性和舒适性，满足现代消费者的多样化需求。未来的内衣设计将更加注重个性化和可持续性，推动行业的创新与发展。

本章探讨了男性下半身裤子与内衣原型之间的关系。图5-1展示了真实皮肤与制作的假体模型皮肤［图5-1（a）（c）］。该模型与人体紧密贴合，并沿下半身的前后中心线及侧缝线进行剥离。通过图5-1（a）（d）的比较，可以清晰地看到两者在结构上的一致性。从理论上讲，此结构块应能够完全贴合下半身躯干的表面，成为男性内衣结构的理想状态。然而，由于不同内裤针织面料的性能限制，结构块有必要进行相应的调整，以适应这些特性的变化。

普通裤子的原型设计基于人体的腰臀腿部结构。将人体皮肤沿中线及侧缝线展开后，与裤子板型进行比较，可以得到相似的结构图形［图5-1（b）］。鉴于裤子的外穿功能及面料弹性，设计时通常会添加一定的松量，以确保下肢的自由活动。此外，短裤的设计往往是由长裤演化而来，通过简化长度而形成。因此，可以推测，内衣的制图同样可以源于裤子原型，只需根据面料性能减少松量及立裆量，调整裆弯弧线，并从裤子结构上分解前囊袋结构，以实现对人体的全面包裹，而不留宽松量。

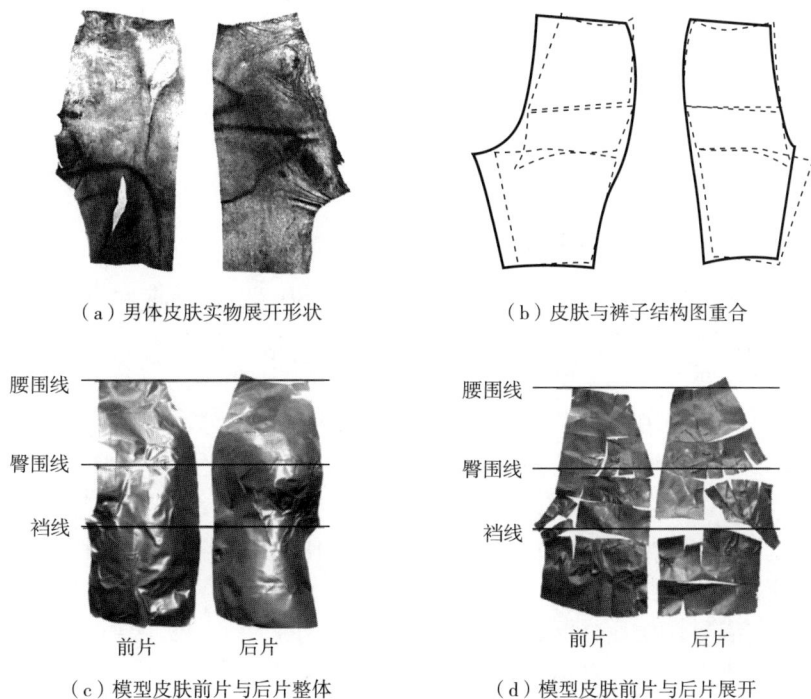

（a）男体皮肤实物展开形状

（b）皮肤与裤子结构图重合

腰围线　臀围线　裆线

前片　后片

（c）模型皮肤前片与后片整体

腰围线　臀围线　裆线

前片　后片

（d）模型皮肤前片与后片展开

图5-1　男下体腰至大腿部皮肤展开图

第五章　现代男性内衣二维结构设计新方法

通过将身体"皮肤"的前后身部分展开并对比缝隙/裂纹，发现后片的裂纹程度明显大于前片，且许多裂纹出现在臀部（臀大肌）和腹股沟处。这些"皮肤"的裂纹在裆缝线（CrL）和臀围线处汇聚，显示出上半部分形状与内衣的结构相似 [图5-1 (d)]。弹性紧身内衣的设计旨在贴合人体下半身，因此可以借鉴紧身裤的理论来分析紧身内衣的结构。

裤子裆部是裤装结构的重要参数，关系到人体下装的运动功能。裆部的结构变化直接影响裤子的美观性、舒适性和功能性。在裤子结构图中，裆宽由前裆宽与后裆宽组成，其总长度为前、后裆宽之和，而内衣的结构通常采用负松量值来适应面料的弹性。立裆长（即上裆长、股上长、坐高）为腰高至会阴高的直线距离，内衣则同样采用负松量值。

短袖背心可以通过上衣原型来绘制，同理，内裤也可以通过紧身裤原型来绘制并进行改进。以中国教科书中的男裤原型为例，该结构被分为四片（图5-2）。其特点是以 HG 为基本参数，来计算身体各部分数据的比例，其中臀宽=HG/4 +放松量，臀围线与裆部的距离为 Δ = HG /12。总的来说，结构前后片上裆部宽度在裆线处的延伸量采用典型值 "0.145 · HG ~ 0.16 · HG"，其中前片为 "HG /18=(2/3) · Δ"，后片为"前片宽度+(1/2) · Δ"。

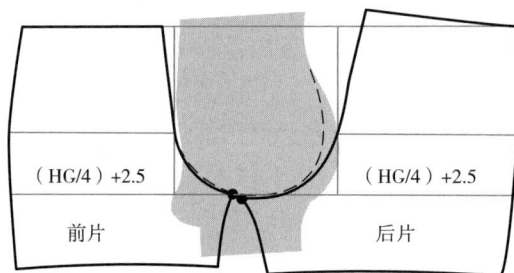

图5-2　男裤结构图

本章还以欧洲教科书中的男裤原型为例。该结构被分为两片（图5-3），其特点是以 HG 作为水平方向的基本参数，以身长起翘量（BR）作为垂直方向的基本参数来计算比例。同样地，图5-3 (a) 中的结构绘制方法显示，"臀宽=（HG/4）+放松量"，结构前后片上裆部宽度"1"在裆线处的延伸量，前片为"HG/16"，后片为"前片宽度+1/2 · [（HG/16）+0.5]"。图5-3 (b) 显示后裆部延伸量为"HG/10"。

由于人体尺寸的差异，不同国家、地区的裤装尺码以及结构中裤装裆宽的计算公式均不相同。根据中国 1997 年的人体测量数据，对于合身款式的裤子，合理的裆宽约为 0.16 · HG，其中前裆宽为 0.05 · HG 或 0.07 · HG，后裆宽为 0.11 · HG 或 0.09 · HG，前后裆宽之和为 0.16 · HG。

第一组分配值为 0.05 · HG+0.11 · HG = 0.16 · HG。

第二组分配值为 0.07 · HG+0.09 · HG = 0.16 · HG。

在欧洲，典型的裆宽为 0.0625 · HG+0.125 · HG = 0.19 · HG。但是，对于紧身

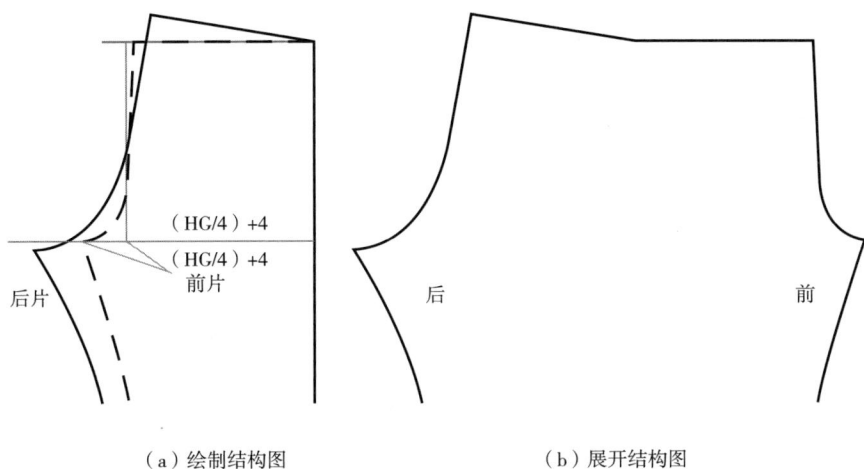

（a）绘制结构图　　　　　　　　　　（b）展开结构图

图 5-3　男裤结构图（两片式）

裤来说，裆宽为 $0.145 \cdot HG$，普通款式的裆宽为"$0.15 \cdot HG$"，而前裆宽通常为 3~4 cm。

　　为了探索和验证常见结构中的规律性，分析了大量有无侧缝的裤子、平角裤或压缩平角裤结构。为了比较裤子基础结构与内裤基础结构。根据前中心线、后中心线和臀围线等指导原则绘制了这两种结构重叠图，如图 5-4 所示。

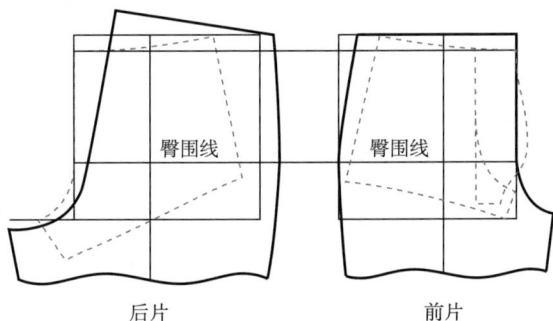

后片　　　　　　　　　　前片

图 5-4　内裤与裤装结构重叠图

　　通过比较，以前后中心线和臀线为参考线，将其重叠于图 5-5（a）中。可以明显看出，虽然二者在具体角度上存在显著差异，但内衣的后中心线并没有像裤子那样倾斜制图。此外，内衣的后裆点位置向上调整了 0.5~1.5 cm。如图 5-5（b）所示，内衣与裤子的结构和比例也存在不同，前裆点的位置高于裆部水平线为 3~4 cm，且大致处于臀围与裆围水平线二分之一处，这样设计使前裆片的底部紧贴男性裆底，以更好地支撑男性生殖器。这样的设计不仅提高了穿着的舒适性，也增强了内衣的功能性，使其能够更好地适应男性身体的特征。

　　如图 5-5 所示，根据臀线重叠了裤子和内衣的原型，这些裤子和内衣的结构被分为左右两个部分，并且没有侧缝。

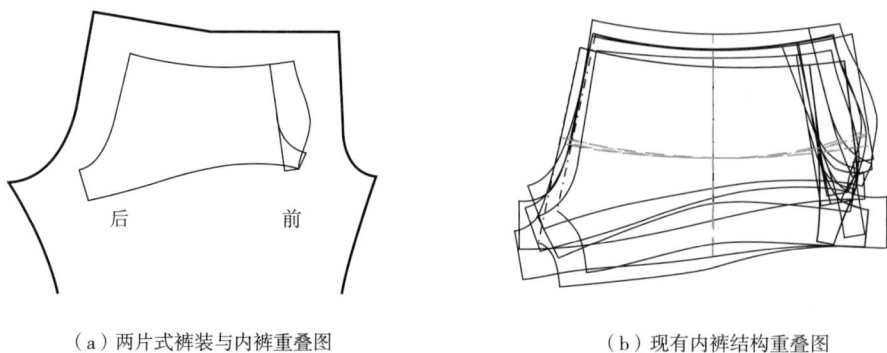

（a）两片式裤装与内裤重叠图　　　　（b）现有内裤结构重叠图

图 5-5　结构重叠图

其制图特点以外缝为垂直线，并且以低腰围尺寸（Low-waist）为基础制图数据，绘图中多利用平行线作参考线进行绘制。成品内裤的内侧缝长 6.5 cm，外侧缝长 25 cm。将裤装原型与内裤结构图进行合并［图 5-5（a）］，以外侧缝线及臀围线为基准线。从对比图中可以明显看出两结构图后中线的曲势比例相同，内裤前裆弯线倾角较裤子前中倾角大。后落裆量上提 1~2 cm，前裆水平线提高 3~4 cm，且大致位于臀围线至裆底线二分之一处。

又如，以 5 种男性平角裤结构图为例［图 5-5（b）］，统一其尺寸并进行绘制，以臀围线及外侧缝线为基准，通过比较可看出：虽然制图方式各不相同，但是平角内裤的整体结构线变化不大，只是在前后裆弯弧度上有着较小的差别。且前裆线比后裆线高 1~4 cm，由于后裆线较长，且前裆弧线为前囊袋侧缝线，并非前中心线。

通过对上述内裤与裤子的基本结构进行对比，可以看出两者在基本结构上存在以下差异：①男性内裤的横裆线位置高于裤子；②内裤的后裆部顶点位置比裤子高约 1 cm；③内裤的前裆部顶点位置比裤子高 3~4 cm；④内裤的腰线（或腰带位置）比裤子更短且更低；⑤在裆宽方面，裤子的裆宽约为 0.15 倍的臀围（HG），而内裤的裆宽则小于 0.1 倍的臀围。鉴于这两类服装在结构制作方法上的相似性，选择了基本裤子结构作为基础，来开发具有不同功能效果的男性内裤设计方法。

在设计内裤的腰带时，现有的绘制方法主要依据具有生产经验数据的成品内裤腰带尺寸。通常，内裤的腰带长度为 63~68 cm（适用于中等身材），其位置位于自然腰围线下方 4~20 cm 处，一般多为 4~10 cm。

例如，教材中关于内裤设计的腰围长度计算式如式（5-1）所示：

$$WB_L = (HG^* + 2 \sim 4) \cdot (10/\Delta E) \tag{5-1}$$

式中，WB_L 代表内衣结构图的腰带长度，cm；HG^* 表示不考虑放松量的臀围尺寸，cm；10 代表针织面料的原始长度（10 cm）；ΔE 表示针织面料从 10 cm 拉伸到合理范围后的伸长量。例如，若 HG = 90 cm，ΔE = 15 cm，则 WB_L 的计算公式为式（5-2）所示，WB_L = 61~63 cm。

$$WB_L = Mid\text{-}WG \cdot (1 + E) \tag{5-2}$$

式中，E 代表伸长率；Mid-WG 位于自然腰围线下方 8 cm 处。例如，若 Mid-WG =

84 cm，$E = 25\%$ 的伸长率，则 WB_L 为 67 cm。

图 5-6（a）展示了三种内裤设计变体——A、B、C，它们分别是前插片的三种不同设计方法。为了设计前插片的体积以支撑和塑型男性生殖器，前插片的长度与其宽度相匹配。A 型——传统款式，无提升效果，具有最长的和最窄的宽度，前插片底部与内侧缝相连；B 型——具有一定提升效果的款式，宽度适中，且前插片底部呈曲线形状；C 型——具有较强提升效果的款式，长度较短，前插片呈椭圆形。

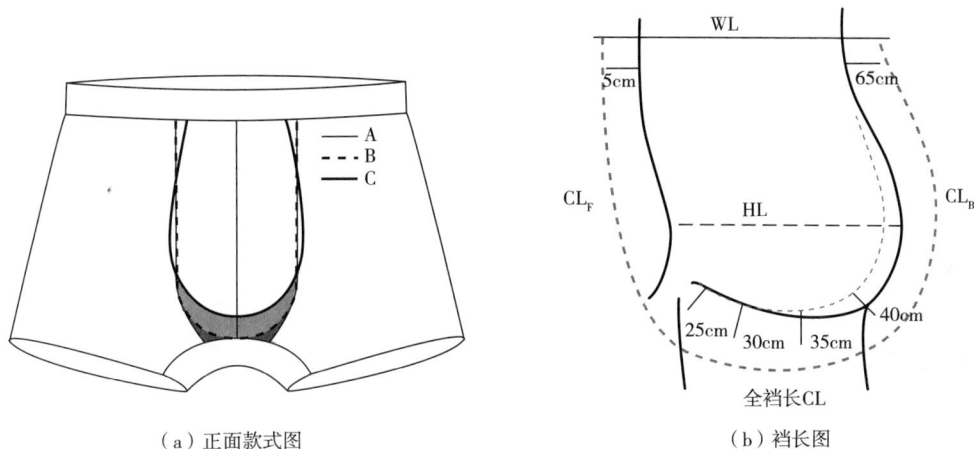

（a）正面款式图　　　　　　　　　（b）档长图

图 5-6　内裤档部变体与档长示意图

图 5-6（b）展示了内裤的档长（CL）示例（引自印建荣，2007 年，第 135 页），图中分别说明了前档长（CL_F）和后档长（CL_B），以及档底部的设计长度。高腰内裤的全档长通常超过 55 cm；中腰内裤的全档长为 45~55 cm；低腰内裤的全档长为 35~45 cm，而普通内裤的档部长度一般超过 13.5 cm。然而，该图示并未描述男性生殖器官的体积。

上述方法在设计现代内裤时存在局限性。在中国的教材中，通常仅将腰围尺寸作为腰带部分的变量值，而在其他部分的结构图制作中则采用不明确的方法和固定值。许多经验值并不能适用各种不同类型的内裤。

第二节　内衣二维平面结构设计新方法

一、新参数与设计步骤

主要设计与开发步骤及思路包括以下几个方面。

（一）需求分析与参数定义

明确男性内衣设计的关键参数，包括新腰围（NWG）、全裆长（CL）、新大腿围（NTG）、生殖器及臀部凸起值（ΔF 和 ΔB）、身体基线高度（BR）及腰带高度（h_W）等。针对不同的消费者需求，分析舒适性、支撑性和审美性的具体要求。

首先，明确男性内衣设计所需的关键参数及定义（在第三章中提到）：

NWG（New Waist Girth）：新腰围，指内裤腰带位于自然腰围以下时的尺寸；

CL（Crotch Length）：全裆长，从腰前中心线（WF）经裆部（Cr）至腰后中心线（WB）的长度（非常贴合身体）；

NTG（New Thigh Girth）：新大腿围，指内裤底部在水平和倾斜方向上的大腿围尺寸；

$\Delta F = CL_F - BR$：描述生殖器凸起的值，其中 CL_F 为前裆长至身体基线的距离，BR 为身体基线至内裤腰带顶部的距离；

$\Delta B = CL_B - BR$：描述臀部（臀大肌）凸起的值，其中 CL_B 为后裆长至身体基线的距离；

BR（Body Rise）：身体基线至内裤腰带顶部的距离；

h_W：自然腰围高度与新腰带高度之间的距离（用于描述内裤腰带设计的高度），此距离通常为 4~10 cm。

（二）基础结构图的选择与改进

以传统裤子结构图为基础，通过分析其结构特点和比例关系，调整裆宽、裆弯弧度及腰带设计等，以适应内衣的贴合需求。

（三）结构设计与优化

结合人体工学、运动学及材料科学的理论，设计内裤的前后片、裆片及腰带结构。考虑材料性能及弹性，优化结构图设计以提高贴合度和支撑效果。应用多种组合设计内裤的前后片，适应不同体型或着装需求。

（四）计算机辅助设计与模拟

利用现代计算机辅助设计技术，模拟人体形态，优化内衣的剪裁和结构。通过虚拟试衣等技术，验证设计的舒适性与功能性。

（五）放码与尺寸调整

根据人体测量数据库和不同尺码的差异，进行结构图的放码调整。

两种放码方法的应用：方法一基于实际尺寸差异，方法二则基于新的分类标准，为大规模生产提供更多设计细节。

列举一款典型的男性内裤基本结构图——"日常平角裤"（图 5-7），主要步骤包括以下几点：

基于基本结构图上部，绘制结构线和人体测量线，包括腰围线、臀围线、裆线、裤口线等；

确定"材料弹性值（松量 E）与压力（P）"这两个变量的可能组合，如第四章所写，以确保这两个变量保持平衡；

选择所需的前部和后部托举效果值，并确定如何实现这些效果，这可以通过结构设计来实现，例如添前裆片（独立的前裆片，或设计成像口袋一样的特殊裆插入片）；

绘制后片结构图（较少分割的后部设计通常包括前部和侧部）；

绘制前裆片结构图；

绘制裆部结构图（设计完成）。

二、日常平角裤的基本设计新方法与实例

本章创建的制图方法是一种"点对点"的简易方式，他能通过规定的制图顺序与计算方程尺寸完成绘制。关于基本款日常平角裤结构制图方法，如图5-7所示。

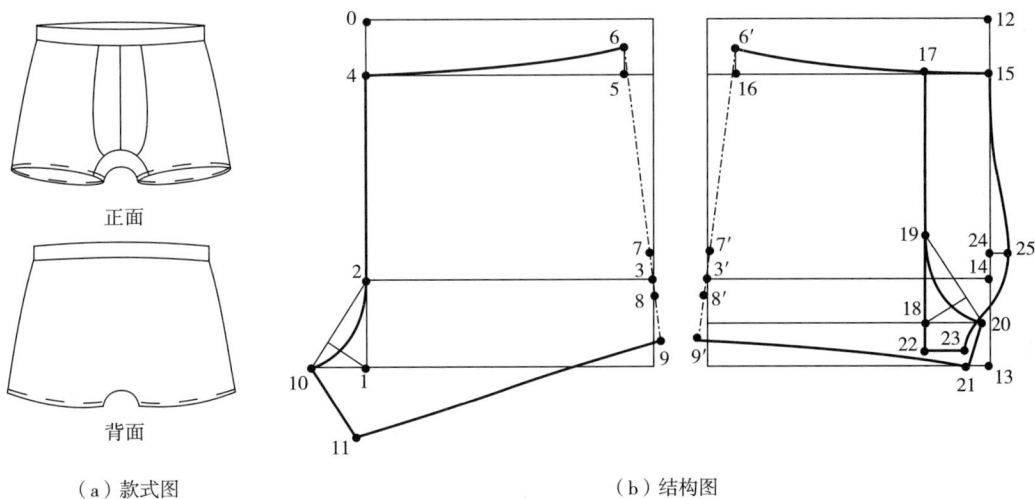

（a）款式图 　　　　　　　　　　　（b）结构图

图5-7　日常平角裤结构制图方法

关于后片的制图方法见表5-1。

表5-1　日常平角裤后片的制图方法

点	制图方法与计算式
0—1	从点0开始绘制一条垂直线。距离从自然腰线到胯部水平线（BR）
1—2	从点1绘制一条垂直线，长度为 $0.25 \cdot BR-1$（$0.25 \cdot BR$ 或 $0.25 \cdot BR+1$），点2位于/0—1/线上。S、M和L码型的臀部水平线位置 h_H
2—3	绘制一条水平线（臀部宽度）长度为 $0.25 \cdot HG$ 　*考虑松量：$0.25 \cdot HG/c$。c是材料的延展系数，$c=1+$松量，$c \geqslant 1$；周长松量范围为 $0\% \sim 23.09\%$，或取平均值 19.48%
0—4	确定点4在垂直线/0—1/上，并在点0下方加上腰带的宽度。h_W-内裤风格选择顶线作为设计的位置，并根据裤子的顶边位置，线条/0—4/可能位于其上方或下方

点	制图方法与计算式
2—4	确定/2—4/的长度。 *考虑松量：/2—4//s，s 表示在垂直方向上加上正的针织材料收缩松量。s 是材料在水平延展时的垂直收缩系数，s=1-松量，s≤1
4—5	绘制一条水平线（后腰带宽度）长度为 0.25·NWG。计算典型男性身体的 NWG 时，可以使用式（2.1）NWG = 0.02·h_{W2}+0.61·h_W-0.55+WG *考虑松量：0.25·NWG/c+拉伸缝，NWG 是测量在自然腰线下的新腰围；拉伸缝是与弹性腰带和内裤主体部分一起的拉伸松量值，拉伸缝为 0~2 cm；h_W 是自然腰线与顶线（新腰围线）之间的距离，h_W =/0—4/
5—6	确定点 6 在点 5 上方，Δ = | (D_{FL}-D_{SL})·[（16-h）/16] |
6—7	绘制一条直线/6—7//s =/2—4//s
7—8	绘制一条直线/7—8/ = 0.5·/1—2/
6—9	绘制一条直线（内裤侧线长度）/6—9/ =/6—7/+/7—8/+/8—9/，从 6 通过 7、3 和 8 到 9。距离/8—9/根据内裤类型选择。确保顶线/4—6/在点 6 处成直角。/6—9/在垂直方向上加上松量
1—10	向左绘制一条水平线（后裆宽度）。对于大批量生产的尺码 S、M 和 L 分别为 2.6 cm、4.1 cm、5.6 cm；对于定制尺码参考 ΔWH
2—10	绘制后中心线的裆部曲线，连接点 2 和 10。从点 1 绘制一条垂直于/2—10/的垂线。通过这条垂线的三分之二处用曲线连接/2—10/
10—11	绘制一条直线内缝线。从点 10 到 11，确保/10—11/与点 10 处的曲线/2—10/成直角
11—9	绘制底部曲线/11—9/。大腿全长（包括前底线长度）可以通过公式定义 NT_G = 81.64-0.89·SL 或 0.54·h_T+54.59，并在点 11 处成直角，底部曲线在 11 附近向下弯曲（凹向上）和在 9 附近向上弯曲（凹向下）。参考不同的角度和 h_T（负松量）

关于前片与裆片的制图方法见表 5-2。

表 5-2　日常平角裤前片与裆片的制图方法

点	制图方法与计算式
12—13	绘制一条垂直线/12—13/ =/0—1/
13—14	绘制一条垂直线，长度为 0.25·BR-1（0.25·BR 或 0.25·BR+1），与/1—2/相等
3′—14	绘制一条水平线/3′—14/ =/2—3/
12—15	确定点 15，使/12—15/ =/0—4/
15—16	绘制一条水平线（后腰带宽度），长度为/15—16/ =/4—5/
16—6′	确定点 16 在 6′下方，使/16—6′/ =/5—6/
6′—9′	绘制直线，与后片相同线（可设计有侧缝或无侧缝），/6′—9′/ =/6—9/
15—17	在曲线/6′—15/上确定点 17，前插入片的半宽度。/15—17/通常可以设计在 0~6 cm

点	制图方法与计算式
18—19	绘制前片侧线/18—19/=/13—14/。从点 17 向点 18 绘制一条垂直线，点 18 位于中线/13—14/的水平线上
18—20	绘制一条水平线（前裆宽度）/18—20/=/1—10/
19—20	绘制曲线，连接点 19 和点 20。类似于后裆中心曲线/2—10/
20—21	从点 20 到点 21 绘制一条直线，并在点 20 处成直角。确保/11—10/=/20—21/+/22—23/
21—9′	绘制底线。连接点 21 和 9′并在点 21 处成直角，底部曲线在点 21 附近向上弯曲（凹向下）。大腿全长（包括后底线长度）可以通过公式定义 $NTG=81.64-0.89 \cdot SL$ 或 $0.54 \cdot h_T+54.59$。参考不同的角度和 h_T（添加负松量）
17—19	确定/17—19/的长度 *考虑松量：/17—19//s，增加垂直方向上的正材料收缩松量，$s=1-$垂直松量，$s \leqslant 1$
19—22	绘制一条垂直线/19—22/等于曲线/19—20/
22—23	绘制一条垂直线/22—23/（1~3 cm），并在点 22 和 23 处成直角。确保/11—10/=/20—21/+/22—23/
13—24	根据 HG 确定点 24。点 24 的高度取决于身体的形态特征和推托效果设计。/13—24/=0~9 cm，或更高
24—25	确定前插入片的上升，点 25 位于前中心线。根据 ΔGW，参考 S、M 和 L 尺码分别为 0~0.5 cm、0.5~1.5 cm 和 1.5~3 cm。这取决于身体的形态特征和内裤的功能，如运动内裤可能比日常内裤少

如果根据分类中的 S、M 和 L 尺码来绘制基本结构，推荐两种放码方法。

首先是"方法一"，如图 5-8 所示。放码值的计算基于它们与本书人体测量数据库中的差异，按照从小到大的顺序排列，每组数据分别计算，然后计算每组数据之间的差异（表 5-3）。

表 5-3　日常平角裤结构细节平均尺寸算法（方法一）　　　　　　单位：cm

尺寸	纵向		横向			
	CL	BR	ΔWH	NWG	NTG 下降	ΔGW
差值，±	4.60	2.04	1.46	5.76	1.71	0.86
前片	2.3	2.0	不变	1.4	0.9	—
后片	2.3	2.0	0.7	0.7/0.7	0.45/0.45	—
裆片	2.3	2.0	—	不变	—	0.5

在纵向上，全裆长（CrL）和腰围至裆线距离（BR）的放码差值分别为 4.6 cm 和 2.0 cm。对于腰带部分的纵向放码，采用了较小的尺度，即±2.0 cm。在横向上，新腰围（NWG）的差值为 5.76 cm（四分之一为 1.44 cm），因此本书取前片横向放码的四分之一变化量为±1.4 cm，放码方向朝向侧边，而前插片保持不变；后片两侧各变化±0.7 cm（图 5-8）。在裆部，ΔWH（裆部高度差）受/1—10/值的影响，ΔWH 的平均差值为 1.46 cm，在后裆部取±0.7 cm 进行放码。对于裆部以下 10 cm 处的新大腿

围（NTG）的放码，前片底部曲线变化±0.9 cm，放码方向沿底部曲线。后片两侧各变化±0.45 cm。

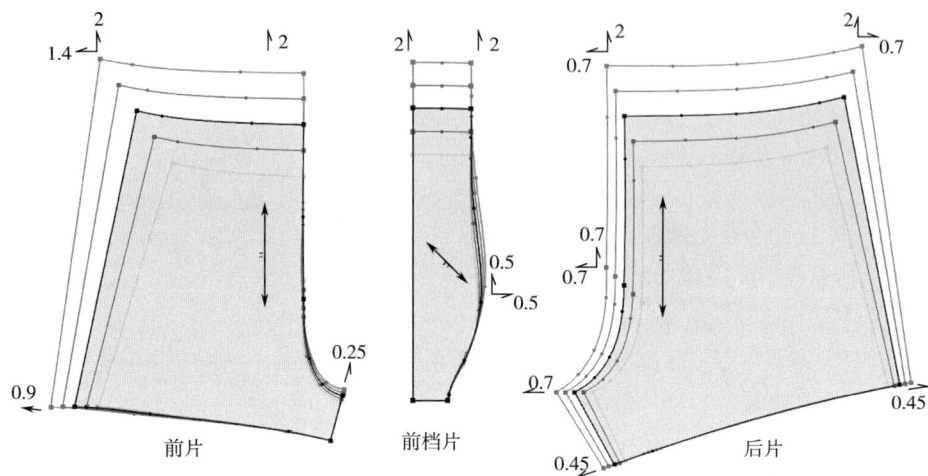

图 5-8　日常平角裤结构图放码（方法一）

其次，本书也设计了"方法二"，如表 5-4 所示。"方法二"是基于新分类的男性基本内裤关键值的新尺寸表。与第一种方法相比，这种方法增加了更多的设计细节，同样适用于大规模生产。可以使用多种组合来设计内裤的前后片，以适应不同的男性体型或不同的着装需求。总的来说，有 12 种主要类型的内裤可用于设计和生产。如果设计更详细的内裤款式，如 S^+/SM，M^-/ML 和 L^+/SL 等，需要从"子列"中添加不同的值，并从三个尺码中获取 ΔGW（腰围差值）和 ΔWH（裆部高度差）。然后，从"设计列"中取值进行结构绘图。

表 5-4　日常平角裤结构细节平均尺寸算法（方法二）　　　　单位：cm

项目	小码				中码				大码			
主要尺寸 I	S				M				L			
HG 值	<92				92~98				>98			
HG 中间值	91				95				98			
主要尺寸 II	S^-	S	S^+	S^{++}*	M^-	M	M^+	M^{++}	L^-	L	L^+	L^{++}
WG 值	<71	71~84	84~98	>98	<71	71~84	84~98	>98	<71	71~84	84~98	>98
WG 中间值	70	73.5	84	91	74	77.5	88	99	77	80.5	91	102
次要尺寸	/SS				/MM				/LL			
ΔGW 值	0~0.5				0.6~1.5				1.6~3.0			
ΔWH 值	2.6				4.1				5.6			
附加设计值	S				M				L			
BR* 值	29.7				31.5				32.7			

项目	小码	中码	大码
h_H 值	$0.25 \cdot BR^* - 1 = 6.43$	$0.25 \cdot BR^* = 7.88$	$0.25 \cdot BR^* + 1 = 9.18$
h_W 值	0~20，（设计值）		
h_G 值	0~9，（设计值，平均为 3.5）		
NWG， （<HG）值	$NWG = 0.02 \cdot h_{W2} + 0.61 \cdot h_W - 0.55 + WG$		

注 HG，WG 带下划线的，表示可以使用平均值。

S++ * 特殊尺寸，S 尺寸中的腰围通常实际上小于臀围。

BR* 是结构图中的数值/尺寸，通过人体的 BR 计算，定义内衣产品的尺寸。

例如，制作从 S⁻、S、S⁺ 到 L++ 的 12 种主要尺码的内裤，取平均臀高（HG）为 91 cm、95 cm 和 98 cm；腰围（WG）遵循"主列"中的 70 cm、73.5 cm、84 cm 等，并可以计算出新腰围（NWG）。在"子列"中的标记"/SS，/MM，/LL"也分别表示小号、中号和大号，它们仅用于描述男性的前后的细节尺寸。符号"/"表示在主尺码之后的细节尺码，可以写为 S⁺/SS；但是，如果在内衣结构中设计了 ΔGW = 0.5 cm（小号/S）和 ΔWH = 6.0 cm（大号/L），需要将其标记为"/SL"，这意味着内裤前片较小但后片较大。

如表 5-5 所示，将"方法二"的制图方法归纳，并应用于男性内衣结构设计中。

表 5-5 日常平角裤结构制图示例 单位：cm

结构图	制图点	对应参数	平均值
后片	/0—4/ = /12—15/	h_W，NWG 与 WG 的间距	设计值
	/1—2/ = /13—14/	h_H	$0.25 \cdot BR - 1$； $0.25 \cdot BR$； $0.25 \cdot BR + 1$
	曲线/4—6/ = /6′—15/	NWG	参考不同的 h_W （添加负松量）
前片	/10—1/ = /20—18/	ΔWH	2.6、4.1 或 5.6
	/24—25/	ΔGW	0~0.5、0.6~1.5 或 1.6~3.0
	/13—24/ 的间距	HG	0~9（平均值 3.5）， 或更大，设计值
	曲线/11—9/ + /9′—21/	NTG	参考不同的角度和 h_T （添加负松量）

三、内衣结构设计的对比

本章的设计方法是对于现代男性内衣需求下的设计更新。通过在相同腰围和臀围尺寸下，与传统的结构图进行了重合对比（图5-9），可以看出，新基础内衣结构图的后中心线偏短，前后裆宽差异更小，以及前后裆点的高度差异更小。

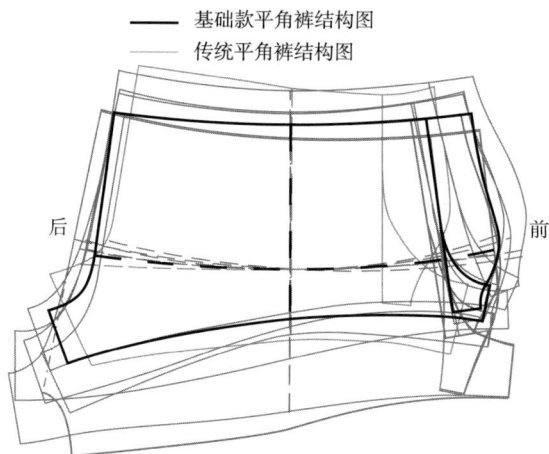

图 5-9　结构制图新方法

可以看出，现代日常款平角裤的结构具有更低的腰线以及紧身特点——板型小巧，缩短了腰围线和大腿根部的长度。此外，与传统板型不同的是，新设计方法更具有科学依据，它是基于男性下半身的特征和尺寸设计的，适用于多种男性体型，能在特定部位设计出相应的数值，如前裆片中线的起翘值、后中心线的裆弯值等。

四、压缩平角裤 I 的基本设计新方法与实例

本节展示了如何将设计方法应用于具有不同功能的压缩平角裤 I 结构设计。这是一种新方法，具有前裆部提升效果的功能类型。此设计应用了之前提到的 C 型压缩平角裤 I 的设计方式，其特点是前裆片长度最短、宽度最大，裆部设计显著。这种结构（图5-10）能为裆部提供最大的塑型效果。

在此例中，使用的针织材料的延展系数为 $c=1.19$，换言之，其周长（水平方向）值可能减少-19%。对于身高170 cm、腰围72 cm的男性体型，采用了以下尺寸：腰至臀部的距离 BR 为 27.3 cm，新腰围线位于自然腰围线下方 h_W 为 10.5 cm，腰围带宽2.5 cm，臀围 HG 为 91.9 cm，大腿围 TG 为 56.6 cm，前腰至地面的高度 D_{FL} 为87.6 cm，后腰至地面的高度 D_{SL} 为 88.7 cm。在实验中，最大延展率 E 达到了 19%。

具有提升效果的压缩平角裤 I 的结构制图新方法如图5-10所示。

压缩平角裤 I 的后片的制图方法见表5-6。

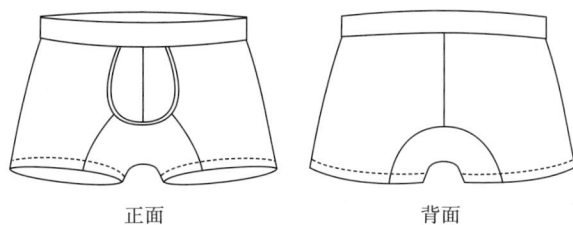

正面　　　　　　　　　背面

（a）款式图

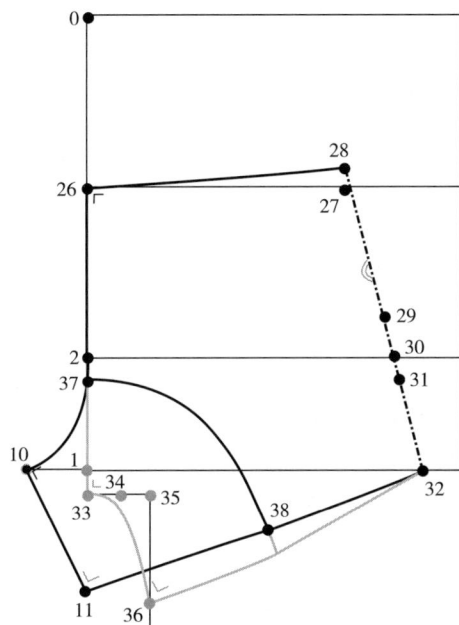

（b）后片结构图

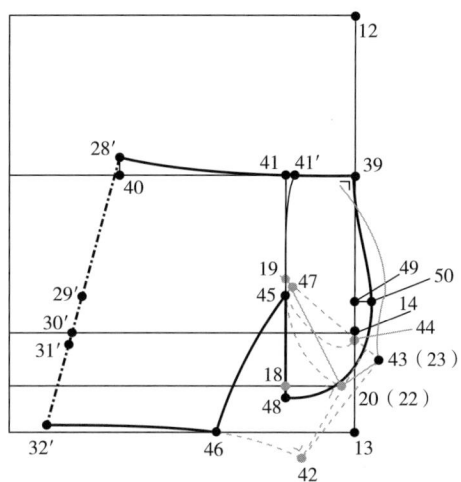

（c）前片结构图

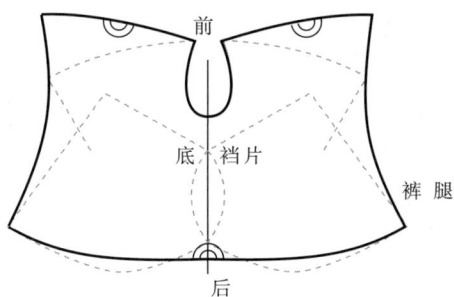

（d）底裆片分解图

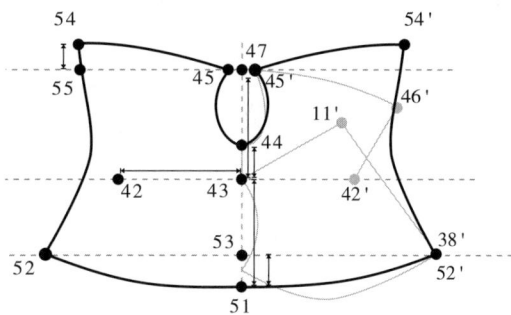

（e）底裆片结构图

图5-10　压缩平角裤 I 结构制图新方法

表5-6　压缩平角裤 I 后片的制图方法

点	制图方法与计算式
0—1	BR＝29.3 cm
1—2	0.3・BR－1＝7.8 cm

点	制图方法与计算式
2—30	$0.25 \cdot HG/1.19 = 19.1$ cm
0—26	$h_W = 10.5$ cm
26—27	$0.25 \cdot (0.02 \cdot h_{W2} + 0.58 \cdot h_W + 75.89)/1.19 + 2 = 19.7$ cm
27—28	$(D_{FL} - D_{SL}) \cdot [(16 - h_W)/16] = 0.3$ cm
28—29	$/28—29/ = /2—26/ = 11.1$ cm
29—31	$0.5 \cdot /1—2/ = 3.9$ cm
31—32	$h_T = 5$ cm（设计值）
1—10	$\Delta WH = 5.5$ cm
10—11	7 cm（设计值）
11—38—32	NTG 的一部分，NTG 的全尺寸为 $(54.59 - 0.54 \cdot h_T)/1.19 = 43.6$ cm
37—38	档部后片结构接缝线。档片的四分之一为点/10—11—38—37/连线
2—33	$/2—33/ = /2—10/$
33—35	$/1—10/ = 5.5$ cm
33—34	$0.5 \cdot /1—10/ = 2.75$ cm
33—36	7 cm。从点 33 开始做下凹曲线（此曲线应在 2~3 cm 长度以上），然后根据线/34—36/改为直线至 36
36—38—32	NTG 的一部分，长度小于/11—38-32/，NTG 的全尺寸为 $(54.59 - 0.54 \cdot h_T)/1.19 = 43.6$ cm，无缝底部可以添加 1~2 cm

对于压缩平角裤 I 前片和前档片的部分制图方法如表 5-7 所示。

表 5-7　压缩平角裤 I 前片和前档片的制图方法

点	制图方法与计算式
12—13	$0.3 \cdot BR - 1 = 7.8$ cm
14—30′	$0.25 \cdot HG/1.19 = 19.1$ cm
12—39	$h_W = 10.5$ cm
39—40	$0.25 \cdot (0.02 \cdot h_{W2} + 0.58 \cdot h_W + 75.89)/1.19 + 2 = 19.7$ cm
40—28′	$(D_{FL} - D_{SL}) \cdot [(16 - h_W)/16] = 0.3$ cm
28′—32′	19.9 cm
39—41	4 cm（设计值）
41—41′	0.5 cm（插入件顶部偏移值）
41—45	8.5 cm（45 为结构设计点）
20—43	灰线，3 cm（＊参考图 5-6 插入底部宽度（内缝的一部分），/20—19/垂直于/20—43/）
20—42	灰线，4 cm（＊前内缝值的一部分，/20—43/+/20—42/ = 7 cm）
43—44	灰线，/43—44/垂直于/43—47/相交于点 44（/13—12/上的点 44），直角在点 43

点	制图方法与计算式
44—45	灰线，绘制连接曲线点 44 和 45，在点 44 处形成直角。/42—43—45—46/是裆片原始 结构的一部分，等待进一步的变体
42—43	灰线，8 cm。画一条线到点 42 和 43 的接缝处，不经过点 20，作为制作裆部前片的参考
41′—48	/41′—48/ = /41′—45—44/
14—49	HG = 4 cm
49—50	ΔGW = 1.5 cm。前片中心线/39—50—48/处有凸起，直角在点 48 处
45—46	画一条前片结构线，将前片和裆部分开。点 46 为设计点

对于压缩平角裤Ⅰ的独立底裆片制图，先画一条垂直和水平参考线，再参照表5-8中的制图方法。

表5-8　压缩平角裤Ⅰ底裆片的制图方法

点	制图方法与计算式
44—51	/44—51/ = /44—43/+/10—37/。裆部从前到后的长度
—	裆部宽度大于/42—42′/
45—54	/45—54/ = /45—46/ = /45′—54′/ = /45′—46′/ = 10 cm（测量长度），结构与前片缝合在一起
52—54	底部长度的一部分。/52—54/小于/46—42/+/42—38/，与/52′—43′/小于 /46′—42′/+/42—38′/相同。使底部更紧密。使曲线中间靠近点 42
42—42′	16 cm
45—45′	点 45 到 45′的宽度等于 2 · /45—47/
45—44—45′	重新绘制并平滑曲线/45—44—45′/，长度等于/45—44/+/44—45′/
43—51	等于曲线/10—37/
51—53	1/3 · /43—51/ = 2.4 cm
52—51—52′	用平滑的曲线连接点 52、51、52′，/52—52′/ = /38—37/+/37—38′/。取决于后部的结构接缝
44—45	等于/48—45/
45—47	/45—47/为 0.5～1.5 cm。取决于插入宽度
55—54	/55—54/ = 1/3 · /45′—44/

五、压缩平角裤Ⅱ的基本设计新方法与实例

本章还设计了一款具有特殊前部至臀部接缝的功能性内裤。该结构线横穿内裤的后中部，前裆部采用"梨形"插片设计，旨在支撑阴囊部位的高度，同时顶部紧贴男性生殖器前部，并配备了一个宽大的裆片。通过这一新方法，在前后部都设计了提拉效果，并加入了一个小型前裆片和独立裆片。这两种提拉效果能够有效支撑男性软组织。

由于传统男性内衣的前裆片通常采用针织材料横向或纵向方向，但问卷调查显示，这种设计在穿着舒适度方面存在不足。因此，在压缩平角裤Ⅱ设计中（图5-11），采用了针

织材料的45°斜向裁剪前裆片，适度收窄顶部，并在前裆片的两侧设计了一条结构弧线，横跨臀部水平面向前延伸。此外，将针织材料的横向设计置于后部下方和前大腿部分（如图中灰色所示），这一设计不仅提升了材料的稳定性，且为臀部提供了良好的支撑感并增强外部底线的稳定性。

（a）压缩平角裤Ⅱ款式图

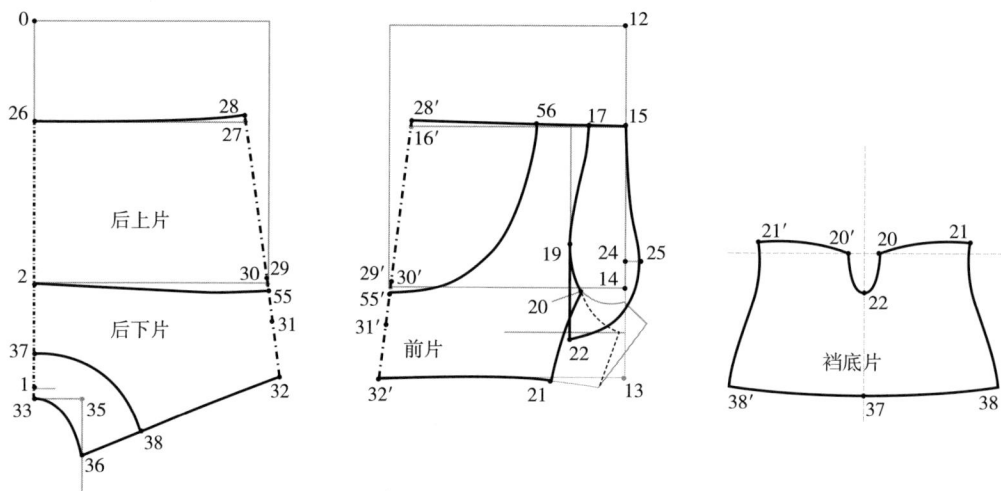

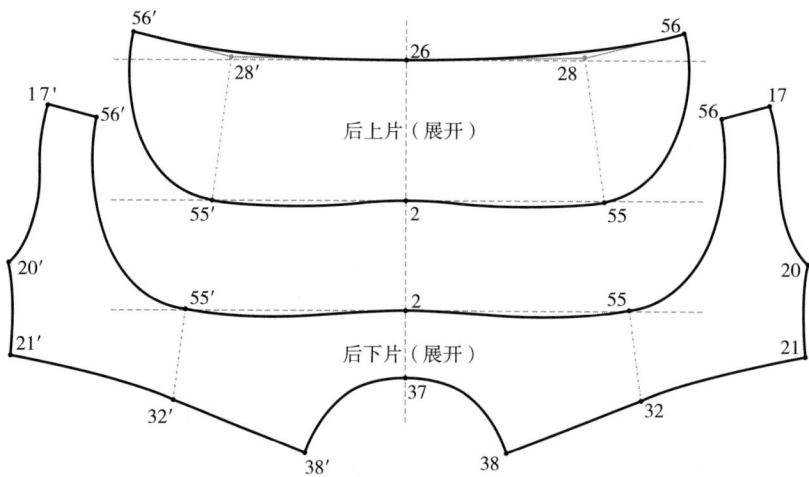

（b）压缩平角裤Ⅱ结构图

图5-11　压缩平角裤Ⅱ结构制图新方法

本章还设计了一款具有特殊的前部至臀部接缝的功能性内裤，这条结构线横穿内裤后中部，前部则采用了"梨形"插片，形似"U"形，使阴囊部位更低，同时顶部紧贴男性生殖器前部，并配备了一个宽大的档片。利用新方法在前部和后部都设计了提升效果，并加入了一个小型前插片和独立档片。这两种"提升"效果能使男性软组织在前后方向得到提升。在本章的设计中，如图5-11所示，采用了斜向裁剪的前插片，并收窄了顶部；在插片的两侧，设计了一条结构弧线，横跨臀部水平面向前延伸。

以 M⁻/SM 尺码的人体尺寸为例，压缩平角裤Ⅱ主要的制图方法和关键数据如表5-9所示。

表5-9　压缩平角裤Ⅱ的制图方法

点	制图方法与计算式
0—26	10.5 cm
2—33	等于基本原型上的后档曲线
26—2	线圈方向收缩11·（1-0.055）= 11.6 cm。T_1、T_4、T_6 和 T_{18} 的伸长率（结构水平方向）和收缩率（结构垂直方向）分别为19%和5%
2—37	6·（1-0.055）= 6.4 cm
31—32	设计值 4 cm
28—55	线圈方向收缩11.5·（1-0.055）= 12.2 cm
55—32	线圈横向方向收缩5.6·（1-0.055）= 5.9 cm
33—36	设计值 6.5 cm
36—32	13 cm，/36-38/= 5.5 cm
15—17	3.5 cm，前档片宽的一半
20—21	从点20到21画一条直线，在点20处形成一个直角
21—38′	底线部分 14.5 cm
14—24	2 cm 点
56—56′	画一条与点26交叉的曲线

如图5-12展示了压缩平角裤Ⅱ的S、M和L码结构图实例。

以上步骤和方法致力于开发出更贴合人体工程学的男性内衣二维结构设计方法，以满足现代消费者的多样化需求，并在舒适性、支撑性及美观性方面实现突破。下一步的设计将进一步整合先进技术，推动内衣设计的高效化、精准化及可持续性发展。

综上，本章基于新的尺寸特征和分级方案开发了新的现代男性内衣设计方法。男性内衣结构设计算法已得到验证，能适用于不同类型男性内衣的设计。该算法原理基于男性内衣和裤子两种服装的结构设计，可以选择多个参数，如腰围高度、前中心线长度、档宽等。

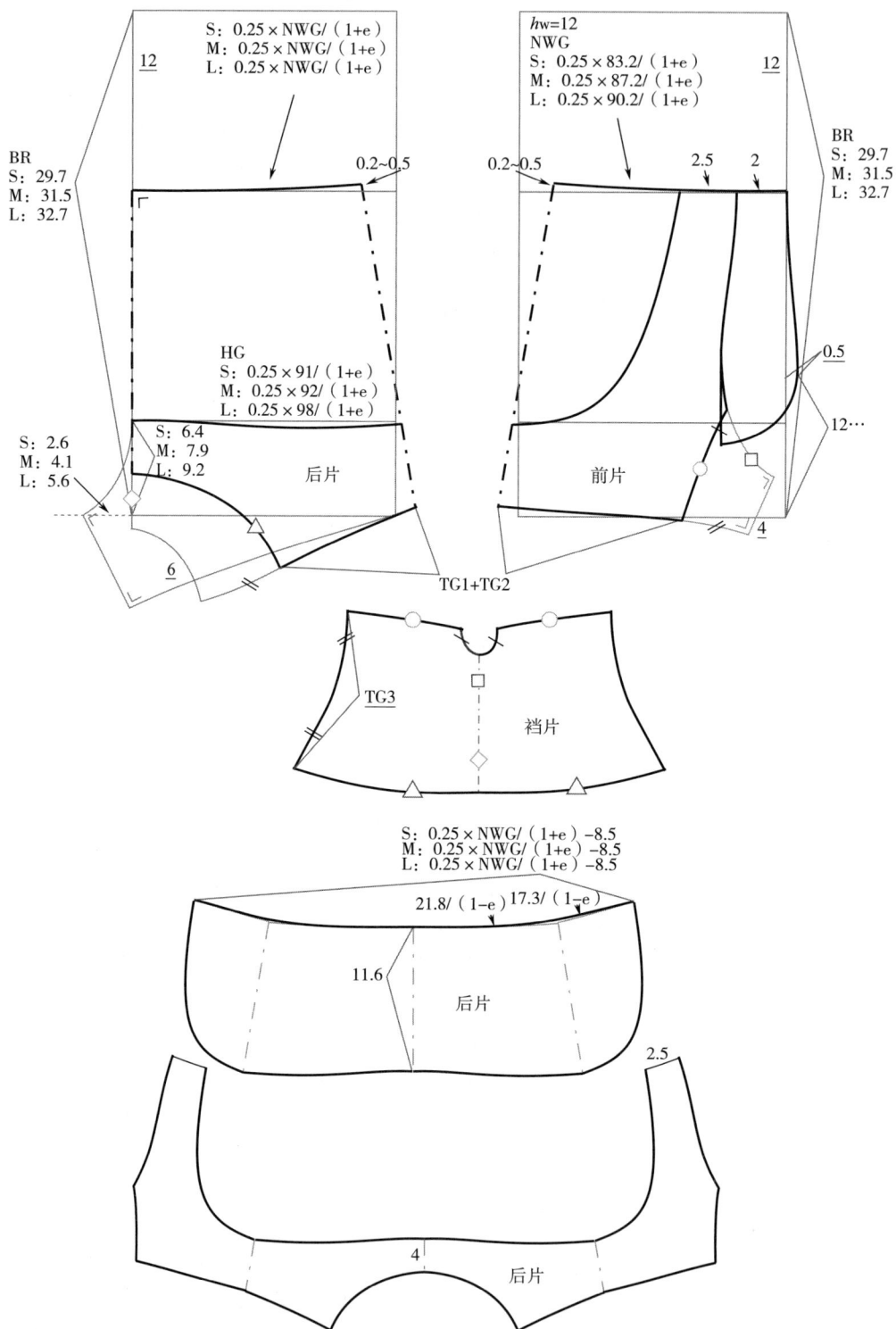

図5-12 圧缩平角裤Ⅱ的S、M和L码结构图实例

第三节　本章小结

本章详细探讨了一种新颖的男性内衣设计方法，旨在提升内衣的功能性和舒适性，以满足现代消费者的多样化需求。该新方法在人体工学、运动学及材料科学的多学科理论基础上，结合现代计算机辅助设计（CAD）技术，提出了科学系统的二维结构设计思路。

首先，本章提出的男性内衣二维结构设计新方法强调在设计过程中应充分考虑人体生物力学特征和运动学原理。传统的内衣设计通常依赖于经验和直觉，往往局限于简单的结构修改，如尺寸和形状的调整。虽然这些方法可能在短期内解决某些设计问题，但在舒适性、功能性及美观性方面仍存在明显不足。新方法通过结合人体工学理论，分析动态活动中内衣的表现，从而提高设计的科学性和系统性。

其次，该方法强调了材料科学在内衣设计中的重要性。传统方法对材料性能的考量不够全面，无法满足不同用户的需求。新方法通过科学评估面料性能，优化结构设计，提高内衣的贴合度和支撑效果。通过考虑面料的弹性和性能差异，设计师能够更灵活地适应个体差异，满足消费者的多样化需求。设计师可以通过 CAD 技术进行精确的结构模拟与优化，提高设计效率和准确性，并快速测试不同设计方案的可行性。这一过程不仅丰富了内衣设计的学术研究，还为后续研究提供了理论基础。

本章将人体工学、运动学和材料科学相结合，形成了一种新的设计思路。这一方法不仅考虑了内衣的静态结构，还强调了在动态活动中的表现，确保内衣在各种情况下都能提供良好的舒适性和支撑性。

下一步，男性内衣设计将继续整合诸如 3D 扫描、虚拟试衣和人工智能等先进技术，推动二维结构设计方法的升级与转型。通过虚拟试衣等技术，设计师可以在设计阶段就验证内衣的舒适性与功能性，从而大幅减少实际生产中的试错成本。这将使设计过程更加高效、精准，进一步提高内衣的个性化和可持续性。

新方法的应用不仅限于传统内衣领域，还可拓展至运动内衣和功能性压缩服等细分市场，以满足不同消费者的需求。通过大数据分析技术，设计方案可以实现跨地域的优化，推动个性化与智能化的结合，逐步成为行业标准。

综上所述，男性内衣的二维结构设计新方法通过科学的理论基础和先进的技术手段，能够有效提升内衣的功能性和舒适性，满足现代消费者的多样化需求。新方法不仅为现代男性内衣的设计提供了坚实的理论基础，还为设计师提供了更为系统化的设计思路，有助于推动整个行业的技术进步和市场拓展。未来的内衣设计将更加注重个性化和可持续性，推动行业的创新与发展。这一研究对现代男性内衣的研究与发展提供了重要的支撑与参考，将在未来的内衣设计中发挥更为积极的作用。

第六章

基于数实融合方法的现代男性内衣设计

随着科学技术的发展，服装行业需要在工业 4.0（I4）背景下，将传统生产服务与新信息技术（IT）相结合，通过数字技术创新和生产过程的计算机化，实现转型升级。从二维图案绘制到以人体扫描为起点、虚拟仿真为终点的三维技术的广泛应用，近年来服装行业发生了显著变化。这一转变将服装制造从传统的二维设计模式转换为全新的工艺流程。因此，通过数字信息技术发展服装设计和工程势在必行。

近年来，虚拟技术在服装设计中的应用得到了广泛探索。许多模拟实验针对不同服装类型和不同体型特征，采用了二维到三维或三维到二维的技术路径。一些实验集中于纺织面料、样式和外观的模拟，或服装尺寸的计算。然而，大多数实验仅使用了有限数量的虚拟化身或扫描化身，无法被视为人体的良好数字复制品。这一缺陷在于模拟过程未能充分考虑人体形态特征所涉及的不同服装尺寸和类型。总体而言，这些实验也缺乏与真实实验数据的比较，因而无法预测三维设计的真实效果。

服装的舒适度和贴合性及其虚拟性能的评估，已成为当前的研究热点。大多数研究人员无法在模拟试穿中控制和改变虚拟纺织面料的特性或人体形态特征，因此在虚拟试穿情况下很难准确估计服装的贴合水平。一些设计师根据三维模拟系统中显示的效果调整二维板型，但是这种方法通常用于宽松服装设计。虚拟纺织面料在宽松服装中仅显示有限的自身特性，但对于紧身服装，则需考虑更多的面料特性和压力舒适度。由于不同面料的使用，人体结构设计和感知也会有所不同，因此目前在虚拟现实中主观评价服装是不可能的。为了更好地比较虚拟结果与真实结果，以及综合预测真实产品的效果，必须将理论与实践结合进行比较和验证，并进行长期、全面的研究、应用评估等。

此外，服装行业中存在许多二维和三维 CAD 软件，各具优劣。它们在图案绘制、二维到三维转换方面表现优异，但在生成具有刚性和柔性结构的人体形态、感知虚拟化（如人体软组织的压缩敏感性）、纺织面料性能等方面仍显不足。单个软件无法完全模拟所有真实系统的"人体—内衣"性能。因此，需要整合各种软件的特性，并将虚拟现实中的模拟效果与真实实验数据相结合。最终，通过使用人体、纺织面料和服装的数字复制品，改进"人体—内衣"系统。

在本章中，提出了一种通过模拟获得与实际样品相同结果的技术方法。该方法验证了以下几个方面：①最小化虚拟现实（VR）测试与真实测试结果之间的差异；②提高材料模拟的准确性；③构建符合真实原型的人体、针织材料和内衣的数字复制品；④测量人体与虚拟材料之间的压力及其变形；⑤建立标准以评估虚拟系统"人体—内衣"中的压力，作为舒适性的指标。利用上述项目，验证了设计过程数字化方法的可靠性、当代三维软件在全新领域中的应用可能性以及评估的准确性。总的来说，通过直接评估 VR 中的准确性和贴合度，提高了内衣设计的效率。

实验研究根据以下流程图进行（图 6-1）。

图 6-1 中首先描述整个研究过程及所使用的软件，以及人体测量、三维刚性扫描体和材料的 KES 测试。其次，描述通过提取多项身体测量构建不同尺寸角色的模拟方法，并将其导入 CLO 软件，还模拟了多种材料的机械物理特性及其与人体不同部位之间的相互作用。接下来描述了基于材料和身体的真实指标和尺寸建立与调整数字复制

品的过程，通过比较和评估得到真实与虚拟结果，展示了所提出的男性身体数字复制品的准确性，使三维内衣具备足够的材料特性。最后，讨论了实验准确性和应用前景，分析了研究的限制并提出了可能的进一步工作。

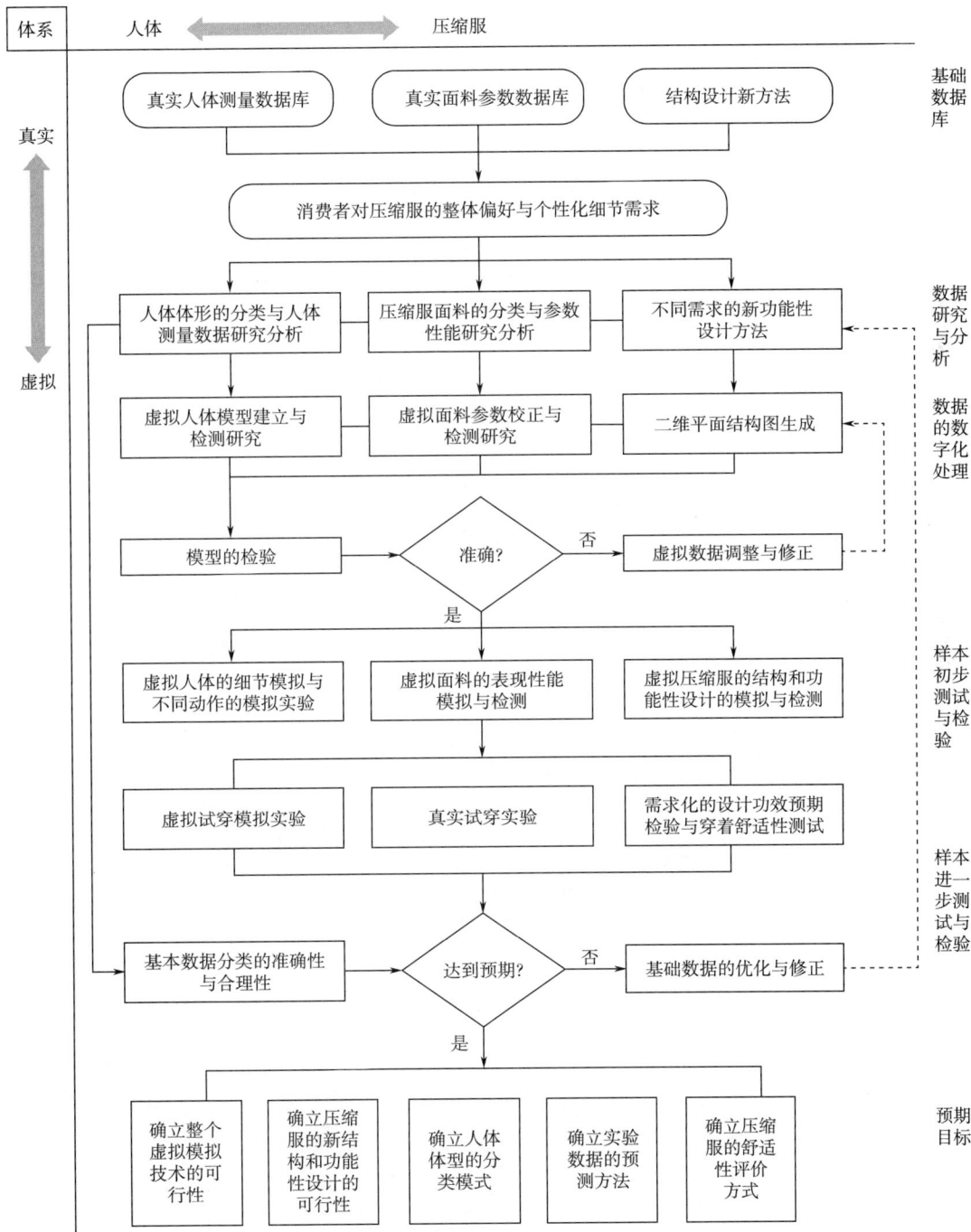

图 6-1 流程图

第六章 基于数实融合方法的现代男性内衣设计

一、基于数字系统的数据设定

随着大数据时代的到来，人工智能的发展更加人性化，服装虚拟技术成为服装行业发展的大趋势。CLO 3D平台快速、高效的信息传达方式，减少了企业与顾客之间的沟通成本和时间成本，极大地提高了订单成交率。CLO 3D平台操作界面包括三维模拟展示窗口和二维结构设计窗口，两个窗口的数据和展示同步联动，服装的平面结构板型经过虚拟缝制技术完成3D立体服装展示，使服装结构设计与工艺表现快速、展示直观、修改便捷、效果生动，高效地完成对服装合适性、结构准确性的检验分析。

（一）"人体—内衣"数字研究思路

在研究中涉及了两个系统，一是真实系统"人体—内衣"，二是虚拟系统"模型—内衣"。

实验分为三个阶段：①开发新的基础数据库以提升现有软件的功能；②应用新数据库生成数字复制品；③通过与真实原型的比较评估所有生成的数字复制品。

研究中的主要软件与应用如表6-1所示。

表6-1　研究中的主要软件与应用

序号	软件	优点和缺点	研究中的主要应用
1	MakeHuman	可以快速创建具有不同特征（性别、体型和姿势等）的人体	设置初始男性头像等。添加组件；然后导入3Ds Max中
2	3Ds Max	可以精确地修改和移动虚拟服装的细节。但没有基于服装模拟和评价，对服装合身性的评价没有客观的参考价值	通过产生软组织的上推效果来修改虚拟人体模特等；然后导入CLO
3	Richpeace CAD	可以绘制和调整图案块。但无法用三维方法表达服装	绘制精确内衣结构纸样，优化纸样等；并导入CLO
4	CLO 3D	可以灵活修改虚拟人体模特的静态和动态姿势；二维纸样制作与三维仿真同步，纸样结构和三维服装可灵活调整；可测量尺寸、压力、变形；模拟属性/值范围广。 但虚拟模特在某些细节上与真人有差别，如果模型材料数据由其他设备测试，则需要重新审核	检查虚拟人体模特并进行试穿；模拟针织材料的性能，测量虚拟压力值，并评估准确性和可靠性；检查二维内衣结构并构建三维内衣进行试穿；模拟不同体型的各种尺寸内衣，并评估设计和穿着舒适度等

内衣数字研究包括人体建模、内衣结构修改、针织材料属性模拟，以及内衣舒适性评估等。一些主要内容与关键步骤如下。

数字复制品：具有与真实物体相似的特征，能够在虚拟系统中模拟多种真实情况，并产生类似于真实物体的效果。针织材料、人体、内衣模型三种类型的数字复制品将预测三者之间的关系，以提高内衣设计的效率。在通过 KES 测试材料属性后，评估其压缩能力，并利用特定方程将其转换为针织材料的数字复制品。

刚性初始人体模型（initial avatar）：在虚拟现实中使用软件创建的三维模型，其尺寸特征与真实人体相同。主要使用 MakeHuman 和 3Ds Max 等多种三维软件，修改形态特征，转变为变形人体模型。

可变形人体模型（deformable avatar）：可以从刚性角色转换的三维模型，具有根据针织材料拉伸和软组织压缩调整尺寸、形态的可能性，并根据真实男性人体的可调范围执行三维模型组件的位移或修改。

提拉效果无法在内衣结构中准确设计，需要通过真实内衣来评估。这一方法将帮助评估内衣功能的有效性，并在虚拟系统中验证压缩效果。

（二）模型构建与初步检查

首先，在 CLO 3D 中导入二维结构图 DXF 文件，根据图像外轮廓自动产生无材质、无颜色、无印花的白色结构图。图 6-2（a）（c）展示了日常平角裤和压缩平角裤 II。

随后，根据 M⁻/SM 尺码的人体模特特征调整关键人体尺寸。使模特双臂张开 45°，可以更好地调整内衣。再打开模特安排点（蓝色安排点会自动将内衣片环绕模特，见文后彩图 1），使用移动工具可以将内衣片移动到安排点附近，并将内衣片设置为连动（左右对称内衣片与缝纫线）。

在三维窗口中将内衣片放在人体的所属位置，并以合适的弧度贴于模特周围，再在二维窗口中使用"线缝纫"与"自由缝纫"工具，将内衣前后片对应的缝份线部位进行虚拟缝合，缝合完成后关闭模特调整视角检查缝纫线是否平整，是否有穿模现象。最后，点击三维视窗窗口，按模拟键或空格键开始模拟。模拟时内衣会自动缝合并包裹在模特身上，产生一些收缩与褶皱。可以再通过调整工具、拉扯内衣面料来调整其褶皱与形态。

图 6-2（b）（d）是内衣结构检测系统，其中深灰色标注表示内衣有"无法穿着"（0.0% 面积覆盖，0 个区域）区域，以及浅灰色标注表示内衣有"过于紧绷"（0.0%面积覆盖，0 个区域）区域。可以看到内衣模型的试穿全为白色，因此，该结构的内衣穿着表现是合理的。

二、人体模型构建

图 6-3（a）展示了 3 个男性人体。可以看到，即使尺寸同为 M，这些轮廓的形状也存在很大差异。

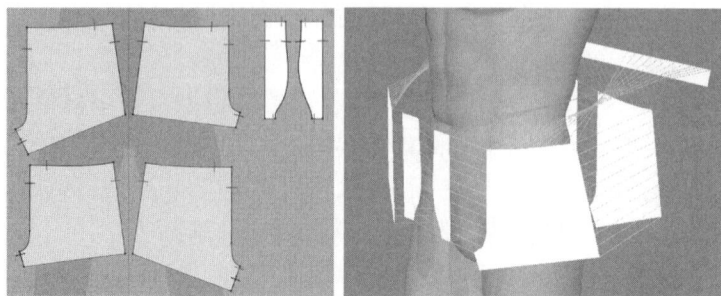

（a）日常平角裤二维结构图一

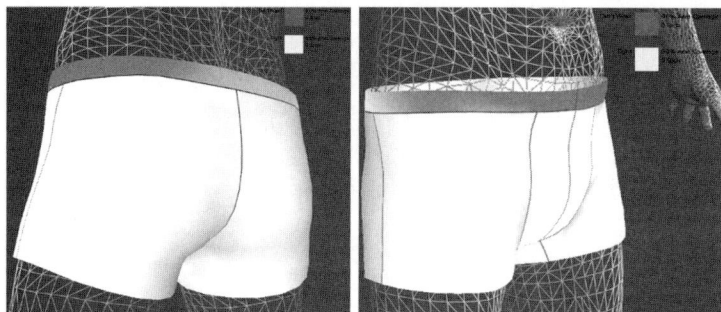

（b）日常平角裤二维结构图二

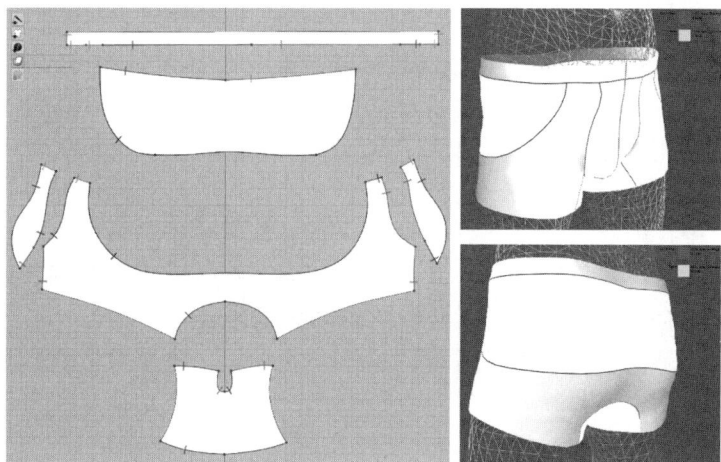

（c）压缩平角裤Ⅱ二维结构图一　　　　（d）压缩平角裤Ⅱ二维结构图二

图 6-2　内衣模型调整与试穿（见文后彩图 1）

接着，使用 MakeHuman 1.1 软件［图 6-3（b）］，在"模型"选项卡中，使用滑块调整各个参数，包括调整模型的身高、添加了"男性生殖器（male genitals）"插件，修改体型的各个部分（如腹部、臀部等）。根据真实人体调整一些基本身体尺寸（腰围、臀围、大腿围等），并使生殖器部分处于自然下垂状态，调整其大小以接近亚洲人的尺寸，接近亚洲男性的平均体积，这个尺寸只能通过观察视觉大小来设置［图 6-4（a）］。

利用"预览"窗口查看模型的整体效果，并根据需要进行进一步的调整。建立了 S、M 和 L 尺码的虚拟男性模型。

从轮廓中可以清晰地看出，当臀围相同时，不同腰围在腹部和腰部后侧的形状是不同的。图 6-3（c）中的虚拟模型符合分类的平均尺寸，覆盖了身体下半身的生殖器区域。最后，将"obj"格式的人体模型文件导入 CLO 软件进行后续的模拟工作。

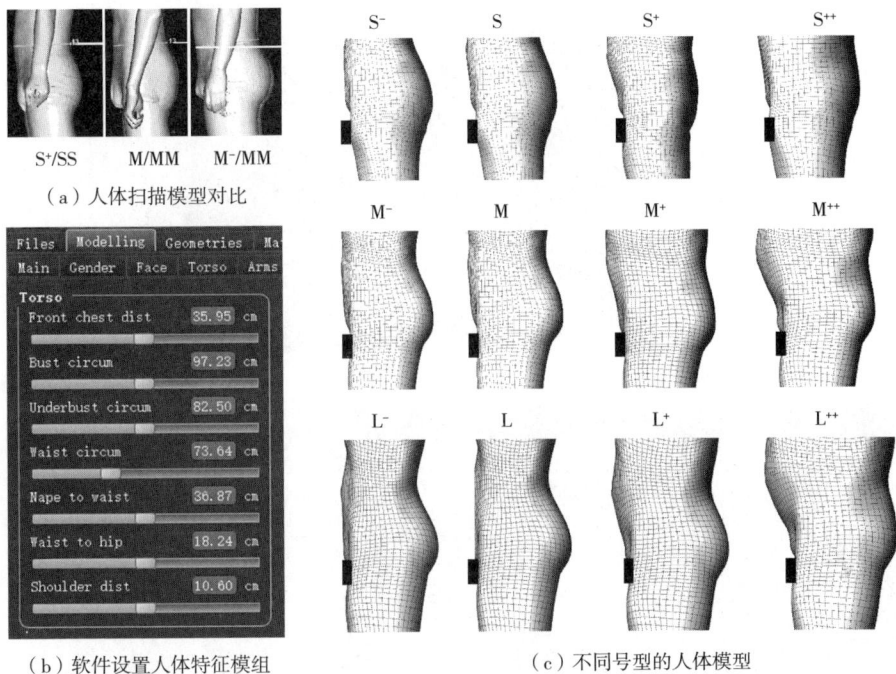

（a）人体扫描模型对比

（b）软件设置人体特征模组

（c）不同号型的人体模型

图 6-3　人体模型构建 1

目前，在没有实际检查的情况下无法精确设计提臀内裤（或内裤提拉软组织）的效果。因此，可以使用虚拟检测来得出关于人体试穿评估的结论。

该方法致力于通过构建两个虚拟系统来展示功能内裤可能获得的提拉效果：初始模型与内衣系统、可变形模型与内衣系统。

该方法将帮助评估内裤功能设计的有效性，并从三维视角验证内裤对人体软组织的提拉效果。

由于 MakeHuman 的限制，无法模拟对男性生殖器的提拉效果。因此，使用 3DS MAX 软件调整男性生殖器模型并改变其位置，以模拟提拉效果的结果。图 6-4（b）（c）展示了"虚拟组件（virtual component）"位置的移动和旋转，以及在 3DS MAX 中准备可变形人体模型的算法。为了获得可变形人体模型，根据之前的研究（见第三章）调整了 MakeHuman 中提拉效果的最大值。

首先，使用 3DS MAX 中的"可编辑顶点"工具修改生殖器模型和臀部高度。然后，创建了两个人体模型，如图 6-4（c）所示：初始人体模型 A1，其生殖器自然下垂，臀部形状保持不变；而可变形人体模型 A2 则具有提升的生殖器（提升了 8.8 cm）

和轻微提升的臀部（提升了 1.1 cm）。图 6-4（c）展示了两个球体的位置，代表生殖器的位移，模拟了生殖器提升 8.8 cm 后的状态，然后将臀部的推臀效果最大值修改为 1.1 cm（根据之前的研究结果，生殖器部位的推臀效果范围为 2.1~8.8 cm，臀部为 0.2~1.1 cm）。

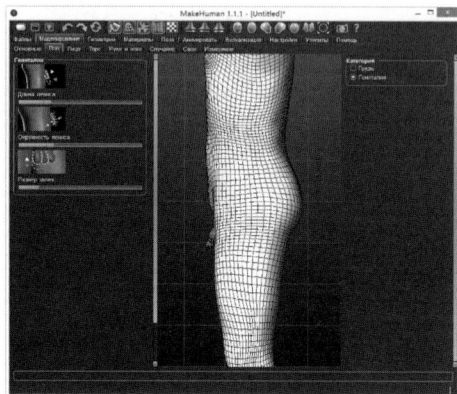

（a）MakeHuman中的人体模型

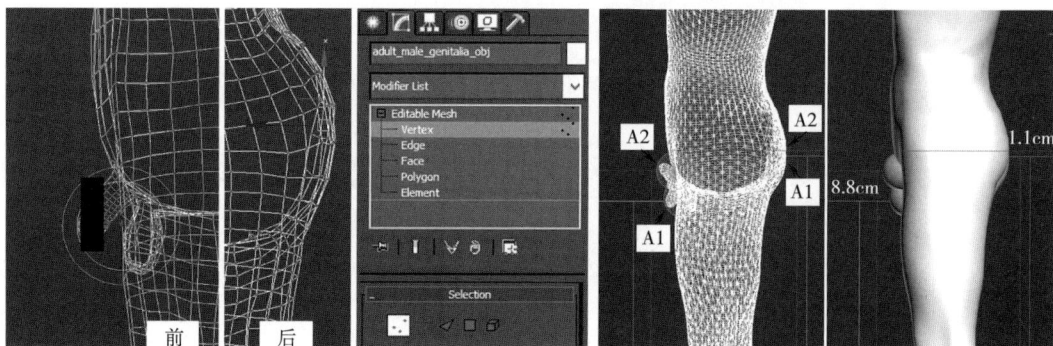

（b）在3Ds Max中的人体模型编辑　　　　　（c）男性特征部位轮廓和比较

图 6-4　人体模型构建 2

在 A1 上构建一个球体覆盖生殖器，表示没有推臀效果；在 A2 上也构建一个球体覆盖生殖器，表示经过推臀后的效果。这两个球体大小相同，从图 6-4（b）所示的视角可以清楚地看到生殖器位置的变化。设计了一个具有可预测推臀效果的可变形人体模型 A2，这一效果应通过功能性内衣实现。通过重叠视角，可以明显看到人体模型在生殖器和臀部的差异。

如图 6-4（c）所示，可以看到两个球体位置的变化（生殖器位移）。A2 球体在提升后看起来更加突出，这是由于耻骨的存在，使整个生殖器部分被紧紧拉在一起。同时，也可以看到臀部向上提升并更加紧致。这种提升效果不仅为男性提供了良好的支撑和穿着舒适度，还凸显男性的性别魅力。

为了达到贴身效果，紧身内衣的尺寸应小于身体尺寸。在试穿时，人体模型和内衣的坐标必须严格一一对应。而将小尺寸的内衣穿在人体模型上，常常会出现穿模的情况（图6-5）。此时需要用"大头针"工具将内容固定在人体模型表面位置，这样虚拟内衣就可以正确地包裹在人体模型的相应部位，不易穿模或脱落。

接下来，有必要继续调整弹性针织面料的参数，以确保材料原始性能。

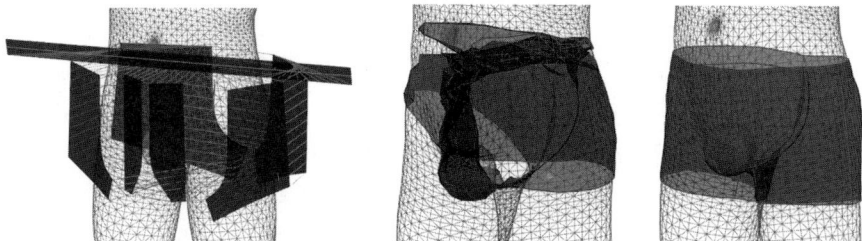

图6-5　三维内衣的试穿过程

三、数字材料的设定与检查

（一）针织数字材料物理性能计算

CLO软件通常用于模拟一些宽松、无弹性的服装（如外套、连衣裙等）以及常用的针织材料（如棉、丝等）。因此，需要考虑弹性针织材料的性能细节。在本书中，使用高精度KES仪器的专业机械数据来模拟针织面料的性能，将KES参数输入CLO面板的"对象浏览器"—"属性编辑器"—面料（fabrics）的"物理属性"—"细节"中进行模拟。

将针织材料的物理性能参数输入CLO的"面料"选项中进行模拟。通过虚拟针织材料的模拟，调整参数并将KES测试结果输入CLO中。例如，在"细节（detail）"选项中，最好的方法是将针织材料的剪切刚度G、厚度和密度这三个参数分别输入"拉伸"（stretch）、"剪切（shear）"、"厚度（thickness）"和"密度（density）"这四个选项中。在调整虚拟针织材料的属性后，模拟了针织材料的性能并测量了压力值（图6-6）。

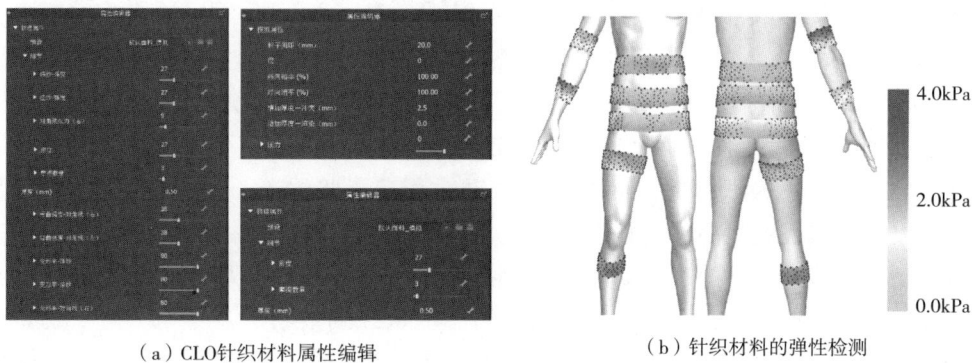

（a）CLO针织材料属性编辑　　　　　　　（b）针织材料的弹性检测

图6-6　针织材料参数设置

在 CLO 的针织材料细节设置中，面板中每个选项都有两组数字（同时变化），一组上限范围为 0~100，另一组范围为 0~10000。研究发现，在保证压力值接近真实值的情况下，以下数据可以仅保留四位有效数字，并且针织材料特性应低于 10000。同时，将实测的材料收缩率（0%~6%）输入"模拟属性"平面的"收缩—经/纬,%"中，并输入"密度""厚度"，以更好地展示针织面料的特性。

为了进一步验证模拟的有效性和可靠性，有必要直接将测试数据与真实实验进行比较，并在数字系统中测试压力。图 6-6（a）显示了两个操作面板"细节"和"模拟属性"，从 KES 中输入数据来模拟真实的针织材料属性。

同时，逐渐减少了身体周围针织材料条的长度［图 6-6（b）］，这类似于内衣结构中的负松量 E，以在实际测试中获得越来越大的压力值，并使内衣更紧。这个松量 E 的范围大约是 -20%~0%。

在实验之后，得到了 KES 测试数据的输入方程，初步算法如表 6-2 所示。应根据针织面料的不同压缩等级（压缩性能）使用不同的算法，将因子"a"添加到方程中进一步优化。

表6-2　CLO 中内衣材料物理性能初步算法

KES 项目	CLO 项目	计算方程	公式号
RT_{warp}，EMT_{warp}	Stretch 在 warp $Y1$	$Y1 = (1/RT_{warp} + 1/EMT_{warp})\ 10^5 + F_{max.\ warp} + a$	(6-1)
RT_{weft}，EMT_{weft}	Stretch 在 weft $Y2$	$Y2 = (1/RT_{weft} + 1/EMT_{weft})\ 10^5 + F_{max.\ weft} + a$	(6-2)
G_{warp}，G_{weft}	Shear $Y3$	$Y3 = (G_{warp} + G_{weft})\ 10^4$	(6-3)

其中，RT 是可恢复性,%；EMT 为 500 cN/cm 以下的伸长率,%；F_{max} 与 $F(E_{max})$ 相同，是 E_{max} 处的载荷/张力，范围为 6.1~448.5 cN/cm；G 是偏置方向上的剪切刚度，值越高，剪切性能越硬；$Y1$ 被带入 CLO 的"刚度经纱拉伸"；$Y2$ 被带入 CLO 的"刚度纬纱拉伸"；$Y3$ 在被带入 CLO 的"刚度剪切"；a 是不带单位的校正因子。

指标 RT 和 EMT 的值越大，意味着可恢复性和可扩展性越好，弹性越好，一般施加的压力感越弱。因此，使用 RT 和 EMT 的倒数（方程中的 1/RT 和 1/EMT）来降低材料的弹性值，从而降低 $Y1$ 的结果，与实际效果一致。F_{max} 的平均值对针织材料模拟的位数影响很小，但具有重要的参考值（真实 E_{max} 下材料的刚度）。

在对虚拟材料的性能进行初步测试后，计算了一般方程。$Y1$、$Y2$ 在 1983~9271，值越大，模拟中产生的压力就越大。然而，由于材料的物理性质，式（6-1）和式（6-2）计算的虚拟压力与实际压力相比仍然存在一些误差。因此，应添加值"a"（$a \neq 0$）以调整最终结果，使方程更加精确。

下一步，根据压缩性能（CP）添加常数值"a"以继续实验，从而优化结果。表 6-3 显示了当内衣采用相同的 E_{max} 设计时，从最强到最弱的真实 CP 水平，颜色为红橙绿蓝（见文后彩表 1），以及材料在真实人体（B）和人体模型（V）上的最大测试压力 $P_{B.\ max}$ 和 $P_{V.\ max}$。

表6-3 CLO中内衣材料物理性能优化算法（见文后彩表1）

材料	真实CP/(kPa/%)		真实压力/kPa	模拟压力/kPa	相对误差/%	计算值	
	线圈横	线圈纵	均值 $P_{B.max}$	均值 $P_{V.max}$		$Y1$	$Y2$
$T1$	0.118	0.118	2.02	2.02	0.04	8421	8466
$T2$	0.166	0.149	2.33	2.13	8.68	8846	7893
$T3$	0.122	0.114	2.12	2.22	4.66	6131	4961
$T4$	0.110	0.099	1.81	2.06	13.57	8673	8247
$T5$	0.097	0.100	1.78	1.94	8.94	7431	9077
$T6$	0.080	0.083	1.60	1.68	5.45	7505	7109
$T7$	0.029	0.038	0.75	0.68	9.66	2070	1983
$T8$	0.026	0.030	0.61	0.65	6.29	2530	2437
$T9$	0.136	0.114	2.10	2.04	2.90	9271	5280
$T10$	0.034	0.054	0.95	1.06	11.93	3717	3451
$T11$	0.097	0.082	1.89	1.73	8.37	4691	5021
$T12$	0.101	0.078	1.93	1.75	9.58	4503	4432
$T13$	0.090	0.074	1.69	1.54	8.40	4027	4219
$T14$	0.087	0.077	1.79	1.72	3.86	3006	2991
均值	0.092	0.086	1.67	1.66	7.31	5773	5398

基于上述实验方法，比较了所有真实和虚拟数据，结果发现模拟针织材料的关键压缩压力值与真实值非常相似，最大相对误差不超过14.00%，最小仅为0.04%。因此，虚拟面料的CP等级同样可以应用于下一次模拟实验。

通过多次数值修正和压力值测试，也进一步验证了针织材料CP对压力值的影响。$Y1$、$Y2$的计算结果如表6-3所示。可以看出，$P_{V.max}$小于实际数据$P_{B.max}$，相对误差$\delta = 7.31 \pm 3.66\%$。因此，首先测量拉伸材料对人体的最大压力，然后找到CP，并选择a来校正方程。常数a取决于CP水平，也可以选择整数0，1000，2000或3000，无单位。

但在表6-3中，两种材料（$T4$和$T10$）的相对误差较大。它们厚度分别为0.62 mm和0.70 mm，比其他材料薄。与人体表面的接触面比其他材料更光滑，平均摩擦系数MIU为1.19和1.16（其他材料的平均值为0.24），表示表面更光滑，表面粗糙度SMD为1.96 μm和1.11 μm（其他材料平均值为3.34 μm），表明表面几何形状更粗糙。基于各种不同的因素，压力值的测量会在一定程度上受到影响。

基于上述结果，发现虚拟材料下的虚拟平均压力与真实压力非常相似，相对误差范围为0.04%～14.00%。由于软组织部分和骨骼的影响，以及材料的物理性质，测试材料的结果已被用于最大限度地减少实验误差。接下来，将通过各种模拟来证明该算法的可行性。

（二）虚拟材料拉伸下的压缩性能测试

本实验测试了虚拟面料在不同拉伸值下的结果。图6-7展示了在材料双向拉伸率为0%~20.0%（人体舒适拉伸范围）时，在人体模型$A1$的七个部位测得的虚拟压力数据P_V（接近5000个数据值）。

从散点图中可以看到，所有测得的虚拟压力P_V数据范围在0.11 kPa~2.63 kPa（真实人体上的压力P_B范围在0 kPa~2.57 kPa）。大多数压力值集中在图表的左下角（图6-7），约小于1.00 kPa。结果表明，根据真实材料的舒适拉伸范围，虚拟系统中测得的虚拟压力值符合合理的舒适压力范围。

图6-7显示了针织材料在0%~20.0%拉伸率下的平均虚拟压力和真实压力的数据分布。发现两组数据的平均压力值呈线性相关。此外，两组数据在高压（大拉伸度下）下高度相关，即虚拟压力值在材料的大拉伸率下时更接近真实值。总体而言，虚拟与真实之间的平均压力差（Δ）在$E=5\%$、10%、15%和20%时，分别为0.12 kPa、0.20 kPa、-0.01 kPa和0.20 kPa。

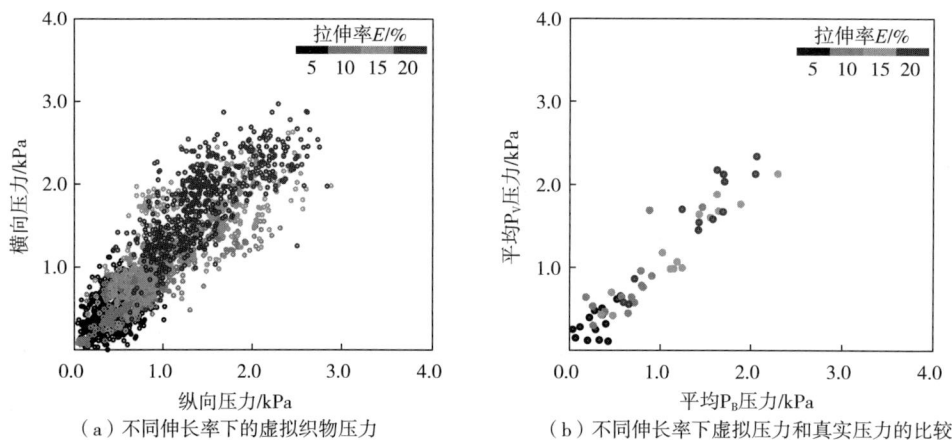

（a）不同伸长率下的虚拟织物压力　　　（b）不同伸长率下虚拟压力和真实压力的比较

图6-7　虚拟织物压力

此外，使用SPSS 22.0的Shapiro-Wilks检验评估数据的正态分布。分析了在5%~20.0%及最大拉伸率20.5%下材料产生的真实压力P_B和虚拟压力P_V。并用以下符号标记样本，例如，$P_{B.5}$表示在材料拉伸5%时测得的真实压力，而$P_{V.5}$表示在相同拉伸下的虚拟压力。五组数据的显著性在0.059~1.000，数据符合正态分布。然后，通过"配对样本T检验"单独检验了这五组数据，如表6-4所示。

表6-4　CLO中内衣材料物理性能算法检验

配对样本之间的差异（$P_{B.E}-P_{V.E}$）						配对样本之间的相关性（$P_{B.E}$ 和 $P_{V.E}$）		
项目	均值	标准偏离	t	df	p（双尾）	项目	相关系数	p
Pair 1	$P_{V.5}-P_{B.5}$	0.041	0.161	0.956	13	0.357	$P_{B.5}$ and $P_{V.5}$	0.571	0.033
Pair 2	$P_{V.10}-P_{B.10}$	0.125	0.264	1.767	13	0.101	$P_{B.10}$ and $P_{V.10}$	0.784	0.001

数实融合：男性内衣功能需求与人本化创新设计方法

	配对样本之间的差异（$P_{B.E}-P_{V.E}$）					配对样本之间的相关性（$P_{B.E}$ 和 $P_{V.E}$）		
	项目	均值	标准偏离	t	df	p（双尾）	项目	相关系数	p
Pair 3	$P_{V.15}-P_{B.15}$	0.002	0.168	0.053	13	0.959	$P_{B.15}$ and $P_{V.15}$	0.954	0.000
Pair 4	$P_{V.20}-P_{B.20}$	0.175	0.210	3.005	12	0.011	$P_{B.20}$ and $P_{V.20}$	0.945	0.000
Pair 5	$P_{V.max}-P_{B.max}$	−0.011	0.139	−0.287	13	0.779	$P_{B.max}$ and $P_{V.max}$	0.965	0.000

在表 6-4 中可以看到，配对 1~5 之间的压力均值为−0.011 kPa~0.175 kPa。根据统计原则，以 $\alpha=0.001$ 为参考，$p=0.011~0.959$，说明差异不明显，虚拟面料的压力数据可以视为与真实值一致。然而，当拉伸率为 20% 时，少数针织面料无法达到此拉伸度，匹配测试结果存在一定不足。此外，不同 E 值的 $P_{B.E}$ 和 $P_{V.E}$ 之间具有强线性相关性，且在材料的大拉伸率状态下，$P_{B.E}$ 和 $P_{V.E}$ 的压力（红色和橙色点）之间也存在强相关性。因此，在材料大拉伸率状态下，虚拟压力值更接近真实值。

结果表明，虚拟针织材料的表现与其真实原型极为相似，并且在产生的压力上没有明显差异。针织材料应基于以下参数：KES 特性（RT、EMT、G 和 F）、压缩性能（CP）、厚度和密度等来进行进一步计算和模拟。

随后，根据测量的人体和人体模型部位及针织材料变形进行了进一步测试。图 6-8（a）展示了在虚拟和真实情况下，针织材料拉伸率至 E_{max} 时，七个身体部位的压力比较。可以从图 6-8（a）中看到，臀部的 $P_{V.max}$ 显著高于 $P_{B.max}$；而胫骨和前上髂棘的真实压力较大，因此小腿和腰带的平均 $P_{B.max}$ 压力大于 $P_{V.max}$。由于虚拟人体为刚性（没有软组织和突出的骨骼），在一些人体部位如胫骨、臀部等，虚拟测试的 $P_{V.max}$ 值与真实值存在显著差异。

此外，紧身内衣的尺寸小于人体，穿着后针织材料会被拉伸，因此在设计负放松量 E_{max} 时，观察虚拟材料的拉伸变化是否与真实情况有关。通过 CLO 模拟测试了 14 种面料的 E_{max}，并使用 CLO "变形" 功能观察添加 E_{max} 后的虚拟针织材料变形。理论上，虚拟材料的变形率应与 E_{max} 的真实值相等或线性相关。结果如图 6-8（b）所示。

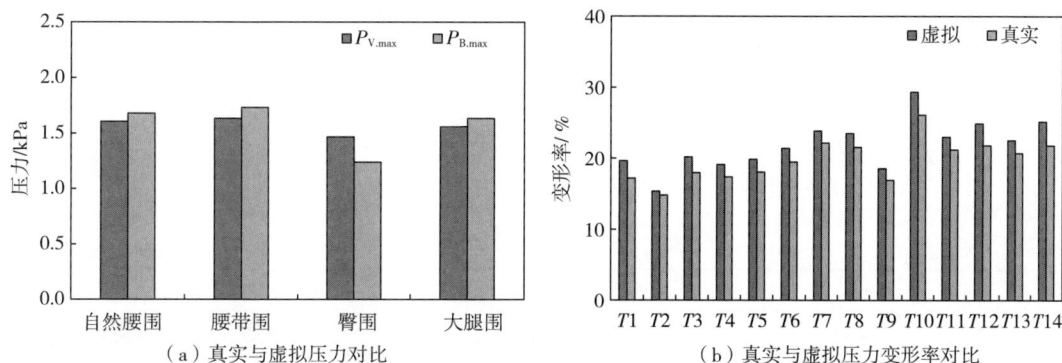

（a）真实与虚拟压力对比

（b）真实与虚拟压力变形率对比

图 6-8　虚拟织物压力值与变形率

根据人体围度，将测试分为两组：第一组为自然腰围、腰带围（新腰围）、臀围和大腿围；第二组为大臂围、小臂围和小腿围。结果发现，第一组的 $P_{V.max}$ 压力相差较大，相对误差 $\delta=(8.27\pm6.76)\%$；第二组 $P_{V.max}$ 压力差异较小，相对误差 $\delta=(1.95\pm0.53)\%$。

如图 6-8（b）所示，可以看到 CLO 中 14 种虚拟材料的变形率 E_{max} 从 14.80%~26.07% 的比较。所有虚拟结果与 E_{max} 的真实值呈线性相关，但少数结果略大于真实值。通过计算和比较，得到以下发现。

14 种针织材料的最大虚拟压力值（$P_{V.max}$）小于真实数据，绝对误差为（0.011±0.139）kPa，相对误差 $\delta=(7.31\pm3.66)\%$，差异很小。

根据不同周长下的模拟比较七个人体部位上虚拟材料的平均压力，绝对误差顺序为：臀部（0.23 kPa）、腰带（0.10 kPa）、大腿（0.08 kPa）、腰部（0.07 kPa）、上臂（0.05 kPa）、小腿（0.03 kPa）、前臂（0.02 kPa）。

在不同拉伸率 $E=5\%$、10%、15% 和 20% 的情况下，"$P_{V.x}-P_{B.x}$" 的平均差值为（0.09±0.20）kPa，当拉伸 E 小于 10% 时，P_V 略高。

通过对多种材料的数据计算和模拟测试发现，这些材料的模拟具有良好的表现。该计算方法同样适用于模拟其他多种针织材料的压缩性能，以及适应多种拉伸状态。

（三）压力舒适度评价标准

内衣的复杂压力分布在软组织部位的模拟存在一定偏差，不能仅根据某一点的压力值判断内衣的合身性或压力舒适性。压力评级方法需要计算多个测量部位或某一部位的多个点的数值，以获得平均压力评级。

首先对内衣的压力分布进行分级（表 6-5）。为此，应用五级评价量表对内衣压力进行评估。量表包括五个等级，但它仅是对内衣平均压力感受的评价，并不意味着低压内衣设计缺陷或不合身。例如，轻薄针织材料的 CP 值低，即使非常贴合人体，人体上的测量压力值也很低。

该量表的平均压力值范围是基于真实实验的合理区间，具有很高的参考价值。评估量表从弱到强为以下 5 级。

1 级（最弱压）——不紧，不产生对软组织的支撑，非常轻，适合日常或睡眠内衣；应用的原因主要是由于材料的压缩性能较弱。

2 级（弱压）——不紧，适合日常或睡眠内衣。

3 级（中压）——有点紧，适合日常内衣。

4 级（强力压）——紧密支撑，适合日常或运动内衣。

5 级（最强压）——非常紧，适合运动和功能内衣。

表6-5　内衣客观评价量表

等级	1	2	3	4	5
标尺					
对应压力/kPa	0.3	0.6	0.9	1.2	1.5

为了进一步评估和证明内衣的模拟，接下来使用多种人体模型进行内衣试穿，测试压力数据，并与真实数据进行比较、评估和分类。

一、内衣的试穿观察与结构调整

对于虚拟内衣的创建，首先使用 Richpeace CAD 完成内衣二维结构设计，并带入针织材料的 E_{max} 数据来构建，然后将二维结构导入 CLO 系统，再借助 CLO 中的"变形"和"压力"模式观察内衣结构。

如图 6-9 所示，通过 CLO 试穿来检查内衣结构，并调整了各部位虚拟压力和内衣的变形情况。图 6-9（a）（b）展示了虚拟日常平角裤（由材料 T4 制作）的试穿效果。在测试中发现裆底部和腰带前部存在较高压力值（深色网格线条），表明需要进一步修改结构。图 6-9（c）展示了修改后的裆部数据，修改之后的压力比之前降低了 1.30 kPa，裆部的变形也降低了 17.1%。

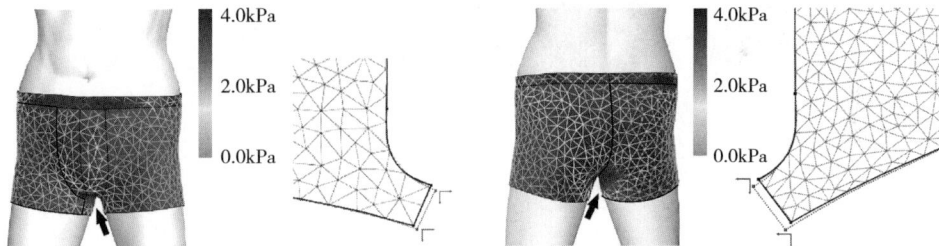

（a）前部修改前　　　　　　　　　　　　　　（b）后部修改前

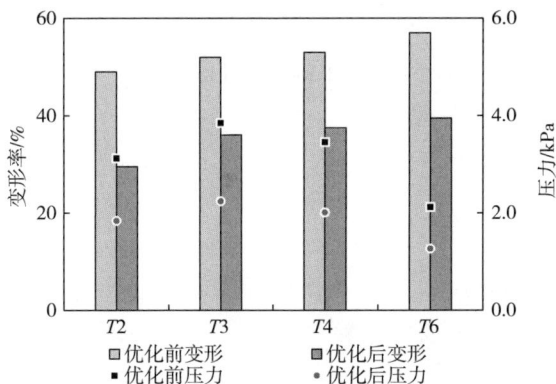

（c）优化前后的数据比较

图 6-9　内衣的优化与模拟

图6-10展示了模拟过程中的几款针织材料一些压力与变形截图。可以清楚地看到，裆部结构存在过大压力与变形，这种表现都意味着后臀部或裆部长度偏短，可以进一步优化。

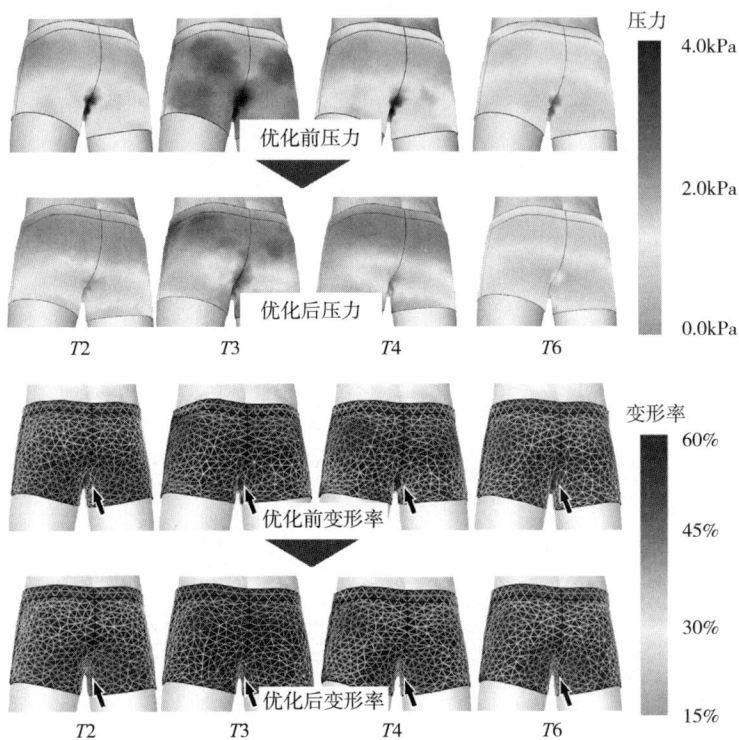

图6-10　内衣裆部的优化

　　在经过裆部结构修改后，测试得到的虚拟变形和压力明显低于之前，裆部的虚拟针织材料变形率为32.8%～41.2%，压力范围从高压2.12 kPa～3.85 kPa降低为1.27 kPa～2.24 kPa。

　　经过客观数据分析，初步试穿了14种针织材料的内衣，整体观察效果良好，证明了该模拟过程的可行性。

二、内衣的号型试穿与测试

　　为了检查不同针织材料制成的内衣模型精度及其与人体模型的适配度，分别创建了S、M和L三个号型的内衣进行试穿，被试穿的人体模型主要尺寸为腰围68.6 cm、75.7 cm和84.4 cm，臀围85.3 cm、93.5 cm和97.6 cm，大腿围46.7 cm，50.6 cm和56.5 cm。

　　如图6-11所示，内衣几何模型具有三角形网状结构，几何网格上的黑色点表示材料与人体接触，可用于接触压力测量。另外，由于针织材料的伸长性和人体表面的曲面特征，使内衣的某些部分不能贴合人体模型表面（几何网格上无黑点），如臀部、侧面和前腹股沟部位。通过对 6 个部位 60 多个压力点的测量（表 6-6），得出平均压力为 1.14 kPa，对应主观舒适度量表为 3 级以上，压力中等，提供良好的舒适感和轻微的紧绷感。

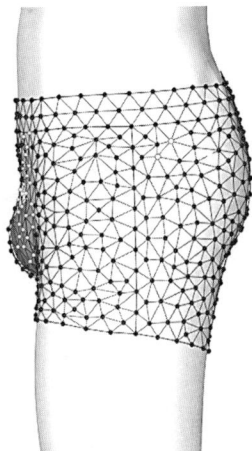

图 6-11　内衣模型网格与接触压力点

表 6-6　内衣的虚拟测试压力 P_V（以 M 号人体穿着 M 号内衣为例）　　　单位：kPa

接触部位	臀部	大腿前	侧部	裤口	腰带	前裆
上部	1.07	1.56	0.64	0.44	2.10（前）	0.85（前）
中部	1.06	1.02	0.36	0.34	2.70（侧）	0.64（侧）
下部	0.63	1.15	0.90	0.28	2.30（后）	1.02（后）
均值	0.92	1.24	0.76	0.35	2.37	0.84
标准偏差	0.25	0.28	0.27	0.08	0.31	0.19

　　图 6-12（a）（b）显示了由不同材料制成的 S、M 和 L 尺寸的内衣在人体模型上的穿着情况。图 6-12（a）的内衣采用批量生产的设计方法（取中间值），图 6-12（b）的内衣采用定制的设计方法（个体测量）。

　　从图 6-12 的虚拟试穿测试中，可以看到所有内衣都适合人体模型，并有很好的匹配度。当人体模型穿着四种针织材料性能建模的内衣时，平均压力适宜，所有评价都高于第二级。并且腰部和大腿底部都很贴合，只有 T10 材料的压力最低（平均为 0.76 kPa），T2，T4 和 T6 的得分均高于第三级，压力和压缩功能相对较强。

　　实验结果表明，根据 4 种针织材料的压缩性能，显示压力分布合理。这些结果初步达到了紧身内衣设计的目的。并且模拟测试可以预测出每种针织材料会给人体带来多大的压力，并可以根据不同的人体接受程度设计对应的压力值。因此，内衣的结构设计和材料设置方式可以很好地使虚拟内衣匹配人体模型。

　　虚拟内衣设计的款式和尺寸能够与人体很好地匹配，但目前的虚拟压力测量排除

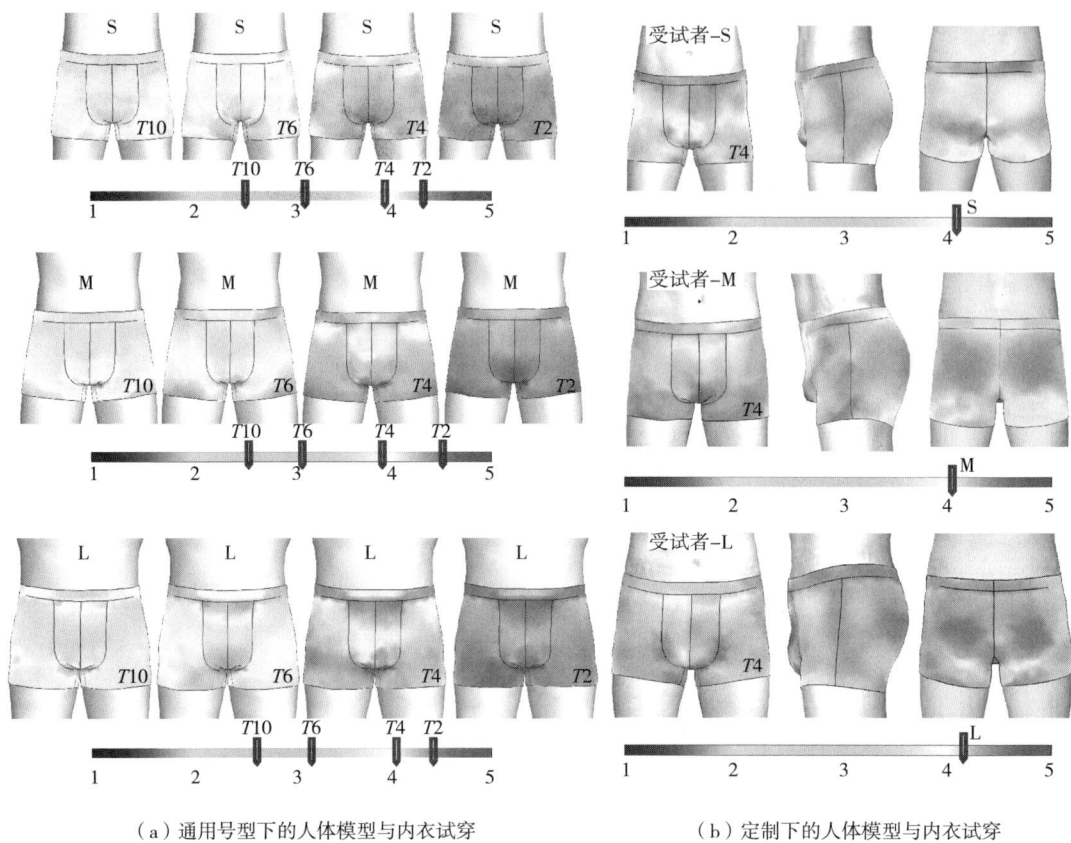

（a）通用号型下的人体模型与内衣试穿　　　　　　（b）定制下的人体模型与内衣试穿

图 6-12　内衣试穿与压力分布 1

了许多细节因素，如人体软组织、肌肉和骨骼特征等。压力值的实用性还需要在下一步进行验证。

三、压缩内衣的功效检测

根据之前的调查，消费者对压缩功能内衣（提拉效果）表现出明显偏好。因此，在男性人体的前裆部和臀部进行了一项关于这种效果的实验。研究中，对两款不同设计的内衣进行了虚拟试穿：日常内裤和压缩功能内裤 II。这两款内衣均采用 $T2$、$T4$ 和 $T6$ 针织材料构建，并在不同的三种压力条件（CP：最强、较强和较弱）下观察其提拉效果。

图 6-13（a）（b）展示了通用 M 号型人体模型 $A1$、$A2$ 以及受试者的虚拟内衣穿着情况。图中背景网格设定为 1 cm×1 cm。在男性人体模型数据库中，M 尺码的比例最高，达 64.0%。为此，选择了腰围 76.8 cm、臀围 92.9 cm 的男性受试者扫描人体模型（命名为受试者-M）。

在 CLO 软件的"压力视图（pressure view）"中可以观察到整体压力较小（图 6-13），仅在生殖器底部、腰带侧面（髂前上棘）和臀部区域出现较高的压力，表明在 $A1$ 的试

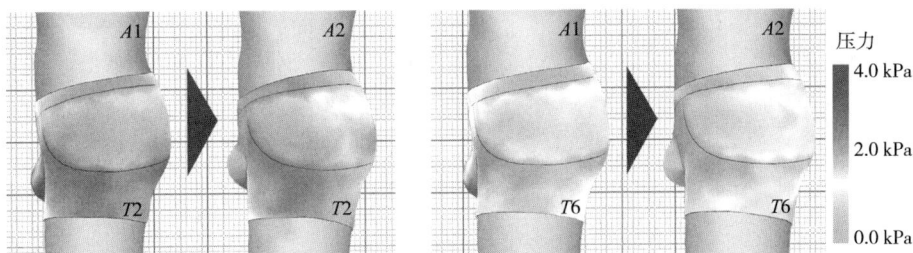

（a）通用M号型的两款人体模型与内衣试穿情况

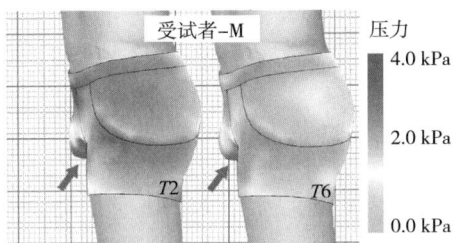

（b）定制M号型的两款人体扫描模型与内衣试穿情况

图6-13　内衣试穿与压力分布2

穿中，针织材料对生殖器底部具有显著的提升效果。相较之下，$A2$ 的压力有所减小，但生殖器底部仍有高压存在。这表明，即便在生殖器被提升后，针织材料对它依然能提供良好的支撑。此外，在臀部后结构线附近，依然存在一定的中压力值，表明软组织仍有被压缩的趋势。

如图6-13（a）所示，生殖器底部、腰带侧面及臀部均承受着显著的中高压力（以深灰表示）。$T2$ 针织材料构建的内衣对 $A1$ 人体模型的生殖器产生了较强的提升效果，压力较大，而对于 $A2$ 人体模型，压力则相对减弱。相较之下，由 $T6$ 针织材料构建的内衣对生殖器底部及其他部位产生的压力较弱，这也是因为 $T6$ 的 CP 值低于 $T2$。

图6-13（b）中展示了受试者 M 号型的扫描人体模型及其穿着内衣的效果，前裆部和臀部的提升效果十分明显。同时，可以看到由 $T2$ 针织材料构建的内衣的压力明显高于 $T6$，前裆底部承受的压力在 2.71 kPa~3.75 kPa。

第三节　不同类型内衣的差异实验验证

一、内衣试穿与观察

随后，继续测试了虚拟内衣的生产、试穿以及功能效果的模拟，从模拟中也可以看到明显的穿着效果变化，并测量了虚拟压力。然而，内衣的主观穿着舒适度无法通过模拟来准确测试，只能根据客观的压力和材料的变形程度来评估。又由于人体模型的刚性特性，当人体的软组织部位受到合适的压力时，人体的舒适度可以得到改变。

采用 $T4$ 材料（CP 指数二级）制作两款日常平角裤样品。$T4$ 具有相对中等厚度，人体可接受舒适度的最大伸长率 E 为-18.3%。根据第五章的结构制图方法，将这两款样品（此处命名为 $B1$ 和 $B2$）分别穿在随机挑选的 S+/SS 和 M-/SM 体型的受试者身上（图 6-14）。$B1$ 款的设计松量为 0% 和-18.3%，$B2$ 款的设计松量也为 0%和-18.3%。

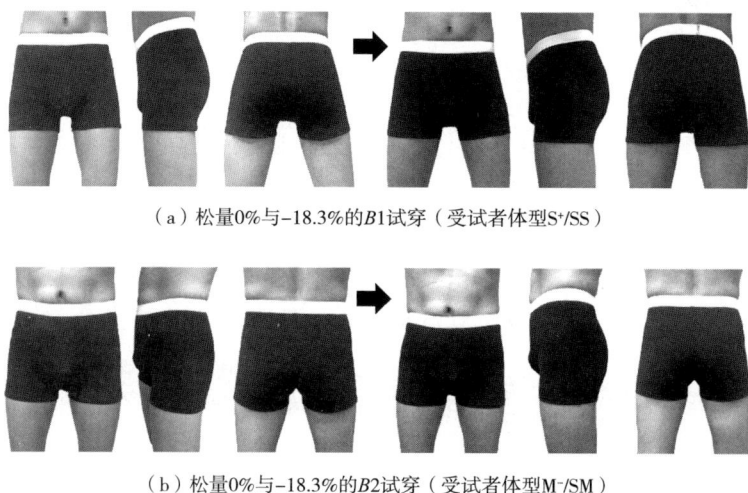

（a）松量0%与-18.3%的$B1$试穿（受试者体型S+/SS）

（b）松量0%与-18.3%的$B2$试穿（受试者体型M-/SM）

图 6-14　两种松量的内衣的试穿比较

通过观察图 6-14 中两款松量为 0% 的样品 $B1$ 和 $B2$，在前裆部和臀部都较为宽松，支撑性不足。然而，在 $B1$ 和 $B2$ 的松量为-18.3%时，两位受试者的内衣贴身效果都很明显。通过两名男性受试者的试穿，他们主观感受上更喜欢松量为-18.3%时的穿着感受，并反馈松量设计在-18.3%基础上继续增加或减少部分也可以接受；而前裆片的基础结构设计，虽然能对生殖器部位有一定的支撑性，但空间显得不足。

之后，为了进一步验证理论研究结论，使用其他四种不同针织材料（分别是 $T1$ 为 CP 指数二级；$T2$ 为 CP 指数一级；$T6$ 为 CP 指数三级；$T11$ 为 CP 指数三级）进行测试，分别制作了四款压缩平角裤Ⅱ。并分别将四款压缩平角裤Ⅱ命名为缩写 $U1$（由 $T1$ 制成）、$U2$（由 $T2$ 制成）、$U3$（由 $T6$ 制成）和 $U4$（由 $T11$ 制成）。这四种材料风格各异，但均具有良好的弹性。受试者的试穿图如图 6-15 所示。

由于这四种针织材料的厚度和密度不同，在 $U1$ 和 $U3$ 的臀部下方更容易产生褶皱。相比图 6-14 中的日常平角裤，受试者在穿着压缩内裤Ⅱ时前裆部与臀部的被提拉效果显著。表 6-7 展示了比较效果。

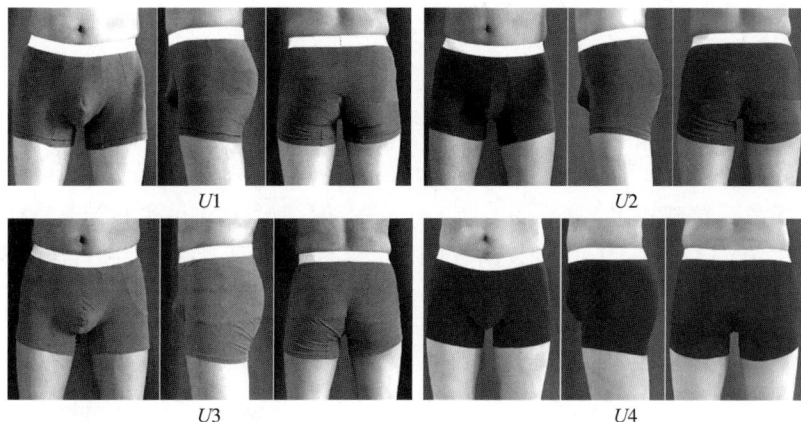

图 6-15　由四种针织材料制成的压缩内裤Ⅱ试穿

表 6-7　内衣的提拉效果对比

项目		前裆部		臀部	
		T2	T6	T2	T6
压力/kPa	A1	3.67	3.21	2.46	1.94
	A2	2.50	2.04	2.15	1.36
	人体模型 M	3.75	2.71	2.07	1.58
提拉高度/cm	人体模型 M	77.5	76.9	81.8	81.4
横向凸出/cm	人体模型 M	+2.3	+1.7	+1.7	+1.3

从表 6-7 的效果对比可以发现，由 T2 针织材料制成的内衣的压力明显高于 T6，测试得到的生殖器底部承受的压力在 2.71 kPa~3.75 kPa。此外，从受试者穿着体验的反馈来看，压缩内衣前后支撑良好，T2 制成的内衣比 T6 更紧，对臀部的压缩作用也比 T6 更强。基础内衣 T4 也有很好的贴合感和压缩感，但没有提升效果。

随后，为了进一步分析内衣的穿着效果，对人体进行了三维扫描对比。图 6-16 中展示了受试者穿着三款内衣的扫描模型，分别对最大臀围和前裆凸点水平标记了辅助线，并且用 a 来表示它们之间的距离。结果显示，a 值存在明显的差异，且压缩平角裤 U2 和 U4 的前裆部和臀部位置都高于日常平角裤。

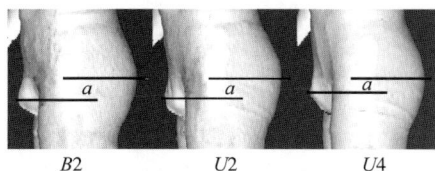

图 6-16　受试者三维模型对比

二、主观感受评价

此部分测试基于静态站立姿势和其他四种动态姿势，测量臀部（臀部、臀大肌中部）、新腰围（腰带围）和臀部的实际压力（图6-17），以及进行了简单动作，包括站立、行走、下蹲、抬腿以及短时间行走（5 min，包括大步和小步行走）测试。本次样品测试了 B1、B2 和 U1~U4 的六款内衣的 S、M 和 L 尺码。并使用李克特 5 级量表作为评价方式，其中从 1 到 5 为非常不舒适到非常舒适，分别对腰带、臀部、裆部、侧面和大腿部位进行主观感受评价。

图 6-17　受试者动态示意图

图6-18 展示了受试者对六款样品内衣的穿着感受汇总。

通过测试结果来看，所有样品均未产生不舒适感，所有主观感受的平均分为 4.2。U2 和 U3 在静、动态条件下都具有良好的穿着感受和评分。

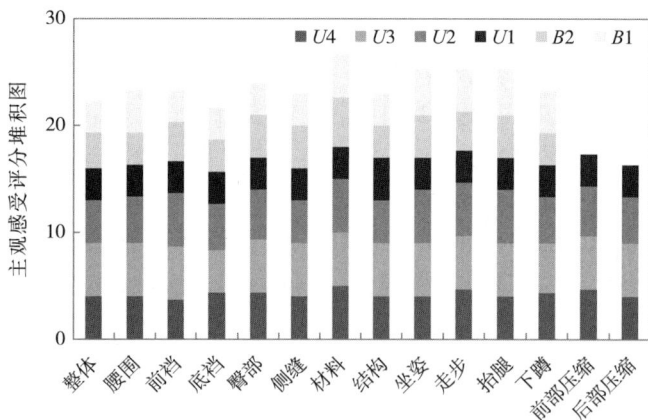

图 6-18　受试者主观感受

内裤的穿着体验受针织材料影响显著，应根据 EMT 参数设计合理的放松量。同时也需要考虑 KES 参数中其他特性。其中，受试者 B1 对（T4 材料）和 U1（T1 材料）反馈没有强烈压缩感，因为其采用的针织材料较薄且柔软，此外，材料的拉伸功

（WT）较低，拉伸回复率（RT）和压缩回复率（RC）最低。这意味着它们的拉伸弹性一般，且回弹性也较差，手感偏硬。$B2$（$T4$ 材料）为日常基础款式，采用基本前裆片设计，导致前裆部感受一般，但 $T4$ 材料在 EMT 方面性能最好，使 $B2$ 内衣的穿着感受舒适。$U4$ 由紧致、硬挺且厚实的针织材料（$T11$ 材料）制成，受试者能感觉到压缩感。而 $U2$ 和 $U3$ 在静态和动态条件下的主观感受测试均表现出色，且受试者反馈 $U3$ 可以进一步增加压缩设计。由于 $T2$ 和 $T6$ 材料的拉伸功（WT）小，拉伸回复率（RT）和压缩回复率（RC）大，意味着它们具有良好的拉伸弹性和回弹性，手感厚实蓬松而不僵硬。基于舒适感受测试结果，受试者主观感受评价顺序由高到低，依次为 $U3$、$U2$、$U4$、$B2$、$B1$ 和 $U1$。因此，通过虚拟方法设计的内衣样品在主观测试中提供了良好的穿着体验。

三、客观压力测量与虚拟压力验证

为了进一步验证内衣设计样品的合体性与压缩功效，需要对六款内衣的真实客观压力进行测试，两种款式的内衣测试部位如图 6-19 所示。测试过程与受试者动作同样按照图 6-17 进行。六款内衣样品的测试结果如图 6-20 所示。

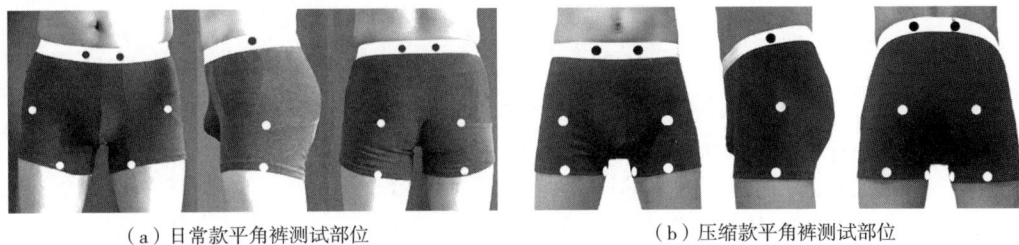

（a）日常款平角裤测试部位　　　（b）压缩款平角裤测试部位

图 6-19　两款内衣的压力测试部位

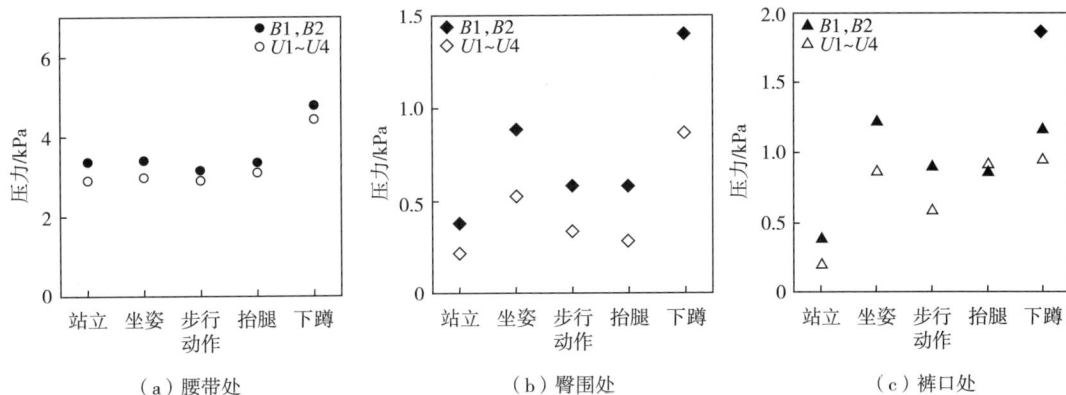

（a）腰带处　　　（b）臀围处　　　（c）裤口处

图 6-20　六款内衣的压力测试值

从结果可知，六款内衣样品的压力均值在 1.48 kPa~1.77 kPa。其中，压缩平角裤的测试压力明显高于日常平角裤。六款内衣腰带处的测试压力较高（3.26 kPa~3.62 kPa），臀围处的测试压力较低（0.45 kPa~0.77 kPa）。压缩平角裤的各部位压力明显高于日常平角裤，且在可接受的舒适压力范围内。

在五种姿态下，日常平角裤的各部位压力值范围在 0.22 kPa~4.44 kPa；压缩平角裤的各部位压力值范围在 0.38 kPa~4.79 kPa。在下蹲时压力变化最为明显，与站立时相比日常平角裤增加了均值 0.98 kPa（腰部增加 1.55 kPa，臀部增加 0.66 kPa，裤口增加 0.74 kPa）；压缩平角裤增加了均值 1.07 kPa（腰部增加 1.42 kPa，臀部增加 1.02 kPa，裤口增加 0.78 kPa）。从数据可以看出，在较大动作变化下，压缩平角裤对臀部的压力控制较好。

同时，也在 CLO 中模拟了上述实验过程（图 6-21），并实时测量了虚拟内衣的压力数值。

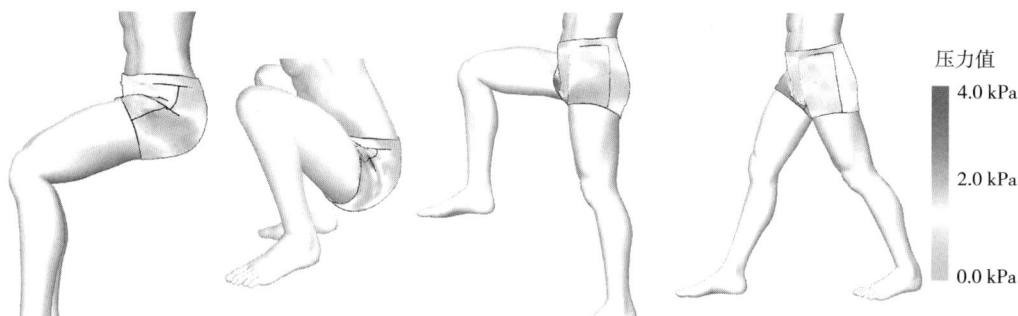

图 6-21　虚拟内衣的动态压力测量

图 6-22 主要展示了在虚拟与真实试穿的静态（站立）和下蹲动作下，身体部位所受压力的均值。

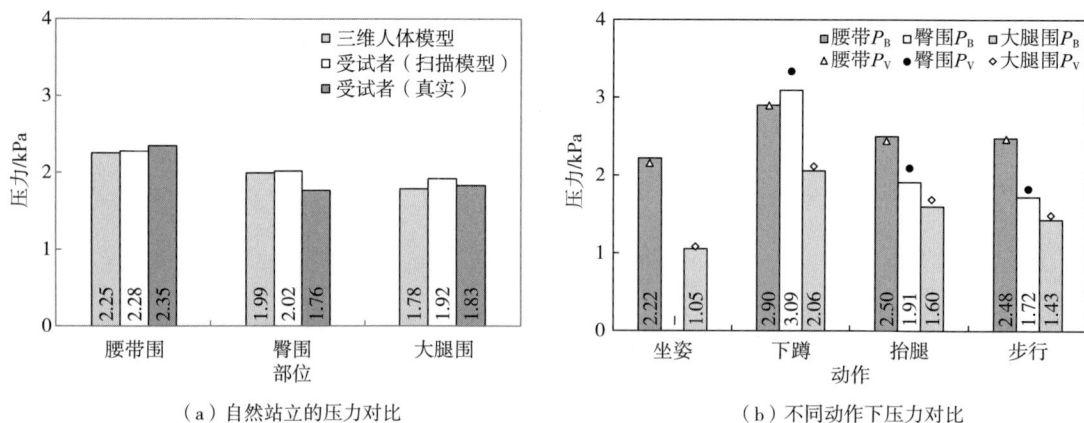

（a）自然站立的压力对比　　　　　　（b）不同动作下压力对比

图 6-22　真实与虚拟压力测试对比

如图 6-22 所示，在两个测试中（虚拟和真实）的相同动作下，自然站立时的模拟效果最佳。在虚拟系统中（人体模型和扫描人体模型）测量的压力与真实受试者之间的差异不显著，绝对误差为 0.09 kPa（相对误差为 4.64%）。在图 6-22（b）中，与自然站立时的压力相比，动态姿势下材料压力略不稳定。腰带、臀部和大腿围的绝对误差分别为 0.18 kPa、0.15 kPa 和 0.09 kPa（相对误差分别为 7.33%、6.99% 和 6.01%）。然而，所有测量值都在可接受的舒适范围内。

根据图 6-22 中的对比可知，虚拟与真实环境下的压力值存在较小的差异（0.06 kPa），内衣在这三个部位［图 6-20（a）］产生的压力较高。在腰围处，虚拟压力小于实际测量值（-0.09 kPa），而在臀围（0.24 kPa）和大腿围处（0.02 kPa）的虚拟压力则大于真实测量值，这主要是由于人体软组织的特征，使实际测量的压力值偏小。

通过比较几位受试者的虚拟和真实测试结果，可以明显发现，具有多种体型的人体和多种针织材料的虚拟试穿可以直接反映真实的穿着效果，以及静态和动态条件下的压力结果。

四、校验理论压力与实际压力

对于在第四章中提及的公式，还需要进一步地校验。通过实验测量所获得的数据来看，所有测试内衣的理论预测压力值比真实测量值高（表 6-8）。

表 6-8　内衣预测压力对比　　　　　　　　　　　单位：kPa

针织材料	真实测量 P_B	预测计算值 $\hat{P}$		差值
		式（4-10）	式（4-8）	
$T1$	1.18	1.88	1.86	0.69
$T2$	1.29	1.93	1.92	0.64
$T4$	1.11	1.81	1.82	0.71
$T6$	1.19	1.90	1.88	0.70
$T11$	1.28	1.94	1.92	0.65
平均值	1.21	1.89	1.88	0.67

从测试结果可以看出，功能性设计以及针织材料的特性会影响试穿体验评分。$T2$ 和 $T6$ 材料具有良好的弹性（在 KES 测试结果中，WT 较小，RT 和 RC 较大）。此外，针织材料的厚度（$T2$ 较厚，$T6$ 较薄）并不明显影响压力变化。

将预测计算得到的压力值与真实测量值进行对比后发现，通过两个优选的方程（表 6-8）计算得出的值均大于实际压力值（0.67 kPa）。因此，基于它们的差值，可以对这两个方程进行修改以提高预测结果的准确性。

一、本章小结

本章探讨了数字技术如何在男性内衣设计中实现创新与转型。随着工业 4.0 和新信息技术的发展，服装行业的设计与制造模式正在经历深刻的变化。传统的二维设计逐渐被三维数字化技术所取代，这一转变不仅提高了设计的效率，也增强了产品的舒适性与适应性。

本章首先分析了虚拟技术在服装设计中的应用，尤其是人体扫描与虚拟仿真技术的结合。通过对不同体型和服装类型的模拟实验，能够更好地理解服装的舒适性和贴合性。尽管许多研究使用了有限的虚拟人体模型，未能充分考虑人体的多样性，但这些探索为后续研究提供了重要的基础。

其次，详细讨论了"人体—内衣"数字系统的构建，包括数据设定、数字复制品的生成以及材料性能的模拟。通过使用 CLO 3D 等先进软件，能够在虚拟环境中准确评估内衣的合身性和功能性。这一过程强调了理论与实践的结合，要求在进行虚拟试穿时，必须考虑真实的实验数据，以确保结果的可靠性。

本章提出了一种基于弹性针织材料与男性人体模型的数字复制生成方法，并建立了一个验证虚拟材料特性的舒适度评价体系。建议采用压力评分方法，以简单的评分标准理解压力舒适性对设计结果的影响。这种方法不仅可以预测针织材料对人体施加的压缩效果，还能够根据人体感知的接受程度设计出适宜的压力。然而，当前在实际应用中，软组织的精确提拉值仍难以准确预测。值得注意的是，具有相同功能结构但采用不同材料的内衣，其压缩和提拉效果将存在显著差异。

此外，本章还提出了一种通过模拟获得与实际样品相同结果的技术方法，验证了虚拟试穿的准确性和材料模拟的可靠性。这一方法的成功实施，为男性内衣设计的数字化提供了新的视角和工具，提升了设计过程的效率。

通过实验验证，发现虚拟结果与真实结果之间仅存在微小误差，这些误差主要源于人体模型表面与真实人体软组织之间的内在差异。所提出的虚拟设计方法能够快速而准确地模拟接近真实情况的结果，前提是对虚拟系统参数进行合理调整。虚拟系统在稳定性和效率上表现显著，所有模拟结果均通过虚拟实验得以验证。内衣及针织材料的数字复制品能够与角色模型良好匹配，这表明通过拉伸内衣材料所产生的臀部提拉效果的模拟是可行的，并能够满足真实测试中的压力数据要求。此外，虚拟内衣的模拟过程也得到了有效验证。

从理论层面来看，数字技术在服装设计中的应用，推动了服装工程学的发展。通过对虚拟模型和真实数据的比较，建立了更为科学的服装设计理论框架。这一框架强调了舒适性与功能性的结合，为未来的服装设计研究提供了新的思路。

在实际应用层面，数字化设计方法的引入，不仅提高了设计效率，而且能够更好地满足消费者的需求。随着消费者对内衣舒适性和个性化的要求提升，传统的设计方法已无法满足市场的快速变化。数字化技术的应用，使设计师可以快速迭代设计方案，根据市场反馈及时调整，从而在激烈的市场竞争中占据优势。

总之，本章通过对数字创新方法的深入探讨，为男性内衣设计提供了新的理论基础和实践指导。随着技术的进步，未来的内衣设计将更加注重个性化、舒适性与功能性的结合，为消费者带来更好的穿着体验。同时，这一研究也为服装行业的数字化转型提供了宝贵的经验与参考，推动了整个行业的发展。

二、数实融合下人本化设计展望

在当今快速发展的科技背景下，数实融合（Digital-Physical Integration）成为设计领域的重要趋势。特别是在服装设计中，结合数字技术与物理材料的优势，以实现更高效的设计流程和更优质的用户体验，正逐渐成为业界共识。本章旨在探讨数实融合如何充分考虑用户的生理、心理需求，尤其是在男性内衣的设计领域。这一过程不仅包括数字建模、虚拟试穿等技术，还涵盖了材料科学、人体工学和用户体验等多个学科的交叉融合。设计师可以在设计初期快速创建、测试和优化产品原型，从而在实际生产之前就能够充分理解产品的功能和提升用户体验。

人本化设计的核心在于将用户置于设计过程的中心，强调理解用户的需求与期望。对于男性内衣的设计而言，这意味着需要深入分析男性消费者的生理特征、穿着习惯和审美偏好。通过用户研究，设计师可以获得关于不同体型、活动方式和舒适度需求的宝贵数据，从而为内衣设计提供科学依据。

在男性内衣设计中，舒适性是一个关键因素。通过三维扫描技术，消费者可以获得自己的身体模型，并在此基础上进行个性化的内衣设计，也避免了传统试穿方式的局限性。虚拟试穿系统的应用，使消费者能够在购买前对内衣进行试穿和评估，极大地提升了购物体验。同时，设计师也能通过实时反馈迅速调整设计方案，确保产品的舒适性和功能性。

本章结合虚拟材料特性与人体模型，建立了一个基于压力评分的方法，能够实时评估不同设计和材料对用户舒适性的影响。这种方法使设计师可以在设计早期阶段就识别出潜在的舒适性问题，从而进行相应的调整。通过多次迭代和优化，设计团队能够在生产前确保产品的功能性和舒适性。这种方法不仅缩短了设计周期，也可以有效减少材料浪费，并通过优化生产工艺，实现更环保的生产模式。

同时，为了进一步改善数据库，有必要扫描更多的人体，以优化角色的尺寸并模拟更多种类的针织材料。此外，未来的研究将致力于验证具有更强压缩性的服装设计算法。

总之，数实融合为人本化设计提供了全新的视角与方法，在男性内衣设计中展现出巨大的潜力。通过结合数字技术与用户需求，设计师能够创造出更加符合消费者期待的产品，提升用户体验的同时，推动行业的创新与发展。未来，随着技术的不断进步，为人本化设计带来更多的可能性和机遇，从而实现更智能、更个性化的内衣设计。

参考文献

［1］ ALDRICH W. Metric pattern cutting for menswear ［M］. New York：John Wiley & Sons，2012.

［2］ HALE R，HODGES N. Men's branded underwear：an investigation of factors important to product choice ［J］. Qualitative Market Research：An International Journal，2013，16（2）：180-196.

［3］ 中泽愈. 人体与服装：人体结构·美的要素·纸样 ［M］. 北京：中国纺织出版社，2000.

［4］ 印建荣，常建亮. 内衣纸样设计原理与技巧 ［M］. 上海：上海科学技术出版社，2004.

［5］ 印建荣. 内衣结构设计教程 ［M］. 北京：中国纺织出版社，2006.

［6］ 常建亮，印建荣. 内衣纸样设计原理与实例 ［M］. 上海：上海科学技术出版社，2007.

［7］ 成月华，王兆红. 服装结构制图 ［M］. 北京：化学工业出版社，2007.

［8］ 邓鹏举. 内衣设计 ［M］. 沈阳：辽宁科学技术出版社，2009.

［9］ 柴丽芳. 内衣结构设计与纸样 ［M］. 上海：东华大学出版社，2018.

［10］ 薛福平，罗国明，罗东. 男平脚内裤裆底破损原因分析及结构设计优化 ［J］. 上海纺织科技，2008，36（8）：37-39.

［11］ 庄立新. 男内裤的分体结构及其形态探析 ［J］. 纺织学报，2013，34（9）：113-119.

［12］ 苏石民，蒋锡根. 裤装的基型裁剪法及新款设计 ［M］. 上海：上海科学技术出版社，1995.

［13］ 张文斌. 服装基础制板 ［M］. 上海：东华大学出版社，2008.

［14］ 田中道一，陈秋水. 运动服和弹性机织、针织物 ［J］. 国外纺织技术，1983（15）：41-47.

［15］ 王伟平. 上海地区职业女性贴体裤的结构研究 ［D］. 上海：东华大学，2007.

［16］ 王燕珍，王建萍，张燕，等. 基于跑步运动状态下的皮肤拉伸研究 ［J］. 纺织学报，2013，34（8）：115-119.

［17］ 吴廷雅，王建萍，王燕珍. 基于跑步动作的女子下体动态测量 ［J］. 浙江纺织服装职业技术学院学报，2013，12（4）：45-49.

［18］ 邹平. 展开变化原理在裙装褶饰结构设计中的应用 ［J］. 辽东学院学报（自然科学版），2007，14（2）：80-83.

［19］ 杨念. 男子贴体健身短裤板型研究与结构优化 ［D］. 上海：东华大

学，2007.

[20] 张翠华. 人体测量值与服装纸样的关系研究 ［J］. 纺织标准与质量，2008
（2）:8-11.

[21] PETROVA A，ASHDOWN S P. Three-dimensional body scan data analysis：Body
size and shape dependence of ease values for pants' fit ［J］. Clothing and Textiles
Research Journal，2008，26（3）:227-252.

[22] CHEN Y，ZENG X，HAPPIETTE M，et al. A new method of ease allowance
generation for personalization of garment design ［J］. International journal of
clothing science and technology，2008，20（3）:161-173.

[23] 张铁蕊，任天亮. 男性针织内裤的裆型研究 ［J］. 纺织科技进展，2009
（4）:70-72.

[24] 胡秀娟，阎玉秀，陈慧姬. 无缝骑行服的结构设计初探 ［J］. 浙江理工大学
学报（自然科学版），2010（1）:74-78.

[25] 何银地，鲁露露. 裤装后上裆倾斜角与上裆长增量的关系研究 ［J］. 河南工
程学院学报（自然科学版），2013，25（3）:21-24.

[26] 张艳红. 裤子裆部结构设计 ［J］. 河南工程学院学报（自然科学版），2010
（3）:9-12.

[27] 陈明艳，王祎欣. 基于腰腹臀的女性特体分类和裤子样板设计 ［J］. 东华大
学学报（自然科学版），2010，36（2）:129-135.

[28] SONG H K，ASHDOWN S P. Categorization of lower body shapes for adult females
based on multiple view analysis ［J］. Textile Research Journal，2011，81（9）:
914-931.

[29] 王成泽. 男士内裤结构参数化模型及信息数据库的建立 ［D］. 上海：东华大
学，2012.

[30] 苏兆伟. 男士内裤的塑型设计及结构改良 ［J］. 南宁职业技术学院学报，
2013（1）:24-26.

[31] 路盼. 基于人体下半部体型分类的女裤合体性研究 ［D］. 天津：天津工业大
学，2011.

[32] 高磊，商瑞，陈莹. 基于男性第一性征的下体体型分类判别研究 ［J］. 上海
工程技术大学学报，2013，27（1）:5.

[33] 程宁波，娄少红，吴志明. 基于人体特征的裤子结构关键尺寸分析 ［J］. 武
汉纺织大学学报，2019，32（4）:31-36.

[34] 郭淑华，王建坤. 臀部体型特征对裤子臀围调节参数的影响 ［J］. 针织工
业，2021（11）:59-62.

[35] 徐凯忆，钟泽君，蔡晓裕，等. 基于青年女性下肢形态分类的特征部位围度
拟合 ［J］. 现代纺织技术，2022，30（1）:204-211.

[36] 李坤，钱娟，卿文秀，等. 裤子后裆倾角的舒适性优化设计 ［J］. 毛纺科
技，2018，46（12）:62-65.

[37] 吴冬雪，刘让同，于媛媛，等. 下肢运动状态特征对裤装臀围的影响分析[J]. 纺织学报，2024，45（1）:168-175.

[38] CROWTHER E M. 22—comfort and fit in 100% cotton-denim jeans [J]. Journal of the Textile Institute，1985，76（5）:323-338.

[39] DENTON M J. Fit, stretch, and comfort [J]. Textiles，1972，2（3）:12-17.

[40] KLÖTI J，POCHON J P. Conservative treatment using compression suits for second and third degree burns in children [J]. Burns，1982，8（3）:180-187.

[41] VURUSKAN A，ASHDOWN S P. Fit analyses of bicycle clothing in active body poses [C] //International Textile and Apparel Association Annual Conference Proceedings. Ames，Iowa：Iowa State University Digital Press，2016：1-2.

[42] ONO S. Studies on the Hygiene of Underwear Clothing Part 3. Measurement of Clothing Pressure [J]. Nippon Eiseigaku Zasshi（Japanese Journal of Hygiene），1968，22（6）:581-589.

[43] HORINO T，KAWANISHI S，TOSHIMI M. Simulation of clothing pressure in wear by strip Bi-Axial extension of circular sewn fabrics [J]. Sen'i Kikai Gakkaishi（Journal of the Textile Machinery Society of Japan），1976，29（4）:T50-T56.

[44] HARADA T. Pursuit of comfort in sportswear [J]. Journal of Trauma Nursing，1982，334（9）:30-33.

[45] MAKABE H，MOMOTA H，MITSUNO T，et al. Effect of covered area at the waist on clothing pressure [J]. Sen'i Gakkaishi，1993，49（10）:513-521.

[46] INAMURA A. Relationship between wearing comfort and physical properties of girdles [J]. Japan Research Association for Textile End-Uses，1995（36）：109.

[47] ITO N，INOUE M，NAKANISHI M，et al. The relation among the biaxial extension properties of girdle cloths and wearing comfort and clothing pressure of girdles [J]. Journal-Japan Research Association For Textile End Uses，1995（36）:102.

[48] NAGAYAMA Y，NAKAMURA T，HAYASHIDA Y，et al. Cardiovascular responses in wearing girdle-power spectral analysis of heart rate variability [J]. Japan Research Association for Textile End-Uses，1995（36）:68.

[49] NAKAHASHI M. An effect of a compressed region on a lower leg on the peripheral skin blood flow [J]. Journal of the Japan Research Association for textile end-uses，1998，39（6）:64-69.

[50] TANAKA D，YOSHIDA M，HIRATA K. Effect of the peripheral pressure at groin region immediately after the wear of girdle on the rate of blood flow in the skin at the bottom of feet and surface humidity on the skin [J]. Japan Research Association for Textile End-Uses，1999（40）：46-53.

[51] NAKAHASHI M, MOROOKA H, NAKAMURA N, et al. An analysis of waist-nipper factors that affect subjective feeling and physiological response—for the design of comfortable women's foundation garments [J]. Sen'i Gakkaishi, 2005, 61 (1):6-12.

[52] YOKOI R, YOSIDA M, SASAKAWA E, et al. Effects of clothing pressure in wearing girdles on physiological functions [J]. Japan Research Association for Textile End-Uses, 2006, 47 (9):51.

[53] SATO M, KUWABARA R. Effects of clothing pressure around the trunk on sweating in the face [C] //The Fourth International Conference on Human-Environment System, 2011 (10): 125-130.

[54] TOSHIYUKI T. Influence of the compression position and the strength on the wearing comfort of high socks [J]. Research Report of Nara Prefecture Industry Promotion Center, 2013, 39: 14.

[55] 王越平, 赵平, 高绪珊, 等. 女胸衣压力舒适性的客观评测 [J]. 纺织学报, 2006, 27 (11):90-93.

[56] JIN Z M, YAN Y X, LUO X J, et al. A study on the dynamic pressure comfort of tight seamless sportswear [J]. Journal of Fiber Bioengineering and Informatics, 2008, 1 (3):217-224.

[57] 杨培, 任双佳, 王建萍. 紧身无缝内衣静态与动态压力分析 [J]. 纺织科技进展, 2012 (6):46-49.

[58] 鲁露露, 王建萍. 上海地区女性束裤市场的调查研究 [J]. 浙江纺织服装职业技术学院学报, 2013, 12 (2):22-27.

[59] 姚艳菊, 陈雁. 塑身内衣压力舒适性的影响因素分析 [J]. 国际纺织导报, 2010, 38 (11):76-76.

[60] 李杰, 潘科, 张佩华. 紧身针织服装压力测试与分析 [J]. 纺织导报, 2014 (5):110-112.

[61] 何春燕, 周永凯, 张华. 不同面料的男士内裤热湿舒适性研究 [J]. 天津纺织科技, 2013 (1):40-43.

[62] 卢华山, 阎玉秀, 李梦园, 等. 跑步运动中服装压对女子下肢肌肉疲劳的影响 [J]. 纺织学报, 2017, 38 (7):118-123.

[63] HATCH K L, MAIBACH H I. Textiles [M] //KANERVA L, WAHLBERG J E, ELSNER P, et al. Handbook of occupational dermatology. Berlin, Heidelberg: Springer Berlin Heidelberg, 2000: 622-636.

[64] KIM T G, PARK S J, PARK J W, et al. Technical design of tight upper sportswear based on 3D scanning technology and stretch property of knitted fabric [J]. Fashion and Textile Research Journal, 2012, 14 (2):277-285.

[65] GONG Y, MEI S. Research and prospect of pressure comfort of corset [J]. Grand Altai Research and Education, 2019 (1):149-155.

［66］周惠，王宏付 . 骑行动态变化对骑行服款式的影响［J］. 毛纺科技，2019，47（2）:1-5.

［67］PEIRCE F T. 26—The "handle" of cloth as a measurable quantity［J］. Journal of the Textile Institute Transactions，1930，21（9）:377-416.

［68］KAWABATA S. Characterization method of the physical propperty of fabrics and the measuring system for hand-feeling evaluation［J］. Sen'i Kikai Gakkaishi（Journal of the Textile Machinery Society of Japan），1973，26（10）:721-728.

［69］NIWA M，KAWABATA S. Prediction of the appearance of men's suit from fabric mechanical properties and fabric hand Part 1：Analysis of men's summer suit using fabric mechanical properties［J］. Sen'i Kikai Gakkaishi（Journal of the Textile Machinery Society of Japan），1981，34（1）:12-24.

［70］HU J，CHEN W，NEWTON A. A psychophysical model for objective fabric hand evaluation：an application of Stevens's law［J］. Journal of the Textile Institute，1993，84（3）:354-363.

［71］陈丽华，王伶俐，张晴，等 . 弹性针织物拉伸性能与服装压力的相关性［J］. 北京服装学院学报（自然科学版），2014，34（2）:28-35.

［72］张红媛，崔明海 . 拼接对针织物拉伸性能和服装压力的影响［J］. 毛纺科技，2020，48（5）:56-61.

［73］梁书运，吴济宏，周橙 . 弹性针织面料压力舒适性的模糊评价［J］. 毛纺科技，2023，51（6）:117-122.

［74］TERZOPOULOS D，FLEISCHER K. Modeling inelastic deformation：viscolelasticity，plasticity，fracture［C］//Proceedings of the 15th annual Conference on Computer Graphics and Interactive Techniques，1988：269-278.

［75］HINDS B K，MCCARTNEY J. Interactive garment design［J］. The Visual Computer，1990（6）:53-61.

［76］VASSILEV T I，SPANLANG B. Efficient cloth model for dressing animated virtual people［J］. The Visual Computer，2000（17）:147-157.

［77］RÖDEL H，SCHENK A，HERZBERG C，et al. Links between design，pattern development and fabric behaviours for clothes and technical textiles［J］. International Journal of Clothing Science and Technology，2001，13（3/4）:217-227.

［78］WANG C C L，TANG K. Pattern computation for compression garment by a physical/geometric approach［J］. Computer-Aided Design，2010，42（2）:78-86.

［79］LEE W S，GU J，MAGNENAT-THALMANN N. Generating animatable 3D virtual humans from photographs［C］//Computer Graphics Forum. Oxford，UK：Blackwell Publishers Ltd，2000：1-10.

［80］王洪泊，黄翔，曾广平，等 . 智能三维虚拟试衣模特仿真系统设计［J］. 计算机应用研究，2009，26（4）:1405-1408.

［81］穆淑华，曹卫群．基于 CLO3D 的虚拟服装设计 ［J］．电子科学技术，2015
　　　（3）:366-371.

［82］周凯，徐增波．基于三维虚拟建模的文胸结构优化设计 ［J］．建模与仿真，
　　　2023，12 （3）:2759-2772.